JN312236

シリーズ
多変量データの統計科学 8

藤越康祝
杉山髙一
狩野 裕
［編集］

カーネル法入門
―正定値カーネルによるデータ解析―

福水健次
［著］

朝倉書店

まえがき

　本書は正定値カーネル，ないしはそれの定める再生核ヒルベルト空間を用いたデータ解析の方法論，いわゆる「カーネル法」について解説したものである．カーネル法は，1990年代の半ばから主として計算機科学の分野で急速に発展した，データの非線形性や高次モーメントを扱うための方法論である．本書ではその基本原理から出発し，代表的な方法と最近の発展までを紹介する．

　「カーネル」という用語は，カーネル密度推定をはじめ，必ずしも正定値性を仮定しないカーネル関数の意味で古くから統計学で用いられてきた．本書で述べる「カーネル法」は正定値カーネルを想定しているため，用語として誤解を招く可能性があるが，「カーネル法」という呼び名がすでに普及しているため，本書でも「カーネル法」と呼ぶことにする．

　正定値カーネルが数学に現れたのは比較的古く，20世紀初頭にはMercerが積分作用素に関連して正定値カーネルを定義しその性質を研究している．また，カーネル法で重要な役割を果たす再生性に初めて言及したのは，Zaremba (1907)の境界値問題に関する研究といわれている．その後，正定値カーネルや再生核ヒルベルト空間は，複素解析におけるBergmanカーネルや位相群上のFourier解析など数学のさまざまな分野で用いられ，MooreやAronszajnらが再生核ヒルベルト空間の一般論を確立するに至った．一方，統計的データ解析との関連では，1960年代にParzenが主として確率過程に対して再生核ヒルベルト空間を用いた研究を行っている．また，Aizerman et al. (1964)は正定値カーネルが特徴空間の内積を与えるという重要な事実をパターン認識の問題に応用している．Wahbaはスプライン平滑化の立場から再生核ヒルベルト空間を回帰の問題に適用し，1971年にRepresenter定理という重要な定理を示している．しかしながら，本書で論じるカーネル法研究の大部分の端緒となったのは，サポートベクターマシンと呼ばれる線形識別器の非線形化に正定値カーネルを用いたBoser et al. (1992)の仕事である．その後，さまざまな線形のデータ解析手法がカーネルにより非線形化

され，カーネル法の研究が盛んとなった．

カーネル法の新規性は，その正定値性を積極的に応用し，系統的なデータ解析手法を構築した点にある．正定値カーネルは再生核ヒルベルト空間と呼ばれる関数空間を自然に定め，データをこの関数空間に写像する標準的方法が定まる．さらに，この関数空間の特別な内積の性質を用いてデータ解析アルゴリズムを構築することにより，効率的な計算によって高次元データの非線形性や高次モーメントを扱うことが可能となる．計算機科学の分野で発達した，計算の側面を重視した方法論であるが，一方で本書を読んでいただければわかるように，カーネル法は古典的な多変量解析の自然な拡張という側面も持つ．そのような観点が説明できればと考え本書を執筆することにした．

本書は以下のような構成になっている．まず1章においてカーネル法の概要とその方法論を支える基本原理を具体例を通して紹介する．2章は数理的な準備として正定値カーネルと再生核ヒルベルト空間について解説する．やや理論的に高度な内容も含まれるが，カーネル法を理解するためには重要な部分である．3章はカーネル法のさまざまな例と実際的方法に関して述べた．カーネル法の代表的手法であるサポートベクターマシンに関しては4章でさらに詳しい解説を行った．

5章と6章は理論的な内容を扱っている．5章はサポートベクターマシンの理論解析にしばしば用いられる期待損失の学習理論的な解析の基礎をまとめた．ここでは，Rademacher平均によるやや現代的な記述を採用した．また，6章は正定値カーネルに関する数学的理論を述べた．前述のように正定値カーネルに関しては，すでに多くの数学的研究が行われているが，本書ではカーネル法に関連が深い部分に限って解説した．

7章は，構造化データに対する正定値カーネルのさまざまな例をまとめて述べている．正定値カーネルは任意の集合上に定義可能であるため，正定値カーネルさえ定義されれば，ユークリッド的ベクトルではないデータに対しても一貫した方法論が適用可能である点が，カーネル法の長所のひとつである．そこで，7章ではストリングやツリーを中心として，特定の構造をもったデータに対し，その構造を反映した正定値カーネルを定義する方法を紹介する．

8章，9章は，カーネル法の最近の話題である，均一性や独立性といった分布の性質に関するノンパラメトリック推論への応用に関してやや詳しく述べた．この話題は著者を含む研究者が近年発展させた方法であるが，多変量解析と密接に関

わる話題であるため本書に含めることにした．この話題に関してまとめて書かれた成書は洋書も含めて他にはないので，本書の特色といえる．

10章は，カーネル法と密接につながる統計学の分野として，関数データ解析，スプライン平滑化，確率過程とカーネル法との関連について簡単に紹介した．

本書全般を通して，大学学部で学ぶ線形代数，解析学と統計学の初歩を知っていれば基本的事項を理解するのに他書を参照しなくてもよいように，必要な数理的内容はできるだけ含めるように努めた．特に関数解析と凸最適化に関しては，本書を読むのに必要な基本事項を付録にまとめた．しかしながら，カーネル法は多くの分野と関わりを持つため，すべての準備を一冊の書に含めることは筆者の力量に余り，他書の参照に譲らざるをえなかった箇所もある．

本書のいくつかの章は他の章とある程度独立して読むことができるので，目的によって必要な章だけを読み進めることも可能である．特に，もっぱらカーネル法の具体的応用に関心のある読者は，4章までを読んだ後，5,6章を飛ばして7章へ進まれてもよい．8,9章の内容に関心のある読者は，4章までに加えて6.2節の内容も必要となる．

本書の内容は，総合研究大学院大学複合科学研究科および九州大学大学院数理学研究院において著者が行った大学院生向け講義に基づいている．これらの講義に参加してさまざまな質問や意見をいただいた学生と教員の方々には深く感謝する．本書の原稿を丁寧に読んでいただき多くの有益な意見をいただいた九州大学二宮嘉行先生には，特に感謝したい．また，原稿に対して貴重なご意見をいただいた広島大学名誉教授 藤越康祝先生，最適化に関してコメントをいただいた慶應義塾大学 武田朗子先生，さらに本書執筆にあたって終始大変お世話になった朝倉書店編集部の方々に心から感謝の意を表したい．

2010年10月

福水健次

目　　次

1. カーネル法への招待 ································· 1
   1.1 カーネル法の基本的アイデア ······················· 1
      1.1.1 線形なデータ解析と非線形なデータ解析 ········· 1
      1.1.2 カーネルによる内積の計算 ···················· 4
   1.2 カーネル法の例 ··································· 5
      1.2.1 カーネル主成分分析：主成分分析の非線形化 ····· 5
      1.2.2 リッジ回帰とその非線形化 ···················· 8
      1.2.3 カーネル法の原理 ···························· 9

2. 正定値カーネルと再生核ヒルベルト空間 ················ 11
   2.1 正定値カーネル ·································· 11
      2.1.1 正定値カーネルの定義と基本的性質 ············ 11
      2.1.2 正定値カーネルの例 ·························· 15
   2.2 再生核ヒルベルト空間 ···························· 16
      2.2.1 再生核ヒルベルト空間と正定値カーネル ········ 16
      2.2.2 再生核ヒルベルト空間の具体的構成 ············ 21
      2.2.3 Sobolev 空間 ································ 26
      2.2.4 定理の証明 ·································· 28

3. カーネル法の実際 ···································· 35
   3.1 カーネル主成分分析 ······························ 35
      3.1.1 カーネル主成分分析の復習 ···················· 35
      3.1.2 カーネル PCA の応用例 ······················· 36
   3.2 カーネル正準相関分析 ···························· 40

- 3.2.1 正準相関分析の復習 ·· 40
- 3.2.2 カーネル CCA ·· 40
- 3.2.3 カーネル CCA の応用例 ··· 43
- 3.3 カーネル Fisher 判別分析 ·· 44
  - 3.3.1 Fisher の線形判別分析 ··· 44
  - 3.3.2 カーネル Fisher 判別分析 ·· 45
- 3.4 サポートベクターマシンの基本事項 ······································ 47
  - 3.4.1 マージン最大化基準による線形識別 ································· 47
  - 3.4.2 正則化の一般論 ··· 49
  - 3.4.3 ソフトマージンと正則化 ··· 50
  - 3.4.4 サポートベクターマシンのカーネル化 ····························· 51
  - 3.4.5 サポートベクターマシンの応用例 ···································· 52
  - 3.4.6 サポートベクターマシンの性質 ······································· 53
- 3.5 Representer 定理 ·· 54
- 3.6 グラム行列の低ランク近似 ·· 56
- 3.7 さまざまなカーネル法 ··· 60
- 3.8 カーネル法の性質 ··· 62
- 3.9 カーネルの選択 ·· 63
  - 3.9.1 構造化データに対するカーネル ······································· 63
  - 3.9.2 教師あり学習に対するクロスバリデーション ··················· 63
  - 3.9.3 教師なし学習に対するカーネル選択 ································ 64
  - 3.9.4 その他の方法 ·· 65

4. サポートベクターマシン ·· 67
- 4.1 サポートベクターマシンの最適化 ··· 67
  - 4.1.1 双対問題とサポートベクター ··· 67
  - 4.1.2 効率的な解法 ·· 71
- 4.2 サポートベクターマシンの拡張 ··· 73
  - 4.2.1 多クラス識別問題へのサポートベクターマシンの拡張 ······ 73
  - 4.2.2 多クラスサポートベクターマシン ··································· 73
  - 4.2.3 2 クラス識別器の組み合わせ ·· 76
  - 4.2.4 構造化出力への拡張 ·· 77

  4.2.5 その他の方法 ································· 79

5. 誤差の解析 ·· 81
 5.1 期待損失の上界 ····································· 81
  5.1.1 期待損失と経験損失 ····························· 81
  5.1.2 標本平均の収束定理 ····························· 83
  5.1.3 有限な関数集合に対する上界 ······················ 86
 5.2 無限個の関数集合に対する上界 ························ 87
  5.2.1 無限個の要素を持つ関数族に対する方法 ············· 88
  5.2.2 Rademacher 平均,増大関数,VC-次元 ············· 91
  5.2.3 分布によらない損失の上界 ························ 95
  5.2.4 Rademacher 平均の性質 ························· 95
 5.3 サポートベクターマシンの期待損失の評価 ··············· 97
  5.3.1 0-1 損失関数とヒンジ損失関数 ···················· 98
  5.3.2 マージンと期待損失 ····························· 99
  5.3.3 サポートベクターマシンの期待損失 ················ 101

6. 正定値カーネルの理論 ·································· 104
 6.1 正定値カーネルと負定値カーネル ······················ 104
  6.1.1 負定値カーネル ································· 104
  6.1.2 カーネルを生成する操作 ·························· 107
 6.2 Bochner の定理 ···································· 109
 6.3 Mercer の定理 ····································· 110
  6.3.1 積分核と積分作用素 ····························· 110
  6.3.2 積分核の Hilbert-Schmidt 展開 ··················· 112
  6.3.3 正値積分核と Mercer の定理 ····················· 114

7. 構造化データに対する正定値カーネル ····················· 120
 7.1 ストリングカーネル ································· 120
  7.1.1 ストリングデータ ······························· 120
  7.1.2 p-スペクトラムカーネル ························ 121
  7.1.3 全部分列カーネル ······························· 123

7.1.4 ギャップ重みつき部分列カーネル 125
7.1.5 実　験　例 126
7.2 ツリーやグラフに対するカーネル 127
7.2.1 グラフに関する用語 127
7.2.2 構文木に対する正定値カーネル 128
7.2.3 畳み込みカーネルと周辺化カーネル 130
7.2.4 グラフカーネル 133
7.3 Fisher カーネル 133

8. 平均による確率分布の特徴づけ 136
8.1 再生核ヒルベルト空間における平均 136
8.1.1 ヒルベルト空間に値をとる確率変数 137
8.1.2 再生核ヒルベルト空間における平均 138
8.1.3 平均と標本平均 139
8.2 確率分布を特徴づける正定値カーネル 141
8.3 2 標本問題への応用 147

9. 正定値カーネルによる依存性・独立性 152
9.1 再生核ヒルベルト空間上の共分散作用素 152
9.2 共分散作用素による独立性の特徴づけ 154
9.3 正定値カーネルによる依存性の尺度 157
9.4 正定値カーネル法による条件付独立性の特徴づけ 160
9.4.1 条件付共分散作用素 160
9.4.2 条件付独立性の特徴づけ 163
9.5 条件付独立性尺度の応用 170
9.5.1 条件付独立性の検定 170
9.5.2 因果推論への応用 171
9.5.3 カーネル次元削減法 171

10. カーネル法の周辺 175
10.1 関数データ解析 175
10.2 スプライン平滑化 177

  10.2.1　3次スプライン ………………………………………… 177
  10.2.2　スプライン平滑化と再生核ヒルベルト空間 …………… 181
 10.3　確率過程と再生核ヒルベルト空間 …………………………… 184
  10.3.1　確率過程の生成する空間 ………………………………… 184
  10.3.2　Bochnerの定理とWiener-Khinchinの定理 …………… 188

A. ヒルベルト空間の基本事項 ………………………………………… 193
 A.1　ノルムと内積 …………………………………………………… 193
 A.2　ヒルベルト空間 ………………………………………………… 194
 A.3　ヒルベルト空間の基本的性質 ………………………………… 195
  A.3.1　直　交　性 ………………………………………………… 195
  A.3.2　線形作用素 ………………………………………………… 196
  A.3.3　ヒルベルト空間の基底 …………………………………… 198
 A.4　完　備　化 ……………………………………………………… 200
 A.5　共役作用素と正値性 …………………………………………… 202
 A.6　トレースとHilbert-Schmidt作用素 ………………………… 203

B. 凸最適化の速習コース …………………………………………… 207
 B.1　凸集合と凸関数 ………………………………………………… 207
 B.2　凸　最　適　化 ………………………………………………… 210
 B.3　双　対　問　題 ………………………………………………… 212
  B.3.1　Lagrange双対問題 ………………………………………… 212
  B.3.2　KKT条件 ………………………………………………… 217
 B.4　さらに詳しく知るために ……………………………………… 219

C. 補題など ……………………………………………………………… 221
 C.1　Azuma-Hoeffdingの不等式の証明に用いた補題 …………… 221
 C.2　Massartの補題 ………………………………………………… 222
 C.3　Sauerの補題 …………………………………………………… 223

関連図書 …………………………………………………………………… 225
索　　引 …………………………………………………………………… 233

chapter 1

カーネル法への招待

本章の目的は，正定値カーネルを用いたデータ解析の方法論 (カーネル法) の基本的アイデアを理解してもらうことである．正確な議論は次章以降にまわし，データ解析に正定値カーネルがなぜ有用かを説明することから始める．カーネル法はデータの非線形性ないしは高次モーメントを取り込む方法論であるが，このとき計算の効率性を求めると自然に正定値カーネルが要求されることをみる．

本書を通じて，ベクトルには通常の x, a などの書体を用い，行列 A の転置を A^T で，複素共役を $\overline{A}$ で表す．また，$A^* = \overline{A}^T$ と表す．

1.1　カーネル法の基本的アイデア

1.1.1　線形なデータ解析と非線形なデータ解析

まず古典的なデータ解析の復習から始めよう．多変量解析の多くの方法では，m 次元の N 個のデータからなるサンプルを，データ行列

$$X = \begin{pmatrix} X_1^1 & X_1^2 & \cdots & X_1^m \\ \vdots & \vdots & \ddots & \vdots \\ X_N^1 & X_N^2 & \cdots & X_N^m \end{pmatrix} \tag{1.1}$$

で表し，X に対して処理を行う．特に古典的なデータ解析の方法では，X から作られる行列の逆行列や固有値分解といった線形代数の処理が基本となる．例えば，後に詳述するが，データの低次元表現を得るための主成分分析では，X から得られる標本分散共分散行列

$$V = \frac{1}{N} \sum_{i=1}^{N} \left(X_i - \frac{1}{N} \sum_{j=1}^{N} X_j \right) \left(X_i - \frac{1}{N} \sum_{j=1}^{N} X_j \right)^T \tag{1.2}$$

(ここで $X_i = (X_i^1, \ldots, X_i^m)^T \in \mathbb{R}^m$) の固有値分解が基本となる．また X に加えて，次元数 1, データ数 N のデータ行列 Y が与えられたとき，X を説明変数とする Y の線形回帰は

$$Y = Xa + \varepsilon$$

($a \in \mathbb{R}^m$) の形で Y を X によって説明するが[*1)]，その最小 2 乗法による解は

$$a = (X^T X)^{-1} X^T Y$$

で与えられる．これも線形代数の演算によって実行可能である．そのほか，正準相関分析，Fisher 判別分析，ロジスティック回帰など，多くのデータ解析の方法はベクトルの内積計算や行列の演算に基づいている．

しかしながら，現実の問題では上記のような線形の解析では不十分なことも多い．簡単な 2 クラス識別問題の例でこれを確認しよう．$\mathbb{R}^m$ 上に与えられた X_i とそのクラス $Y_i \in \{+1, -1\}$ からなる N 個のデータ $\{(X_i, Y_i)\}_{i=1}^N$ に基づいて識別超平面 $w^T x + b = 0$ を決定し，

$$h(x) = \mathrm{sgn}(w^T x + b)$$

($\mathrm{sgn}(z)$ は z の符号) によって空間を $+1$ と -1 の領域に分割する 2 クラス識別問題を考える．与えられたデータがなるべく $h(X_i) = Y_i$ を満たすように超平面を決定し，なおかつ，将来与えられる未知のデータ x も正しく識別することが期待される．

このとき図 1.1 左のような 2 次元データが与えられると，これを正しく識別する超平面が存在しないことはあきらかである．しかしながら，$(x_1, x_2) \mapsto (z_1, z_2, z_3) = (x_1^2, x_2^2, \sqrt{2} x_1 x_2)$ という変換をデータに行うと，右のように 3 次元空間のなかで線形識別可能となる．

もうひとつ例を挙げる．2 つのデータ間の依存関係を分析するための最も基本的な線形手法として相関係数がある．一般に確率変数 X と Y の相関係数は

$$\rho_{XY} = \frac{\mathrm{Cov}[X, Y]}{\sqrt{\mathrm{Var}[X] \mathrm{Var}[Y]}} = \frac{E[(X - E[X])(Y - E[Y])]}{\sqrt{E[(X - E[X])^2] E[(Y - E[Y])^2]}} \tag{1.3}$$

により定義される．有限個のデータを用いて計算する場合には標本分散，標本共

[*1)] ここでは簡単のため定数項は省略した．すべて 1 からなる列ベクトルを X に付け加え，$\tilde{a} = (a^T, b)^T$ とすれば，本文の形によって定数項の推定も可能である．

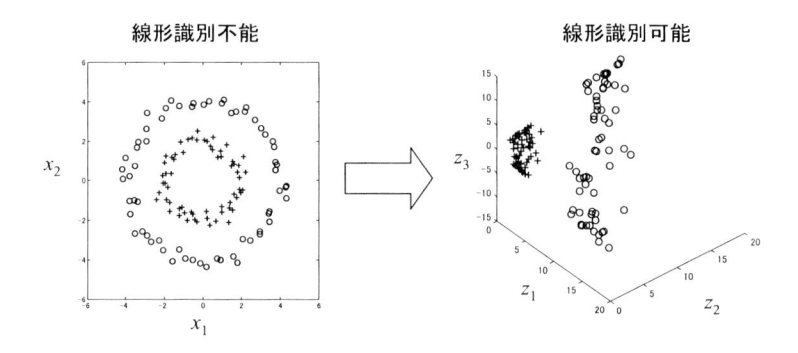

図 1.1 線形識別の例. + は +1 を, ○ は −1 を表す. 左は元の 2 次元データ. 右は 3 次元データに変換したもの.

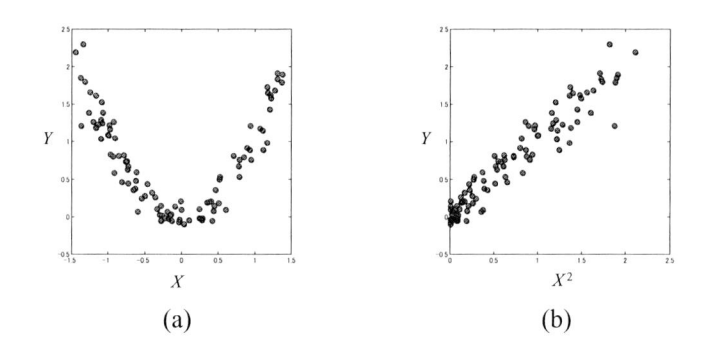

図 1.2 相関分析の例. (a) $\mathrm{Corr}(X, Y) = 0.17$. (b) $\mathrm{Corr}(X^2, Y) = 0.96$.

分散に置き換えればよい. 図 1.2(a) では, X と Y に強い非線形な依存関係があるにも関わらず, 相関係数は 0.17 と非常に小さい値になる. 一方, X の 2 乗をとった X^2 を用いると X^2 と Y の相関係数は 0.96 と高い値になり, X と Y の非線形な依存関係が捉えられる.

以上の例からわかるように, もとのデータに非線形変換を施すと, 非線形特徴ないしは高次モーメントが表現され, データの性質がよりよく捉えられる場合がある. そこで複雑なデータの解析には, データに非線形変換を施し, 変換後のデータに線形の解析手法を用いるアプローチが有望に思われる. しかしこのためにはいくつかの問題を解決しなければならない. まずどのような変換が適切かを決める必要がある. 上の 2 つの例は恣意的なデータであり, データのプロットをみれば適切な非線形変換は容易に想像がつくが, 視覚化が困難な高次元データを扱う

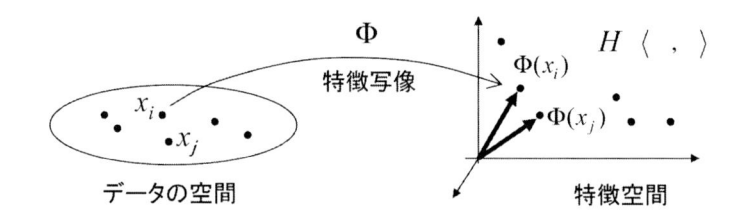

図 1.3　カーネル法によるデータ変換.

際にはもっと一般的なアプローチが必要である．

また，データの非線形変換は計算上の困難を生じることがある点も重要である．例えばデータの高次モーメントを用いた解析には

$$(X, Y, Z) \mapsto (X, Y, Z, X^2, Y^2, Z^2, XY, YZ, ZX, \ldots)$$

といったべき展開による方法が可能であり，実際に広く用いられている．しかし近年のデータ解析では高次元データを扱う機会が増加しており，例えば 200 次元のデータに対して 3 次のモーメントまでを考慮したければ，$_{200}C_1 + {}_{200}C_2 + {}_{200}C_3 = 1333500$ 次元のデータを扱うことになる．計算機が発達した現在においても，130 万次元の行列の逆行列や固有値分解を行うことには大きな困難が伴う．

カーネル法とは，データの高次モーメントを有効に抽出し，かつ必要な計算を効率的に実行可能にするような非線形変換の方法論である．次節以降で，この観点からカーネル法を解説していくことにしよう．

1.1.2　カーネルによる内積の計算

データが存在する空間を Ω とし，これをある実ベクトル空間 H に写像することによりデータの (非線形) 特徴を抽出することを考える．すなわち，データの変換

$$\Phi : \Omega \to H$$

を考える．Ω は一般に任意の集合でよい．変換 Φ によってデータの (非線形) 特徴を表すという意味で，Φ を**特徴写像**，H を**特徴空間**と呼ぶ．

ベクトル空間 H 上で線形のデータ解析を行うためには，H が内積を持つことが重要である．実際，前項でみた相関分析や線形回帰などの手法に必要な分散共

分散行列の計算は，本質的に 2 つのデータの内積計算により得られる．そこで H は内積 $\langle \cdot, \cdot \rangle$ を持つと仮定する．

一般にベクトル空間の内積は，ある基底による成分によって計算可能である．しかしながら，展開の例でみたように H の次元が高いとその計算には莫大なコストがかかる．正定値カーネルの方法論の長所のひとつは，ベクトル空間の内積が効率的に計算可能となる点にある．実際 2 章でみるように，正定値カーネルによって変換 Φ が定義され，2 つのデータ点 $\Phi(X_i), \Phi(X_j)$ の内積が

$$\langle \Phi(X_i), \Phi(X_j) \rangle = k(X_i, X_j) \tag{1.4}$$

というカーネル関数 k の値の評価によって計算される．これを**カーネルトリック**と呼ぶことがある．この計算量は，基底による展開のように H の次元に陽に依存することはなく，カーネル値 $k(x, y)$ の計算コストのみに依存する．

次節でみるように，多くのデータ解析手法において，変換 $\Phi(X_i)$ の陽な表示は必要なく，2 つのデータの内積すなわちカーネル値 $k(X_i, X_j)$ が得られれば十分であることが多い．この事実によって，さまざまな線形のデータ解析手法を変換後のデータに適用することが可能となる．

1.2 カーネル法の例

カーネル法の具体的イメージをつかむため，変換 $\Phi : \Omega \to H$ に対して式 (1.4) の内積計算が成り立つことを仮定して，主成分分析とリッジ回帰を H 上に拡張してみよう．これらは，さまざまなカーネル法の導出の典型的な例となる．

1.2.1 カーネル主成分分析：主成分分析の非線形化

まず通常の主成分分析を復習しよう．**主成分分析** (principal component analysis, PCA) は，分布の様子をなるべく保持するようにデータを低次元表現するための方法である．m 次元データ $X_1, \ldots, X_N$ に対し，データを単位ベクトル u に直交射影した $\{u^T X_i\}_{i=1}^N$ の分散が最大となるような方向 u，すなわち

$$u_1 = \arg\max_{\|u\|=1} \frac{1}{N} \left\{ \sum_{i=1}^N u^T \left(X_i - \frac{1}{N} \sum_{j=1}^N X_j \right) \right\}^2 = \arg\max_{\|u\|=1} u^T V u$$

を第 1 主軸という．ここで，V はデータの標本分散共分散行列 (式 (1.2)) である．射影 $u_1^T X_i$ はデータ X_i の第 1 主成分と呼ばれる．d 次元表現を求める場合

には，すでに得られた $u_1, \ldots, u_{p-1}$ と u_p が直交するという条件下で u_p に射影したデータの分散が最大になるように第 p 主軸 u_p を求める．結果として，d 次までの主軸は，標本分散共分散行列 V の大きいほうから d 個の固有値に対応する単位固有ベクトル $u_1, \ldots, u_d$ により与えられ，データ X_i の第 p 主成分は $u_p^T X_i$ により与えられる．

以上の PCA の計算過程を振り返ると，本質的に必要なのは内積 $u_p^T X_i$ で与えられる 1 次元データの分散とその最大化である．したがって，内積計算の方法が与えられていれば，これを特徴空間 H 上でも実行できることが期待される．

特徴写像によって変換されたデータ $\Phi(X_1), \ldots, \Phi(X_N)$ に対し，通常の主成分分析と同様，H での第 1 主軸 f を

$$\max_{\|f\|=1} \widehat{\mathrm{Var}}[\langle f, \Phi(X) \rangle] = \max_{\|f\|=1} \frac{1}{N} \sum_{i=1}^{N} \left\{ \left\langle f, \Phi(X_i) - \frac{1}{N} \sum_{j=1}^{N} \Phi(X_j) \right\rangle \right\}^2$$

($\|f\|$ は H のノルム) として解くことを考えよう．ここで

$$\tilde{\Phi}(X_i) = \Phi(X_i) - \frac{1}{N} \sum_{j=1}^{N} \Phi(X_j)$$

と定義すると，上記の最大化は

$$\max_{\|f\|=1} \frac{1}{N} \sum_{i=1}^{N} \langle f, \tilde{\Phi}(X_i) \rangle^2 \tag{1.5}$$

と書ける．一般に $\langle f, \tilde{\Phi}(X_i) \rangle$ の計算方法は自明ではないが，式 (1.5) の解は

$$f = \sum_{i=1}^{N} a_i \tilde{\Phi}(X_i) \tag{1.6}$$

の形で探せば十分であることがわかる．これは，特徴空間 H を，$\{\tilde{\Phi}(X_i)\}_{i=1}^{N}$ の張る部分空間 H_0 とその直交補空間 $H_0^{\perp}$ に分解し，$f = f_0 \oplus f_{\perp}$ ($f_0 \in H_0, f_{\perp} \in H_0^{\perp}$) と分解したとき，成分 $f_{\perp}$ が式 (1.5) の値に影響しないことと，ピタゴラスの定理 $\|f\|^2 = \|f_0\|^2 + \|f_{\perp}\|^2$ からわかる．したがって，最大化に関しては式 (1.6) の形で考えればよい．$\Phi(x)$ が非線形関数のとき，式 (1.6) は x の非線形特徴を与える．

$N \times N$ 行列 $\tilde{K}$ を

$$\tilde{K}_{ij} = \langle \tilde{\Phi}(X_i), \tilde{\Phi}(X_j) \rangle$$

により定義すると，式 (1.5) の目的関数は

$$\frac{1}{N}\sum_{i=1}^{N}\langle f,\tilde{\Phi}(X_i)\rangle^2 = \frac{1}{N}\sum_{i=1}^{N}\Big\langle \sum_{j=1}^{N}a_j\tilde{\Phi}(X_j),\tilde{\Phi}(X_i)\Big\rangle^2 = \frac{1}{N}a^T\tilde{K}^2 a$$

となり，また f のノルムは

$$\|f\|^2 = \Big\langle \sum_{i=1}^{N}a_i\tilde{\Phi}(X_i), \sum_{i=1}^{N}a_i\tilde{\Phi}(X_i)\Big\rangle = a^T\tilde{K}a$$

で与えられる．したがって主軸は，最大化問題

$$\max a^T\tilde{K}^2 a \quad \text{subject to}^{*2)} \quad a^T\tilde{K}a = 1 \tag{1.7}$$

の解として与えられる．ここで式 (1.4) を用いると，$\tilde{K}$ の成分は

$$\tilde{K}_{ij} = \langle \tilde{\Phi}(X_i),\tilde{\Phi}(X_j)\rangle = k(X_i,X_j) - \frac{1}{N}\sum_{b=1}^{N}k(X_i,X_b)$$
$$- \frac{1}{N}\sum_{a=1}^{N}k(X_a,X_j) + \frac{1}{N^2}\sum_{a,b=1}^{N}k(X_a,X_b) \tag{1.8}$$

と展開でき，カーネル関数 $k(X_i,X_j)$ の値の評価のみによって計算される．

式 (1.7) の最大化問題は固有値問題として容易に解くことができる．実際，$\tilde{K} = U\Lambda U^T$ (U は直交行列，Λ は $\lambda_1 \geq \lambda_2 \geq \cdots \geq \lambda_N \geq 0$ を対角成分とする対角行列) を $\tilde{K}$ の固有値分解とするとき，$b = \tilde{K}^{1/2}a = U\Lambda^{1/2}U^T a$ とおくことにより，式 (1.7) の最大化問題は

$$\max b^T\tilde{K}b \quad \text{subject to} \quad \|b\| = 1$$

という通常の固有値問題となる．$U = (u^1,\ldots,u^N)$ と列ベクトル表示すると，最適解は $a = (1/\sqrt{\lambda_1})u^1$ により与えられ，データ X_i の第 1 主成分は，

$$\langle \tilde{\Phi}(X_i),f\rangle = \frac{1}{\sqrt{\lambda_1}}\sum_{j=1}^{N}\tilde{K}_{ij}u^1_j = \sqrt{\lambda_1}u^1_i$$

により与えられる．d 次元表現を得る場合には，通常の主成分分析同様，直交条件 $\langle f^{(\ell)},f^{(p)}\rangle = 0$ ($1 \leq \ell \leq p-1$) のもとで分散最大化問題を解くことになる．ここで $\langle f^{(\ell)},f^{(p)}\rangle = \langle \sum_{i=1}^{N}a_i^{(\ell)}\tilde{\Phi}(X_i),\sum_{i=1}^{N}a_i^{(p)}\tilde{\Phi}(X_i)\rangle = a^{(\ell)T}\tilde{K}a^{(p)}$ に注意すると，データ X_i の第 p 主成分は

$$\langle \tilde{\Phi}(X_i),f^{(p)}\rangle = \sqrt{\lambda_p}u^p_i$$

で与えられる．以上の手法を**カーネル PCA** と呼ぶ．

ここで注意すべきは，カーネル PCA に必要な量は $k(X_i,X_j)$ によって計算され，$\Phi(X_i)$ の陽な表示は不必要な点である．これを可能にしているのは

---

*2) "subject to" は条件を表すための習慣的記法である．付録 B 参照．

(1) 目的関数の最適解が，変換されたデータ $\Phi(X_i)$ で張られる有限次元部分空間で達成されること，

(2) (1) のもとで目的関数と制約条件が $k(X_i, X_j)$ のみにより表現されること，

という 2 つの事実である．

1.2.2　リッジ回帰とその非線形化

カーネル法のもうひとつの例として回帰問題の場合をみておこう．X を m 次元説明変数，Y を 1 次元目的変数とし，X と Y の関係を線形の関係

$$Y = a^T X + \varepsilon \qquad (\varepsilon \text{ はノイズ})$$

により表すことを考える．サンプル $(X_1, Y_1), \ldots, (X_N, Y_N)$ に対し，

$$\min_a \sum_{i=1}^N \|Y_i - a^T X_i\|^2 + \lambda \|a\|^2$$

の解として回帰係数 a を推定する方法を**リッジ回帰**という．ここで $\lambda > 0$ は正則化係数であり，$\lambda = 0$ とおくと通常の最小 2 乗誤差推定に帰着される．容易に求められるように，解は

$$\widehat{a} = (X^T X + \lambda I_N)^{-1} X^T Y$$

(I_N は $N \times N$ 単位行列) であり，したがって新たな x に対する予測は

$$\widehat{y}(x) = \widehat{a}^T x = Y^T X (X^T X + \lambda I_N)^{-1} x$$

により与えられる．リッジ回帰は，$X^T X$ が退化していたり非常に小さい固有値を持つために $X^T X$ の逆行列が数値的に安定しない場合，最小 2 乗誤差による推定の代わりによく用いられる．

次にリッジ回帰の非線形化を考えよう．空間 Ω 上の X を変換 $\Phi: \Omega \to H$ により特徴空間に写像し，1 次元変数 Y はそのまま用いる．上のリッジ回帰を H 上に拡張すると，変換したデータ $\{(\Phi(X_i), Y_i)\}_{i=1}^N$ に対し

$$\min_{f \in H} \sum_{i=1}^N |Y_i - \langle f, \Phi(X_i) \rangle|^2 + \lambda \|f\|^2 \tag{1.9}$$

によって係数 f を推定する問題と定式化できる．新たなデータ x に対しては $\widehat{y}(x) = \langle f, \Phi(x) \rangle$ によって予測を行う．

カーネル PCA の場合とまったく同様に，H を $\{\Phi(X_i)\}_{i=1}^N$ の張る部分空間とその直交補空間に分解すると，直交補空間の成分が 0 となる場合に最適となり，

$$f = \sum_{j=1}^N c_j \Phi(X_j)$$

の形で求めれば十分であることがわかる．これを式 (1.9) に代入し，$K_{ij} = k(X_i, X_j) = \langle \Phi(X_i), \Phi(X_j) \rangle$ とおいて整理すると，目的関数は

$$\min_c \|Y - Kc\|^2 + \lambda c^T K c$$

と書き直される．これを解くとカーネルリッジ回帰の解は

$$\widehat{c} = (K + \lambda I_N)^{-1} Y$$

により与えられ，新たなデータ x に対する予測は

$$\widehat{y}(x) = \langle \widehat{f}, \Phi(x) \rangle = \langle \textstyle\sum_j \widehat{c}_j \Phi(X_j), \Phi(x) \rangle = \mathbf{r}^T (K + \lambda I_N)^{-1} Y \tag{1.10}$$

となる．ここで $\mathbf{r}$ は

$$\mathbf{r} = \begin{pmatrix} \langle \Phi(X_1), \Phi(x) \rangle \\ \vdots \\ \langle \Phi(X_N), \Phi(x) \rangle \end{pmatrix} = \begin{pmatrix} k(X_1, x) \\ \vdots \\ k(X_N, x) \end{pmatrix}$$

により定義される N 次元ベクトルである．$\widehat{y}(x)$ は一般に x の非線形関数である．

以上の導出を振り返ると，カーネル PCA と同様，解の計算に必要な量は $\langle \Phi(X_i), \Phi(X_j) \rangle = k(X_i, X_j)$ と Y_i のみに依存し，あらたなデータに対する予測値も $\langle \Phi(x), \Phi(X_i) \rangle = k(x, X_i)$ が与えられれば計算可能である．これらが可能であるのも，1.2.1 項末尾に述べた 2 つの事実に基づいている．

1.2.3　カーネル法の原理

以上の 2 つの例では，変換 $\Phi : \Omega \to H$ が

$$\langle \Phi(x), \Phi(y) \rangle = k(x, y) \tag{1.11}$$

という内積計算を満たすという仮定のもとで，変換したデータ $\{\Phi(X_i)\}_{i=1}^N$ に線形のデータ解析手法を用いることによって，線形手法の非線形化を導いた．その導出を可能にした事実を改めてまとめておこう．

まず第一に，求める解は H 上の関数 $L(f)$ の最適化 (制約を含む) として与えられるが，この最適解が，データ $\{\Phi(X_i)\}_{i=1}^{N}$ の張る有限次元部分空間の元

$$f = \sum_{i=1}^{N} c_i \Phi(X_i)$$

によって与えられる点である．

第二に，上の形の f を目的関数および制約条件に代入すると，これらは行列

$$\langle \Phi(X_i), \Phi(X_j) \rangle = k(X_i, X_j)$$

を用いて表現され，Φ の陽な表現を必要としない点である．これによって，最適解は比較的標準的な最適化手法によって求められることが多い．本節で述べた2つの例では，固有値問題や2次関数の最適化として解が求まった．

以上のプロセスは，ほとんどのカーネル法の導出に共通の構造であり，その基礎は式 (1.11) の仮定である．では，この仮定を満たすような変換 Φ はいかに定義すればよいのであろうか．次章でみるように，この問いに対する答えが「正定値カーネル」である．3章において，以上のプロセスに従ってさまざまなカーネル法の具体的アルゴリズムを導出する．また上の事実のうち第一のものは Representer 定理と呼ばれており，3章で詳述する．

chapter 2

正定値カーネルと再生核ヒルベルト空間

本章では，カーネル法における特徴空間とその内積計算を与える，正定値カーネルと再生核ヒルベルト空間について述べる．まず 2.1 節において正定値カーネルの定義と基本的性質を述べたあと，2.2 節で再生核ヒルベルト空間と呼ばれるベクトル空間を導入し，これが1章で望まれていた性質を満たすことを説明する．本章の後半はやや理論的なので，もっぱら方法と応用に興味のある読者は，2.1 節，2.2.1 項，および 2.2.2 項の具体例を読んだ後，すぐに3章に進んでもよい．

2.1 正定値カーネル

2.1.1 正定値カーネルの定義と基本的性質

まず実数値の正定値カーネルから定義する．$\mathcal{X}$ を集合とするとき，次の2条件を満たすカーネル $k: \mathcal{X} \times \mathcal{X} \to \mathbb{R}$ を ($\mathcal{X}$ 上の) **正定値カーネル** (positive definite kernel) という[*1]．

- (対称性) 任意の $x, y \in \mathcal{X}$ に対し $k(x,y) = k(y,x)$,
- (正値性) 任意の $n \in \mathbb{N}$, $x_1, \ldots, x_n \in \mathcal{X}$, $c_1, \ldots, c_n \in \mathbb{R}$ に対し

$$\sum_{i,j=1}^{n} c_i c_j k(x_i, x_j) \geq 0.$$

対称性のもと，正値性の条件は，対称行列

[*1] 正定値カーネルの定義で用いられる正値性は，通常は対称行列の半正定値性と呼ばれる．したがって半正定値カーネルと呼ぶほうが自然かもしれないが，この分野の習慣で正定値カーネルと呼ばれる．第2の条件を $\sum_{i,j=1}^{n} c_i c_j k(x_i, x_j) > 0$ で置き換えたものを **狭義正定値カーネル** (strictly positive definite kernel) と呼ぶことがある．

$$(k(x_i, x_j))_{i,j=1}^{n} = \begin{pmatrix} k(x_1, x_1) & \cdots & k(x_1, x_n) \\ \vdots & \ddots & \vdots \\ k(x_n, x_1) & \cdots & k(x_n, x_n) \end{pmatrix}$$

が半正定値であることを意味する．この対称行列を**グラム行列**と呼ぶ．

複素数値の場合は実数値のときと若干定義が異なる．$k: \mathcal{X} \times \mathcal{X} \to \mathbb{C}$ が (複素数値) 正定値カーネルであるとは，任意の $n \in \mathbb{N}$, $x_1, \ldots, x_n \in \mathcal{X}$, $c_1, \ldots, c_n \in \mathbb{C}$ に対し，正値性

$$\sum_{i,j=1}^{n} c_i \overline{c_j} k(x_i, x_j) \geq 0$$

を満たすことをいう．ここで上式は，左辺が実数かつ非負であることを意味する．

複素数値の場合の定義では，対称性にあたる Hermite 性 $k(y, x) = \overline{k(x, y)}$ は不要である．実は以下に示すように，Hermite 性は正値性の帰結として導かれる．まず，1 点に対する正値性から，任意の $x \in \mathcal{X}$ に対し $k(x, x)$ は非負実数である．次に任意の $x, y \in \mathcal{X}$ と $(\alpha, 1)$ $(\alpha \in \mathbb{C})$ に対し

$$|\alpha|^2 k(x, x) + \alpha k(x, y) + \overline{\alpha} k(y, x) + k(y, y) \geq 0$$

であるが，特に左辺が実であることからその複素共役をとると

$$|\alpha|^2 k(x, x) + \overline{\alpha} \overline{k(x, y)} + \alpha \overline{k(y, x)} + k(y, y)$$

も実である．上の 2 つの式の左辺の差をとると，

$$\overline{\alpha}(k(y, x) - \overline{k(x, y)}) - \alpha \overline{(k(y, x) - \overline{k(x, y)})}$$

は実数である．ところが，任意の複素数 c に対して $c - \overline{c}$ は純虚数 (c の虚部の 2 倍) であるから，上式は $\overline{\alpha}(k(y, x) - \overline{k(y, x)}) = 0$ を意味する．α は任意の複素数であるから，$k(y, x) = \overline{k(x, y)}$ を得る．

データ解析を行う際には主に実数値のカーネルが用いられるが，理論を展開する場合には複素数値を含めて考えるほうが見通しがよい場合がある．6 章で述べる Bochner の定理などがそのよい例である．

ここで，正定値カーネルの定義からすぐにわかる性質をまとめておく．

命題 2.1 集合 $\mathcal{X}$ 上の正定値カーネル k に対し以下が成り立つ．

(1) $k(x,x) \geq 0 \ (\forall x \in \mathcal{X})$

(2) $|k(x,y)|^2 \leq k(x,x)k(y,y) \ (\forall x, y \in \mathcal{X})$

(3) $\mathcal{X}$ の任意の部分集合 $\mathcal{Y}$ に対して，k の $\mathcal{Y} \times \mathcal{Y}$ への制限は $\mathcal{Y}$ 上の正定値カーネルである．

証明 (1) は 1 点 x に対して正値性条件を用いればよい．(2) を示そう．$k(y,x) = \overline{k(x,y)}$ により，正定値性の条件から Hermite 行列 $\begin{pmatrix} k(x,x) & \overline{k(x,y)} \\ k(x,y) & k(y,y) \end{pmatrix}$ の固有値は非負である．特にその行列式は非負なので，$k(x,x)k(y,y) - |k(x,y)|^2 \geq 0$ を得る．(3) は定義よりあきらか． □

命題 2.2 $k_1, k_2, \ldots$ を集合 $\mathcal{X}$ 上の (複素数値) 正定値カーネルとする．このとき以下で定義されるカーネルはまた正定値である．

(1) (非負結合) $ak_1 + bk_2 \quad (a, b \geq 0)$

(2) (積) $k_1 k_2$ (積は値による積 $k_1(x,y)k_2(x,y)$)

(3) (極限) $\lim_{i \to \infty} k_i(x,y)$, (極限の存在を仮定する)

上の (1),(2) より，集合 $\mathcal{X}$ 上の正定値カーネル全体は凸錐をなす．さらに (3) はこの凸錐が各点収束の位相で閉であることを意味する．

証明 (1) は定義よりあきらか．(3) は，対称性と正値性の条件が極限関数に対しても成り立つことからわかる．(2) を示すためには，A と B を半正定値 Hermite 行列とするとき，その成分ごとの積で定義される Hermite 行列がまた半正定値であることを示せばよい．これは以下の補題 2.4 から従う． □

定義 2.3 2 つの $\ell \times m$ 行列 A と B に対し，$C_{ij} = A_{ij}B_{ij}$ により定まる行列を A と B の **Hadamard 積**といい，$A \odot B$ で表す．

補題 2.4 A と B を半正定値な $p \times p$ Hermite 行列とするとき，その Hadamard 積 $A \odot B$ もまた半正定値である．

証明 A は Hermite 行列なので，$A = U\Lambda U^*$ という固有値分解を持つ．ここで $U = (u^1, \ldots, u^p)$ はユニタリ行列 $(U^* = U)$，Λ は $(\lambda_1, \ldots, \lambda_p)$ を対角成分に持つ対角行列であるが，半正定値性より $\lambda_a \geq 0 \ (1 \leq a \leq p)$ である．このとき，任意の

$c_1, \ldots, c_p \in \mathbb{C}$ に対し

$$\sum_{i,j=1} c_i \bar{c}_j (A \odot B)_{ij} = \sum_{a=1}^{p} \lambda_a c_i \bar{c}_j u_i^a \bar{u}_j^a B_{ij} = \sum_{a=1}^{p} \lambda_a \xi^{aT} B \overline{\xi^a}$$

である．ここで $\xi^a = (c_1 u_1^a, \ldots, c_p u_p^a)^T \in \mathbb{C}^p$ とおいた．B の半正定値性と $\lambda_a \geq 0$ により，この値は非負である． □

命題 2.5 (1) 非負の定数関数は正定値カーネルである．
(2) $k : \mathcal{X} \times \mathcal{X} \to \mathbb{C}$ を $\mathcal{X}$ 上の正定値カーネルとし，$f : \mathcal{X} \to \mathbb{C}$ を任意の関数とする．このとき，

$$\tilde{k}(x, y) = f(x) k(x, y) \overline{f(y)}$$

で定まるカーネル $\tilde{k}$ は正定値である．

証明 (1) は定義からあきらか．(2) は，$x_1, \ldots, x_n$ を $\mathcal{X}$ の任意の点，$c_1, \ldots, c_n \in \mathbb{C}$ を任意の複素数とするとき，

$$\sum_{i,j=1}^{n} c_i \overline{c_j} \tilde{k}(x_i, x_j) = \sum_{i,j=1}^{n} c_i f(x_i) k(x_i, x_j) \overline{c_j f(x_j)} \geq 0$$

による． □

命題 2.5 から特に

$$k(x, y) = f(x) \overline{f(y)}$$

は正定値カーネルである．また，$k(x, x) > 0$ ($\forall x \in \mathcal{X}$) なる正定値カーネル k に対し

$$\tilde{k}(x, y) = \frac{k(x, y)}{\sqrt{k(x, x) k(y, y)}}$$

も正定値カーネルであり，命題 2.1(2) から $|\tilde{k}(x, y)| \leq 1$ を満たす．$\tilde{k}$ を k の**正規化**と呼ぶ．

次の命題は，内積を持つベクトル空間 (内積空間) から正定値カーネルが定まることを示している．

命題 2.6 V を内積 $\langle \cdot, \cdot \rangle$ を持つ内積空間とする．写像

$$\Phi : \mathcal{X} \to V, \qquad x \mapsto \Phi(x)$$

が与えられたとき，
$$k(x,y) = \langle \Phi(x), \Phi(y) \rangle$$
は $\mathcal{X}$ 上の正定値カーネルである．

証明 $x_1, \ldots, x_n$ を $\mathcal{X}$ の任意の点，$c_1, \ldots, c_n$ を任意の複素数とするとき，
$$\sum_{i,j=1}^{n} c_i \overline{c_j} k(x_i, x_j) = \sum_{i,j=1}^{n} c_i \overline{c_j} \langle \Phi(x_i), \Phi(x_j) \rangle = \Big\langle \sum_{i=1}^{n} c_i \Phi(x_i), \sum_{j=1}^{n} c_j \Phi(x_j) \Big\rangle$$
$$= \Big\| \sum_{i=1}^{n} c_i \Phi(x_i) \Big\|^2 \geq 0$$
により示される． □

1章で述べたように，我々はまさに命題2.6のような写像を探している．実は2.2節でみるように，逆に正定値カーネルに対して上のような写像 Φ が定まる．

2.1.2 正定値カーネルの例

ここで，m 次元ユークリッド空間 $\mathbb{R}^m$ 上の正定値カーネルの例を示そう．

- 線形カーネル ($\mathbb{R}^m$ 上の通常のユークリッド内積)
$$k_0(x, y) = x^T y.$$

- 指数型
$$k_E(x, y) = \exp(\beta x^T y) \qquad (\beta > 0).$$

- ガウス RBF (radial basis function) カーネル
$$k_G(x, y) = \exp\Big(-\frac{1}{2\sigma^2} \|x - y\|^2\Big) \qquad (\sigma > 0).$$

- ラプラスカーネル
$$k_L(x, y) = \exp\Big(-\alpha \sum_{i=1}^{n} |x_i - y_i|\Big) \qquad (\alpha > 0).$$

- 多項式カーネル
$$k_P(x, y) = (x^T y + c)^d \qquad (c \geq 0, d \in \mathbb{N}).$$

他にも正定値カーネルにはさまざまなものがあるが，さらなる例や統一的な視点については6章に譲る．

上の例がそれぞれ正定値であることを示そう．まず，線形カーネル k_0 の正定値性は命題 2.6 より従う．次に指数関数の $\mathbb{R}$ 上でのべき級数展開により，

$$\exp(\beta x^T y) = 1 + \beta x^T y + \frac{\beta^2}{2!}(x^T y)^2 + \frac{\beta^3}{3!}(x^T y)^3 + \cdots$$

が任意の $x,y \in \mathbb{R}^m$ について成立する．ここで第 n 項までの和で定まるカーネルは命題 2.2 の (1) および (2) により正定値である．$\exp(\beta x^T y)$ はこの極限であるので，命題 2.2 の (3) により正定値である．また，k_E の正定値性を用いると，

$$\exp\left(-\frac{1}{2\sigma^2}\|x-y\|^2\right) = \exp\left(-\frac{\|x\|^2}{2\sigma^2}\right)\exp\left(\frac{x^T y}{\sigma^2}\right)\exp\left(-\frac{\|y\|^2}{2\sigma^2}\right)$$

により，命題 2.5 から k_G も正定値となる．さらに，多項式カーネルは $x^T y$ のべきの非負係数の和であるため，命題 2.2 より正定値である．ラプラスカーネルについては，証明が他の例のように簡単でないため，2.2.2 項で証明を与える．

2.2 再生核ヒルベルト空間

再生核ヒルベルト空間はカーネル法における特徴空間を与える重要な概念である．これは関数空間の一種であり，一般には無限次元ベクトル空間となるため，ヒルベルト空間に関する基本的な用語を用いる．ヒルベルト空間に不慣れな読者のために付録 A に基本的事項をまとめたので適宜参照していただきたい．

2.2.1 再生核ヒルベルト空間と正定値カーネル

以下ではヒルベルト空間は実数体 $\mathbb{R}$ または複素数体 $\mathbb{C}$ 上で定義されているとし，これを $\mathbb{K}$ でまとめて表す．以降，ヒルベルト空間 $\mathcal{H}$ の内積を $\langle \cdot, \cdot \rangle_{\mathcal{H}}$ で表し，紛れがない場合は単に $\langle \cdot, \cdot \rangle$ と書くこともある．また, 体 $\mathbb{K}$ 上のベクトル空間 V に対し，部分集合 $A \subset V$ の張る線形部分空間 $\{\sum_{i=1}^n c_i v_i \in V \mid n \in \mathbb{N}, c_i \in \mathbb{K}, v_i \in A\}$ を $\mathrm{Span}A$ で表す．

集合 $\mathcal{X}$ 上の**再生核ヒルベルト空間** (reproducing kernel Hilbert space, RKHS) とは，$\mathcal{X}$ 上の関数からなるヒルベルト空間 $\mathcal{H}$ で，任意の $x \in \mathcal{X}$ に対して $k_x \in \mathcal{H}$ があって

$$(再生性) \qquad \langle f, k_x \rangle_{\mathcal{H}} = f(x) \qquad (\forall f \in \mathcal{H})$$

を満たすものをいう．

上の定義の k_x に対して，$k(y,x) = k_x(y)$ により定まるカーネル k を $\mathcal{H}$ の**再生核** (reproducing kernel) と呼ぶ．

命題 2.7　$\mathcal{X}$ 上の再生核ヒルベルト空間の再生核 k は，$\mathcal{X}$ 上の正定値カーネルである．また，再生核ヒルベルト空間 $\mathcal{H}$ の再生核は一意的である．

証明　まず任意の $x_1, \ldots, x_n \in \mathcal{X}$ と $c_1, \ldots, c_n \in \mathbb{K}$ に対し，

$$\sum_{i,j=1}^n c_i \overline{c_j} k(x_i, x_j) = \sum_{i,j=1}^n c_i \overline{c_j} \langle k(\cdot, x_i), k(\cdot, x_j) \rangle$$
$$= \Big\langle \sum_{i=1}^n c_i k(\cdot, x_i), \sum_{j=1}^n c_j k(\cdot, x_j) \Big\rangle \geq 0$$

を得る．実数値の場合は，これに加えて対称性が必要であるが，$k(x,y) = k_y(x) = \langle k_y, k_x \rangle = \langle k_x, k_y \rangle = k_x(y) = k(y,x)$ より従う．

一意性については，正定値カーネルが Hermite または対称であることに注意すると，k と $\tilde{k}$ がともに $\mathcal{H}$ の再生核と仮定するとき，$\tilde{k}(x,y) = \langle \tilde{k}(\cdot, y), k(\cdot, x) \rangle = \overline{\langle k(\cdot, x), \tilde{k}(\cdot, y) \rangle} = \overline{k(y,x)} = k(x,y)$ により示される．　□

命題 2.8　k を再生核ヒルベルト空間 $\mathcal{H}$ の再生核とするとき

$$\|k(\cdot, x)\|_{\mathcal{H}} = \sqrt{k(x,x)}.$$

証明　$\|k(\cdot, x)\|_{\mathcal{H}}^2 = \langle k(\cdot, x), k(\cdot, x) \rangle_{\mathcal{H}} = k(x,x)$ より従う．　□

ここで，再生核ヒルベルト空間の別の特徴づけを述べておこう．こちらを定義とすることも多い．

命題 2.9　$\mathcal{H}$ を集合 $\mathcal{X}$ 上の関数からなるヒルベルト空間とする．このとき，$\mathcal{H}$ が再生核ヒルベルト空間であることと，任意の $x \in \mathcal{X}$ に対して関数値の評価

$$e_x : \mathcal{H} \to \mathbb{C}, \qquad e_x(f) = f(x)$$

が $\mathcal{H}$ 上の連続線形汎関数 (付録 A.3 参照) であることとは同値である．

証明　$\mathcal{H}$ が再生核ヒルベルト空間であると仮定すると，再生性と Cauchy-Schwarz の不等式より

$$|e_x(f)| = |\langle f, k_x \rangle| \leq \|k_x\| \|f\|$$

であるから，e_x は連続線形汎関数である．

逆に e_x が連続とすると，Riesz の補題 (定理 A.5) により $k_x \in \mathcal{H}$ があって

$$\langle f, k_x \rangle = e_x(f) = f(x)$$

となるので，$\mathcal{H}$ は再生核ヒルベルト空間である． □

系 2.10 $\mathcal{H}$ を集合 $\mathcal{X}$ 上の関数からなる再生核ヒルベルト空間とする．$\mathcal{H}$ の列 $(f_n)_{n=1}^{\infty}$ が $\mathcal{H}$ において f に収束するとき，$(f_n)_{n=1}^{\infty}$ は f に各点収束する．すなわち，任意の $x \in \mathcal{X}$ に対し $\lim_{n \to \infty} f_n(x) = f(x)$ である．

次の定理は，正定値カーネルから再生核ヒルベルト空間が構成できることを主張している．

定理 2.11 (Moore-Aronszajn) 集合 $\mathcal{X}$ 上の正定値カーネル k に対し，$\mathcal{X}$ 上の再生核ヒルベルト空間 $\mathcal{H}$ で以下の 3 条件を満たすものが一意的に存在する．
(1) 任意の $x \in \mathcal{X}$ に対して $k(\cdot, x) \in \mathcal{H}$．
(2) Span$\{k(\cdot, x) \mid x \in \mathcal{X}\}$ は $\mathcal{H}$ 内で稠密．
(3) k は $\mathcal{H}$ の再生核，すなわち

$$\langle f, k(\cdot, x) \rangle_{\mathcal{H}} = f(x) \qquad (\forall x \in \mathcal{X}, \forall f \in \mathcal{H}).$$

定理 2.11 の証明はやや複雑なので 2.2.4 項で行う．定理 2.11 と命題 2.7 を合わせると，集合 $\mathcal{X}$ 上の正定値カーネルと再生核ヒルベルト空間は 1 対 1 に対応し，正定値カーネルが再生核に対応することがわかる．

いま，集合 $\mathcal{X}$ 上に実正定値カーネル k が与えられたとし，対応する再生核ヒルベルト空間を $\mathcal{H}_k$ とする．$\mathcal{X}$ から $\mathcal{H}_k$ への写像 Φ を

$$\Phi : \mathcal{X} \to \mathcal{H}_k, \qquad x \mapsto k(\cdot, x)$$

によって定義しよう．すると再生性からあきらかなように

$$\langle \Phi(x), \Phi(y) \rangle = k(x, y)$$

が成立する．これはまさに 1 章で求めていた特徴写像と特徴空間の性質である．

逆に上式の関係が成り立つとき，命題 2.6 より k は必然的に正定値カーネルであり，対応する再生核ヒルベルト空間に対して特徴写像 Φ を $\Phi(x) = k(\cdot, x)$ と定めればよい．このように正定値カーネルから特徴写像を定めれば，1.2 節の方法により，正定値カーネルと再生核ヒルベルト空間を用いたデータ解析の方法論が展開可能である．これが「カーネル法」の要点である．

再生核ヒルベルト空間に属する関数は他にもよい性質を持っている．

命題 2.12 k を位相空間 $\mathcal{X}$ 上の正定値カーネル，$\mathcal{H}_k$ を対応する再生核ヒルベルト空間とする．$x \mapsto k(x,x)$ が連続で，任意の y に対し $x \mapsto \mathrm{Re}[k(x,y)]$ が $x = y$ において連続であれば，$\mathcal{H}_k$ に属するすべての関数は $\mathcal{X}$ 上連続である．特に $\mathcal{X} \times \mathcal{X}$ 上連続な正定値カーネルにより定まる再生核ヒルベルト空間は連続関数からなる．

証明 $\mathcal{H}_k$ の任意の元 f に対し，再生性と Cauchy-Schwarz の不等式により

$$|f(x) - f(y)| = |\langle f, k(\cdot, x) - k(\cdot, y)\rangle| \leq \|f\| \|k(\cdot, x) - k(\cdot, y)\|$$

が成り立つ．さらに，

$$\|k(\cdot, x) - k(\cdot, y)\|^2 = k(x,x) + k(y,y) - 2\mathrm{Re}[k(x,y)]$$

であるので，仮定より任意の $y \in \mathcal{X}$ に対し $x \to y$ のとき $\|k(\cdot, x) - k(\cdot, y)\| \to 0$ が成り立つ．したがって f は y において連続である． □

実は，$k(x,y)$ が微分可能であれば $\mathcal{H}_k$ に属する関数が微分可能であることも知られている (斎藤, 2002, 2.2 節).

命題 2.1, 2.2 でみたように，正定値カーネルの定義域を部分集合に制約したものや，2 つの正定値カーネルの和と積はまた正定値カーネルを定める．これらに対応する再生核ヒルベルト空間をみておこう．証明は 2.2.4 項で述べる．

定理 2.13 k を集合 $\mathcal{X}$ 上の正定値カーネルとし，k の定める再生核ヒルベルト空間を $\mathcal{H}$ とする．$\mathcal{Y} \subset \mathcal{X}$ に対して k の $\mathcal{Y} \times \mathcal{Y}$ への制約を k' とするとき，k' の定める再生核ヒルベルト空間 $\mathcal{H}_{k'}$ は $\{f|_\mathcal{Y} : \mathcal{Y} \to \mathbb{K} \mid f \in \mathcal{H}_k\}$ である．

定理 2.14　k_1, k_2 を集合 $\mathcal{X}$ 上の正定値カーネルとし，対応する再生核ヒルベルト空間をそれぞれ $\mathcal{H}_1, \mathcal{H}_2$ とする．正定値カーネルの和 $k = k_1 + k_2$ の定める再生核ヒルベルト空間を $\mathcal{H}$ とすると，$\mathcal{H}$ はベクトル空間として $\{f_1 + f_2 \mid f_1 \in \mathcal{H}_1, f_2 \in \mathcal{H}_2\}$ で与えられ，そのノルムは

$$\|f\|_{\mathcal{H}}^2 = \min\{\|f_1\|_{\mathcal{H}_1}^2 + \|f_2\|_{\mathcal{H}_2}^2 \mid f = f_1 + f_2, f_1 \in \mathcal{H}_1, f_2 \in \mathcal{H}_2\}$$

を満たす．

正定値カーネルの積に対応する再生核ヒルベルト空間は，以下に定義するテンソル積で与えられる．$\mathcal{H}_1, \mathcal{H}_2$ をそれぞれ集合 $\mathcal{X}_1, \mathcal{X}_2$ 上の再生核ヒルベルト空間とする．$f_i^{(1)} \in \mathcal{H}_1, f_i^{(2)} \in \mathcal{H}_2$ $(i = 1, \ldots, n)$ を用いて

$$h(x_1, x_2) = \sum_{i=1}^n f_i^{(1)}(x_1) f_i^{(2)}(x_2)$$

と表される $\mathcal{X}_1 \times \mathcal{X}_2$ 上の関数全体を $\mathcal{H}_1 \tilde{\otimes} \mathcal{H}_2$ で表す．$\mathcal{H}_1 \tilde{\otimes} \mathcal{H}_2$ の内積を

$$\left\langle \sum_{i=1}^n f_i^{(1)} f_i^{(2)}, \sum_{j=1}^m g_j^{(1)} g_j^{(2)} \right\rangle = \sum_{i=1}^n \sum_{j=1}^m \langle f_i^{(1)}, g_j^{(1)} \rangle_{\mathcal{H}_1} \langle f_i^{(2)}, g_j^{(2)} \rangle_{\mathcal{H}_2}$$

によって定義すると，$\mathcal{H}_1 \tilde{\otimes} \mathcal{H}_2$ は内積空間となる．(これが内積の定義を満たすことは読者自ら確認していただきたい．) $\mathcal{H}_1 \tilde{\otimes} \mathcal{H}_2$ は完備とは限らないため，この完備化 (A.4 節参照) を $\mathcal{H}_1$ と $\mathcal{H}_2$ の**テンソル積**と呼び，$\mathcal{H}_1 \otimes \mathcal{H}_2$ で表す．

定理 2.15　k_1, k_2 をそれぞれ集合 $\mathcal{X}_1, \mathcal{X}_2$ 上の正定値カーネルとし，対応する再生核ヒルベルト空間をそれぞれ $\mathcal{H}_1, \mathcal{H}_2$ とする．正定値カーネルの積 $k = k_1 k_2$ の定める再生核ヒルベルト空間は，テンソル積 $\mathcal{H}_1 \otimes \mathcal{H}_2$ に一致する．

系 2.16　k_1, k_2 をともに集合 $\mathcal{X}$ 上の正定値カーネルとし，対応する再生核ヒルベルト空間をそれぞれ $\mathcal{H}_1, \mathcal{H}_2$ とする．正定値カーネル $k(x, y) = k_1(x, y) k_2(x, y)$ の定める再生核ヒルベルト空間を $\mathcal{H}$ とすると，$\mathcal{H}$ はテンソル積 $\mathcal{H}_1 \otimes \mathcal{H}_2$ に属する関数の対角集合 $\Delta = \{(x, x) \in \mathcal{X} \times \mathcal{X} \mid x \in \mathcal{X}\}$ への制限に一致する．

証明　定理 2.15 により，$\mathcal{X} \times \mathcal{X}$ 上の正定値カーネル $\tilde{k}((x, x'), (y, y')) = k_1(x, y) k_2(x', y')$ に対応する再生核ヒルベルト空間は $\mathcal{H}_1 \otimes \mathcal{H}_2$ である．$k(x, y) = \tilde{k}((x, x), (y, y))$ は $\tilde{k}$ の Δ への制限であるため，定理 2.13 により，対応する再生核ヒルベルト空間は関数の制約として得られる． □

2.2.2　再生核ヒルベルト空間の具体的構成

前節では，正定値カーネルにより再生核ヒルベルト空間が定まることをみたが，定理 2.11 は構成的でなく，再生核ヒルベルト空間がどのような空間なのかあまり明確ではなかった．そこで具体的な表示が可能な場合をみておこう．

a.　線形カーネルの再生核ヒルベルト空間

$\mathbb{R}^n$ 上定義される線形カーネル $k(x,y) = x^T y$ が定める再生核ヒルベルト空間 $\mathcal{H}$ がユークリッド空間 $\mathbb{R}^n$ と同型となることをみよう．

まず定理 2.11 から，$\mathcal{H}$ は $\{x \mapsto k(x,a) = a^T x \mid a \in \mathbb{R}^n\}$ の形の線形写像全体に一致する．その内積は

$$\langle k(\cdot,a), k(\cdot,b) \rangle_{\mathcal{H}} = k(a,b) = a^T b$$

により与えられる．したがって $\mathbb{R}^n$ から $\mathcal{H}$ への線形写像を

$$\mathbb{R}^n \to \mathcal{H}, \qquad a \mapsto k(x,a) = a^T x$$

により定義すると内積を保ち，ヒルベルト空間としての同型を与える．容易に確認できるように，この正定値カーネルを用いると，1 章で述べたカーネル PCA は，$(X - \frac{1}{N}\sum_{i=1}^{N} X_i)(X - \frac{1}{N}\sum_{i=1}^{N} X_i)^T$ の固有値分解を行うことになり，データ X_i の主成分は通常の (線形) 主成分分析の与えるものと一致する．このことは $X - \frac{1}{N}\sum_{i=1}^{N} X_i$ の特異値分解により容易に確認できる．

b.　有限集合上の再生核ヒルベルト空間

有限集合 $\Omega = \{1,\dots,n\}$ 上の正定値カーネル $K(i,j)$ は，n 行 n 列の半正定値 Hermite (または実対称) 行列 $(K(i,j))_{i,j=1}^{n}$ に他ならない．K が狭義の正定値行列 (0 固有値を持たない) と仮定して，その再生核ヒルベルト空間の陽な表示を求めよう．行列 K の固有値展開を

$$K = \sum_{i=1}^{n} \lambda_i u_i \bar{u}_i^T$$

とする．ここで $\lambda_i > 0$ は固有値，u_i は対応する単位固有ベクトルである．$u_1,\dots,u_n$ は $\mathbb{K}^n$ の正規直交基底をなすので，任意の $f = (f_1,\dots,f_n) \in \mathbb{K}^n$ は $f = \sum_{i=1}^{n} a_i u_i$ $(a_i \in \mathbb{K})$ と表される．$\mathbb{K}^n$ の 2 つの元 $f = \sum_{i=1}^{n} a_i u_i$，$g = \sum_{i=1}^{n} b_i u_i$ に対してその内積を

$$\langle f,g \rangle = f^T K^{-1} \bar{g} = \sum_{i=1}^{n} \frac{a_i \bar{b}_i}{\lambda_i}$$

によって定義する．このとき，$\mathbb{K}^n$ に内積 $\langle \cdot, \cdot \rangle$ を与えた空間は K に対する再生核ヒルベルト空間となる．実際，$k_i = (\overline{K_{i1}}, \ldots, \overline{K_{in}})^T \in \mathbb{K}^n$ に対して

$$\langle f, k_i \rangle = f^T K^{-1} \bar{k}_i = f_i$$

となり再生性を満たす．

c.　多項式カーネルの再生核ヒルベルト空間

命題 2.17　$\mathbb{R}$ 上の d 次多項式カーネル

$$k(x, y) = (xy + c)^d \qquad (c > 0, d \in \mathbb{N})$$

の定める再生核ヒルベルト空間 $\mathcal{H}_k$ は，ベクトル空間として，d 次以下の多項式からなる $d+1$ 次元ベクトル空間に一致する．

証明　d 次以下の多項式からなるベクトル空間を $\mathcal{G}$ とおく．

$$k(x, z) = z^d x^d + \binom{d}{1} c z^{d-1} x^{d-1} + \binom{d}{2} c^2 z^{d-2} x^{d-2} + \cdots + \binom{d}{d-1} c^{d-1} zx + c^d$$

により，$k(x, z)$ は x の関数として d 次の多項式であるので，$\mathrm{Span}\{k(\cdot, z) \mid z \in \mathbb{R}^m\} \subset \mathcal{G}$，したがって $\mathcal{H}_k \subset \mathcal{G}$ である．

逆に $f = \sum_{i=0}^{d} a_i x^i$ を $\mathcal{G}$ の任意の元とするとき，$\sum_{i=0}^{d} b_i k(x, z_i) = \sum_{i=0}^{d} a_i x^i$ を満たす $b_i \in \mathbb{R}$ と $z_i \in \mathbb{R}$ が存在する．実際，$z_0, z_1, \ldots, z_d$ をすべて異なる実数にとると，Vandermonde の行列式が非零になることから

$$\begin{pmatrix} z_0^d & \cdots & z_0 & 1 \\ z_1^d & \cdots & z_1 & 1 \\ \vdots & \ddots & & \vdots \\ z_d^d & \cdots & z_d & 1 \end{pmatrix} \begin{pmatrix} b_0 \\ b_1 \\ \vdots \\ b_d \end{pmatrix} = \begin{pmatrix} a_0/c^d \\ a_1/c^{d-1} {}_d\mathrm{C}_{d-1} \\ \vdots \\ a_d \end{pmatrix}$$

を満たす $b_0, \ldots, b_d$ が存在する．この b_i と z_i を用いればよい．　□

d.　ヒルベルト埋め込み写像による構成

次に，再生核ヒルベルト空間を他のヒルベルト空間の部分空間として実現する一般的な方法として，ヒルベルト埋め込みによる構成を紹介しよう．

集合 $\mathcal{X}$ 上のすべての複素数値関数からなる関数空間 $\mathbb{C}^{\mathcal{X}}$ に，各点収束によって位相を入れる．すなわち，$\mathbb{C}^{\mathcal{X}}$ において $\mathcal{X}$ 上の関数列 f_n が f に収束するとは，任意の $x \in \mathcal{X}$ に対して $f_n(x)$ が $f(x)$ に収束することと定義する．

$(\mathcal{T}, \mu)$ を測度空間とし，$\mathcal{T} \times \mathcal{X}$ 上の可測関数 H が，任意の $x \in \mathcal{X}$ に対して $H(\cdot; x) \in L^2(\mathcal{T}, \mu)$ であり，かつ $\mathrm{Span}\{H(\cdot; x) \mid x \in \mathcal{X}\}$ が $L^2(\mathcal{T}, \mu)$ で稠密であると仮定する．このとき，$L^2(\mathcal{T}, \mu)$ から $\mathbb{C}^{\mathcal{X}}$ への写像 J を

$$J: L^2(\mathcal{T}, \mu) \to \mathbb{C}^{\mathcal{X}}, \quad F \mapsto \int F(t)\overline{H(t;x)}d\mu(t) = (F, H(\cdot;x))_{L^2(\mathcal{T},\mu)}$$

により定義すると，J は連続写像であり，また稠密性の仮定により単射である．したがって，J は $L^2(\mathcal{T}, \mu)$ の $\mathbb{C}^{\mathcal{X}}$ への連続な埋め込みを定義する．

ここで，J の像で与えられる $\mathbb{C}^{\mathcal{X}}$ の部分空間を $\mathcal{H}$ とし，$\mathcal{H}$ の内積 $\langle \cdot, \cdot \rangle_{\mathcal{H}}$ を

$$\langle f, g \rangle_{\mathcal{H}} := (F, G)_{L^2(\mathcal{T},\mu)} \quad \text{ただし} \quad f = J(F), g = J(G) \tag{2.1}$$

によって定義する．この内積によって $L^2(\mathcal{T}, \mu)$ と $\mathcal{H}$ は内積空間として同一視できるので，$\mathcal{H}$ はヒルベルト空間であり，J は $L^2(\mathcal{T}, \mu)$ と $\mathcal{H}$ の間のヒルベルト空間としての同型を与える．ヒルベルト空間 $\mathcal{H}$ は

$$\mathcal{H} = \left\{ f \in \mathbb{C}^{\mathcal{X}} \,\middle|\, \exists F \in L^2(\mathcal{T}, \mu), f(x) = \int F(t)\overline{H(t;x)}d\mu(t) \right\}$$

という具体的表示を持つが，さらに次の事実が成り立つ．

命題 2.18 $\mathcal{H}$ は $\mathcal{X}$ 上の再生核ヒルベルト空間であり，その再生核は

$$k(x, y) = \langle J(H(\cdot;x)), J(H(\cdot;y)) \rangle_{\mathcal{H}} = \int H(t;x)\overline{H(t;y)}d\mu(t)$$

により与えられる．

証明 f を $\mathcal{H}$ の任意の元とし，$F \in L^2(\mathcal{T}, \mu)$ を $f = J(F)$ を満たす元とする．このとき J および $\mathcal{H}$ の内積の定義により

$$f(x) = (F, H(\cdot;x))_{L^2(\mathcal{T},\mu)} = \langle f, J(H(\cdot;x)) \rangle_{\mathcal{H}}$$

が成り立つが，これは $k_x = J(H(\cdot;x))$ が再生核となることを意味する． $\square$

埋め込み J が Fourier 変換により与えられる例を示そう．いま，$\mathcal{X} = \mathcal{T} = \mathbb{R}$ とし，$\rho(t) > 0$, $\int \rho(t)dt < \infty$ を満たす $\mathbb{R}$ 上の連続関数 $\rho(t)$ を密度関数として，$(\mathcal{T}, \mathcal{B}, \mu) = (\mathbb{R}, \mathcal{B}_{\mathbb{R}}, \rho(t)dt)$ にとる．ここで $\mathcal{B}_{\mathbb{R}}$ は $\mathbb{R}$ の Borel 可測集合全体である．さらに $H(t; x) = e^{-\sqrt{-1}xt}$ と定める．このとき $\mathrm{Span}\{H(t; x) \mid x \in \mathcal{X}\}$ が $L^2(\mathbb{R}, \rho(t)dt)$ で稠密であることが以下のように示される．まず $F \in$

$L^2(\mathbb{R}, \rho(t)dt)$ に対して $F\rho \in L^1(\mathbb{R}, dt)$ に注意する. このことは $\int |F(t)|\rho(t)dt \le (\int |F(t)|^2 \rho(t)dt)^{1/2} (\int \rho(t)dt)^{1/2} < +\infty$ からわかる. いま任意の $x \in \mathbb{R}$ に対して

$$\int F(t) e^{-\sqrt{-1}xt} \rho(t) dt = 0$$

を仮定する. このとき $F\rho$ の Fourier 変換が 0 なので $F\rho$ は 0 であるが, ρ は正の連続関数なので結局 $F = 0$ を得る.

命題 2.19 以上の定義のもと, 再生核ヒルベルト空間 $\mathcal{H} = J(L^2(\mathbb{R}, \rho(t)dt))$ は, ベクトル空間

$$\mathcal{H} = \left\{ f \in L^2(\mathbb{R}, dx) \,\Big|\, \int \frac{|\hat{f}(t)|^2}{\rho(t)} dt < \infty \right\}$$

($\hat{f}$ は f の Fourier 変換を表す) に内積

$$\langle f, g \rangle_{\mathcal{H}} = \int \frac{\hat{f}(t)\overline{\hat{g}(t)}}{\rho(t)} dt$$

を定めたヒルベルト空間である. また, $\mathcal{H}$ の再生核は

$$k(x, y) = \int e^{-\sqrt{-1}(x-y)t} \rho(t) dt$$

で与えられる.

証明 f を $\mathcal{H}$ の任意の元, $F \in L^2(\mathbb{R}, \rho(t)dt)$ を $f = J(F)$ なる元とすると,

$$f(x) = \int F(t) e^{\sqrt{-1}tx} \rho(t) dt$$

であるので, f は $F\rho$ の Fourier 逆変換である.

仮定により $\rho(t)$ は有界なので, $F\rho \in L^2(\mathbb{R}, dt)$, したがって命題の前に述べたことから, $F\rho \in L^1(\mathbb{R}, dt) \cap L^2(\mathbb{R}, dt)$ である. すると, Fourier 変換の一般的事実[*2]から $f(x) \in L^2(\mathbb{R}, dx)$ であり, かつ

$$\hat{f}(t) = \frac{1}{2\pi} \int f(x) e^{-\sqrt{-1}xt} dx = F(t)\rho(t)$$

が従う. すなわち, ほとんど至るところ

$$F(t) = \frac{\hat{f}(t)}{\rho(t)}$$

[*2] 例えば伊藤 (1963)§29 参照.

が成り立つ．このとき $F \in L^2(\mathbb{R}, \rho(t)dt)$ と $\int \frac{|\hat{f}(t)|^2}{\rho(t)} dt < \infty$ は同値であるので，命題の主張にある $\mathcal{H}$ の表示を得る．

また，式 (2.1) の内積の定義から，$f = J(F)$ と $g = J(G)$ に対し，

$$\langle f, g \rangle_{\mathcal{H}} = (F, G)_{L^2(\mathbb{R}, \rho(t)dt)} = \int \frac{\hat{f}(t)}{\rho(t)} \overline{\frac{\hat{g}(t)}{\rho(t)}} \rho(t) dt = \int \frac{\hat{f}(t)\overline{\hat{g}(t)}}{\rho(t)} dt$$

である．再生核の表示は $k_x = J(e^{-\sqrt{-1}xt})$ からただちに従う． $\square$

命題 2.19 を用いてガウス RBF カーネルとラプラスカーネルに対して再生核ヒルベルト空間の具体的な表示を示そう．

ガウス RBF カーネル

$$\rho(t) = \frac{1}{2\pi} \exp\left(-\frac{\sigma^2}{2} t^2\right)$$

と定めると，

$$k(x, y) = \frac{1}{2\pi} \int e^{-\sqrt{-1}(x-y)t} e^{-\frac{\sigma^2}{2} t^2} dt = \frac{1}{\sigma} \exp\left(-\frac{1}{2\sigma^2}(x-y)^2\right)$$

であり，命題 2.19 により定義される再生核ヒルベルト空間 $\mathcal{H}$ はガウス RBF カーネルの定めるものに一致する．$\mathcal{H}$ は

$$\mathcal{H} = \left\{ f \in L^2(\mathbb{R}, dx) \,\Big|\, \int |\hat{f}(t)|^2 \exp\left(\frac{\sigma^2}{2} t^2\right) dt < \infty \right\}$$

により与えられ，その内積は

$$\langle f, g \rangle = \int \hat{f}(t) \overline{\hat{g}(t)} \exp\left(\frac{\sigma^2}{2} t^2\right) dt$$

に一致する．この表示からわかるように，この再生核ヒルベルト空間に含まれる関数は，周波数域で指数的に減衰するものに限られる．

ラプラスカーネル

$$\rho(t) = \frac{1}{2\pi} \frac{1}{t^2 + \beta^2}$$

と定めよう．すると

$$k(x, y) = \frac{1}{2\pi} \int e^{-\sqrt{-1}(x-y)t} \frac{1}{t^2 + \beta^2} dt = \frac{1}{2\beta} \exp\left(-\beta |x - y|\right)$$

となり，埋め込み写像により定まる再生核ヒルベルト空間は，ラプラスカーネルの定めるものと一致する．その具体的表示は

$$\mathcal{H} = \left\{ f \in L^2(\mathbb{R}, dx) \,\Big|\, \int |\hat{f}(t)|^2 (t^2 + \beta^2) dt < \infty \right\}$$

であり,内積は
$$\langle f, g \rangle = \int \hat{f}(t) \overline{\hat{g}(t)} (t^2 + \beta^2) dt$$

により与えられる.したがって,ラプラスカーネルの定める再生核ヒルベルト空間に属する関数は,ガウスカーネルと比較すると,周波数域でより緩やかな減衰を持つ関数を含む.

2.2.3　Sobolev 空間

再生核ヒルベルト空間の重要な例として Sobolev 空間に関して述べておく.ここではすべて実数値関数を扱う.

まず閉区間 $[a, b]$ 上の Sobolev 空間について述べる.閉区間 $[a, b]$ 上の m 次の **Sobolev 空間** $H^m[a, b]$ は

$$H^m[a, b] = \{ f \in L^2[a, b] \mid f, \ldots, f^{(m-1)} \text{ は絶対連続で } f^{(m)} \in L^2[a, b] \}$$

により定義される.ここで $f \in L^2[a, b]$ が**絶対連続**であるとは,ある可積分関数 h があって
$$f(x) - f(a) = \int_a^x h(t) dt$$

と表されることをいう.h のことを f' により表す.容易にわかるように絶対連続であれば連続である.

$H^m[a, b]$ に次の内積を導入しよう.

$$\langle f, g \rangle = \sum_{\ell=0}^{m-1} f^{(\ell)}(a) g^{(\ell)}(a) + \int_a^b f^{(m)}(x) g^{(m)}(x) dx$$

これが双線形形式であり $\langle f, f \rangle \geq 0$ を満たすことはあきらかである.$\langle f, f \rangle = 0$ を仮定すると,$\int_a^b |f^{(m)}(x)|^2 dx = 0$ により $f^{(m)}$ はほとんど至るところ 0 であるが,この事実と $f^{(\ell)}(a) = 0$ ($\ell = 0, 1, \ldots, m-1$) を合わせると任意の x に対して $f(x) = 0$ を得る.したがって,$\langle f, g \rangle$ は $H^m[a, b]$ の内積を定める.

さらに,$H^m[a, b]$ はヒルベルト空間となる.完備性は以下のように証明される.$\{f_n\}_{n=1}^\infty$ を $H^m[a, b]$ の Cauchy 列とするとき $\{f_n^{(m)}\}$ は $L^2[a, b]$ の Cauchy 列となるので,ある $g_{(m)} \in L^2[a, b]$ が存在して $\|f_n^{(m)} - g_{(m)}\|_{L^2[a,b]} \to 0$

($n \to \infty$) が成り立つ. また各 $\ell = 0, 1, \ldots, m-1$ に対して実数列 $\{f_n^{(\ell)}(a)\}_{n=1}^{\infty}$ は Cauchy 列となるので, ある $\alpha_\ell \in \mathbb{R}$ が存在して, $f_n^{(\ell)}(a) \to \alpha_\ell$ となる. ここで $\ell = m-1, m-2, \ldots, 0$ に対して帰納的に

$$g_{(\ell)}(x) = \alpha_\ell + \int_a^x g_{(\ell+1)}(t) dt$$

と定義し, $f = g_{(0)}$ とおくと $f \in H^m[a,b]$ であり, $f^{(\ell)} = g_{(\ell)}$ ($\ell = 0, \ldots, m-1$) かつ $\|f_n - f\|_{H^m[a,b]} \to 0$ が容易に確認できる.

$[a,b]$ 上の正定値カーネル $k(x,y)$ を

$$k(x,y) = \sum_{\ell=0}^{m-1} \frac{(x-a)^\ell}{\ell!} \frac{(y-a)^\ell}{\ell!} + \int_a^b \frac{(x-t)_+^{m-1}}{(m-1)!} \frac{(y-t)_+^{m-1}}{(m-1)!} dt \qquad (2.2)$$

により定義する. ここで $(z)_+$ は $z \geq 0$ のとき z, $z < 0$ のとき 0 をとる関数である. このとき以下の事実が成り立つ.

命題 2.20 $H^m[a,b]$ は式 (2.2) の k を再生核に持つ再生核ヒルベルト空間である.

証明 まず, 任意の $f \in H^m[a,b]$ に対して Taylor 展開

$$f(x) = \sum_{\ell=0}^{m-1} \frac{f^{(\ell)}(a)}{\ell!} (x-a)^\ell + \int_a^b \frac{(x-t)_+^{m-1}}{(m-1)!} f^{(m)}(t) dt \qquad (2.3)$$

が成り立つことに注意する. これは, 部分積分を用いて m に関する帰納法により容易に示すことができる. k に関して, $\frac{\partial^\ell}{\partial t^\ell} k(t,x)|_{t=a} = \frac{(x-a)^\ell}{\ell!}$ ($\ell = 0, 1, \ldots, m-1$), $\frac{\partial^m}{\partial t^m} k(t,x) = \frac{(x-t)_+^{m-1}}{(m-1)!}$ であることに注意すると, 内積の定義と式 (2.3) により

$$\langle f, k(\cdot, x) \rangle = \sum_{\ell=0}^{m-1} f^{(\ell)}(a) \frac{(x-a)^\ell}{\ell!} + \int_a^b f^{(m)}(t) \frac{(x-t)_+^{m-1}}{(m-1)!} dt = f(x)$$

を得る. □

次に実数直線上の Sobolev 空間について述べる. ここでは簡単のため 1 階の Sobolev 空間のみを論じる. Sobolev 空間 $H^1(\mathbb{R})$ を

$$H^1(\mathbb{R}) = \{f \in L^2(\mathbb{R}) \mid Df \in L^2(\mathbb{R})\}$$

により定義する. Df は Schwartz 超関数の意味での微分であるが, ここでは詳

細は省く[*3]. α を正の定数とするとき, $H^1(\mathbb{R})$ 上に内積

$$\langle f, g \rangle_\alpha = \int_{-\infty}^{\infty} f(x)g(x)dx + \frac{1}{\alpha^2} \int_{-\infty}^{\infty} Df(x)Dg(x)dx$$

を定義すると, $H^1(\mathbb{R})$ はヒルベルト空間になることが知られている.

次に

$$k_\alpha(x, y) = \frac{\alpha}{2} e^{-\alpha|x-y|}$$

とおくと, k_α が内積 $\langle \cdot, \cdot \rangle_\alpha$ のもと $H^1(\mathbb{R})$ の再生核となる. 以下では超関数の意味での微分を厳密に議論することを避けるため, f が絶対連続な場合に限って再生性を示す.

$$\frac{\partial}{\partial t} k_\alpha(t, x) = \begin{cases} -\frac{\alpha^2}{2} e^{-\alpha|t-x|}, & x < t \\ \frac{\alpha^2}{2} e^{-\alpha|t-x|}, & x > t \end{cases}$$

であることに注意すると, 部分積分法を用いて,

$$\langle f, k(\cdot, x) \rangle_\alpha$$
$$= \frac{\alpha}{2} \int_{-\infty}^{\infty} f(t)e^{-\alpha|t-x|}dt + \frac{1}{2} \int_{-\infty}^{x} f'(t)e^{-\alpha|t-x|}dt - \frac{1}{2} \int_{x}^{\infty} f'(t)e^{-\alpha|t-x|}dt$$
$$= \frac{\alpha}{2} \int_{-\infty}^{\infty} f(t)e^{-\alpha|t-x|}dt + \left[\frac{1}{2}f(t)e^{-\alpha|t-x|}\right]_{-\infty}^{x} - \frac{\alpha}{2} \int_{-\infty}^{x} f(t)e^{-\alpha|t-x|}dt$$
$$\quad - \left[\frac{1}{2}f(t)e^{-\alpha|t-x|}\right]_{x}^{\infty} - \frac{\alpha}{2} \int_{x}^{\infty} f(t)e^{-\alpha|t-x|}dt$$
$$= f(x)$$

となり, 再生性が確認される.

正定値カーネル $k_\alpha(x, y)$ は, カーネル法の分野でラプラスカーネルと呼ばれることが多いが, Sobolev 空間 $H^1(\mathbb{R})$ を定める正定値カーネルである.

2.2.4 定理の証明

a. 定理 2.11 の証明

簡単のため実数値の場合について証明するが, 複素数値の場合も同様である. k が定数 0 であれば定理は自明であるので, $k \neq 0$ と仮定する. まず $\mathcal{X}$ 上の関数からなるベクトル空間 H_0 を

[*3] 例えば垣田 (1999) 参照. f が微分可能な可積分関数ならば $Df = \frac{\partial f}{\partial x}$ である.

2.2 再生核ヒルベルト空間

$$H_0 := \mathrm{Span}\{k(\cdot, x) \mid x \in \mathcal{X}\}$$

により定義する．H_0 の任意の 2 つの元 $f = \sum_{i=1}^n a_i k(\cdot, x_i)$ と $g = \sum_{j=1}^m b_j k(\cdot, y_j)$ に対し，内積 $\langle \cdot, \cdot \rangle$ を

$$\langle f, g \rangle = \sum_{i=1}^n \sum_{j=1}^m a_i b_j k(x_i, y_j)$$

によって定義する．左辺が関数 f, g の表示によらないことは，$\langle f, g \rangle = \sum_{j=1}^m b_j f(y_j) = \sum_{i=1}^n a_i g(x_i)$ からわかる．また，あきらかに双線形形式である．さらに，$\langle \cdot, \cdot \rangle$ は，任意の $f \in H_0$ と $x \in \mathcal{X}$ に対し，

$$\langle f, k(\cdot, x) \rangle = \sum_{i=1}^n a_i k(x_i, x) = f(x) \tag{2.4}$$

を満足する．

$\langle \cdot, \cdot \rangle$ が内積であることを示すためには，あとは正値性を示せばよいが，k の正定値性により $\|f\|^2 = \sum_{i,j=1}^n a_i a_j k(x_i, x_j) \geq 0$ が得られる．$\|f\| = 0$ とすると，式 (2.4) と Cauchy-Schwarz の不等式より[*4]，任意の $x \in \mathcal{X}$ に対し

$$|f(x)| = |\langle f, k(\cdot, x) \rangle| \leq \|f\| \|k(\cdot, x)\| = 0$$

が成り立ち，$f = 0$ を得る．以上により $\langle \cdot, \cdot \rangle$ は H_0 上の内積を定める．

H_0 を完備化して得られるヒルベルト空間を $\tilde{\mathcal{H}}$ とおく[*5]．このとき，完備化の性質より H_0 は $\tilde{\mathcal{H}}$ で稠密である．付録で述べたように，完備化 $\tilde{\mathcal{H}}$ の元は H_0 の Cauchy 列の同値類として定義されるので，定理の再生核ヒルベルト空間を構成するには，$\tilde{\mathcal{H}}$ を $\mathcal{X}$ 上の関数からなる空間と同一視する必要がある．以下これを示そう．付録 A.4 の記法のもと，任意の $f = [\{f_n\}] \in \tilde{\mathcal{H}}$ に対し，$\{f_n\}$ は H_0 の Cauchy 列であるので，式 (2.4) を用いて

$$|f_n(x) - f_m(x)| = |\langle f_n - f_m, k(\cdot, x) \rangle| \leq \|f_n - f_m\| \|k(\cdot, x)\|$$

が成り立ち，任意の $x \in \mathcal{X}$ に対して $f_n(x)$ は $\mathbb{R}$ の Cauchy 列である．そこで，

$$f(x) = \lim_{n \to \infty} f_n(x)$$

とおくと，極限値は同値類の代表元によらない．実際，$[\{f_n\}] = [\{g_n\}]$ のと

[*4] Cauchy-Schwarz の不等式は狭義の正値性を要しないことに注意．付録の定理 A.1 参照．
[*5] H_0 は一般に完備とは限らない．完備化については A.4 参照．

き $|f_n(x) - g_n(x)| = |\langle f_n - g_n, k(\cdot, x)\rangle| \leq \|f_n - g_n\|\|k(\cdot, x)\| \to 0$ により, $\lim_{n\to\infty} f_n(x) = \lim_{n\to\infty} g_n(x)$ である．以上により

$$\Psi : \tilde{\mathcal{H}} \to \mathbb{R}^{\mathcal{X}}, \qquad [\{f_n\}] \mapsto f$$

という写像が定義される．このとき，$f \in H_0$ に対しては $\Psi(f) = f$ となる．

容易に確認できるように Ψ は線形写像であるが，さらに Ψ は単射である．これをみるには $h = [\{f_n\}] \in \tilde{\mathcal{H}}$ が $\lim_{n\to\infty} f_n(x) = 0 \ (\forall x \in \mathcal{X})$ を満たすときに $h = 0$ をいえばよい．付録の式 (A.2) により，$\tilde{\mathcal{H}}$ において $f_n \to h$ であるので，式 (2.4) と内積の連続性により $\langle h, k(\cdot, x)\rangle = \lim_{n\to\infty} \langle f_n, k(\cdot, x)\rangle = \lim_{n\to\infty} f_n(x) = 0$ となるが，H_0 が $\tilde{\mathcal{H}}$ で稠密なので $h = 0$ を得る．

以上により，$\mathcal{H} = \Psi(\tilde{\mathcal{H}}) \subset \mathbb{R}^{\mathcal{X}}$ とおき，Ψ による同一視によって $\mathcal{H}$ をヒルベルト空間とすると，$\mathcal{H}$ は $\mathcal{X}$ 上の関数からなるヒルベルト空間で H_0 を稠密に含む．最後に $k(\cdot, x)$ が $\mathcal{H}$ の再生核となることを示す．任意の $[\{f_n\}] \in \tilde{\mathcal{H}}$ に対し，$\Psi([\{f_n\}]) = f$ とすると，$\tilde{\mathcal{H}}$ において $f_n \to [\{f_n\}]$ であるので，式 (2.4) により

$$f(x) = \lim_{n\to\infty} f_n(x) = \lim_{n\to\infty} \langle f_n, k(\cdot, x)\rangle_{\tilde{\mathcal{H}}} = \langle [\{f_n\}], k(\cdot, x)\rangle_{\tilde{\mathcal{H}}} = \langle f, k(\cdot, x)\rangle_{\mathcal{H}}$$

を得る．以上により定理が証明された．

b. 定理 2.13 の証明

$\mathcal{H}_k$ の部分空間 $\mathcal{H}_0$ を $\mathcal{H}_0 = \{f \in \mathcal{H}_k \mid$ 任意の $y \in \mathcal{Y}$ に対し $f(y) = 0\}$ により定義すると，命題 2.9 により $\mathcal{H}_0$ は $\mathcal{H}_k$ の閉部分空間である．そこでその直交補空間を $\mathcal{H}'$ とし，P を $\mathcal{H}'$ への正射影とする．

いま，$\tilde{\mathcal{H}} = \{f|_{\mathcal{Y}} : \mathcal{Y} \to \mathbb{K} \mid f \in \mathcal{H}_k\}$ とおき，線形写像

$$\Psi : \mathcal{H}' \to \tilde{\mathcal{H}}, \qquad f \mapsto f|_{\mathcal{Y}}$$

を定義する．$f, g \in \mathcal{H}'$ が $\mathcal{Y}$ 上で同じ値ととるとき $f - g \in \mathcal{H}_0$ であるので，Ψ は単射である．また，$f \in \mathcal{H}_k$ に対して $f - Pf \in \mathcal{H}_0$ なので，f と Pf は $\mathcal{Y}$ 上同じ値をとり，$\Psi(Pf) = f|_{\mathcal{Y}}$ により Ψ は全射である．したがって Ψ による同一視により $\tilde{\mathcal{H}}$ はヒルベルト空間となる．

$y \in \mathcal{Y}$ に対して $\tilde{k}(\cdot, y) = \Psi(Pk(\cdot, y))$ とおくと，全射性の証明でみたように $\tilde{k}(\cdot, y)$ と $k(\cdot, y)$ は $\mathcal{Y}$ 上同じ値をとり，$\tilde{k}$ は k の $\mathcal{Y} \times \mathcal{Y}$ への制限である．一方，任意の $g \in \tilde{\mathcal{H}}$ に対し，$\Psi(f) = g$ となる $f \in \mathcal{H}'$ をとると，

$$g(y) = f(y) = \langle f, Pk(\cdot, y)\rangle_{\mathcal{H}_k} = \langle \Psi(f), \Psi(Pk(\cdot, y))\rangle_{\tilde{\mathcal{H}}} = \langle g, \tilde{k}(\cdot, y)\rangle_{\tilde{\mathcal{H}}}$$

2.2 再生核ヒルベルト空間

が任意の $y \in \mathcal{Y}$ に対して成り立つので，$\tilde{k}(\cdot, y)$ は $\tilde{\mathcal{H}}$ の再生核である．すなわち，k の $\mathcal{Y}$ への制限に対応する再生核ヒルベルト空間は $\tilde{\mathcal{H}}$ である．

c. 定理 2.14 の証明

$\mathcal{H}_1$ と $\mathcal{H}_2$ のヒルベルト空間としての直和 $\mathcal{H}_1 \oplus \mathcal{H}_2$ を H で表す．このとき，$(f_1, f_2) \in H$ に対して

$$\|f\|_H^2 = \|f_1\|_{\mathcal{H}_1}^2 + \|f_2\|_{\mathcal{H}_2}^2$$

である．H の部分空間 H_0 を $H_0 = \{(f, -f) \in H \mid f \in \mathcal{H}_1 \cap \mathcal{H}_2\}$ により定義すると，H_0 は H の閉部分空間である．実際，$(f_n, -f_n) \in H_0$ が $(h_1, h_2) \in H$ に収束するとき，$f_n \to h_1 \in \mathcal{H}_1$, $-f_n \to h_2 \in \mathcal{H}_2$ であるが，系 2.10 により $h_1(x) = \lim_{n \to \infty} f_n(x) = -h_2(x)$ が成り立ち，$(h_1, h_2) \in H_0$ である．

H_0 の H における直交補空間を $H_0^\perp$ とする．すなわち $H = H_0 \oplus H_0^\perp$. また，$\mathcal{X}$ 上の関数からなるベクトル空間 $\tilde{\mathcal{H}}$ を $\tilde{\mathcal{H}} = \{f_1 + f_2 \mid f_1 \in \mathcal{H}_1, f_2 \in \mathcal{H}_2\}$ により定める．このとき，線形写像 $H \to \tilde{\mathcal{H}}$ が $(f_1, f_2) \mapsto f_1 + f_2$ により定まるが，この零核は H_0 なので

$$\Psi : H_0^\perp \to \tilde{\mathcal{H}}, \quad (f_1, f_2) \mapsto f_1 + f_2 \tag{2.5}$$

はベクトル空間としての同型であり，これによって $\tilde{\mathcal{H}}$ にヒルベルト空間の構造を与える．

$k = k_1 + k_2$ に対応する再生核ヒルベルト空間 $\mathcal{H}$ が $\tilde{\mathcal{H}}$ に一致することを示そう．このためには，k が $\tilde{\mathcal{H}}$ の再生核であることをいえばよい．まず，任意の $x \in \mathcal{X}$ に対し，$k(\cdot, x) = k_1(\cdot, x) + k_2(\cdot, x) \in \tilde{\mathcal{H}}$ に対応する $(k'_x, k''_x) = \Psi^{-1}(k(\cdot, x)) \in H_0^\perp$ をとる．(k'_x, k''_x) は $(k_1(\cdot, x), k_2(\cdot, x)) \in H$ の $H_0^\perp$ への正射影であることに注意すると，任意の $f \in \tilde{\mathcal{H}}$ に対し，$(f_1, f_2) = \Psi^{-1}(f)$ とすると，

$$f(x) = f_1(x) + f_2(x) = \langle f_1, k_1(\cdot, x) \rangle_{\mathcal{H}_1} + \langle f_2, k_2(\cdot, x) \rangle_{\mathcal{H}_2}$$
$$= \langle (f_1, f_2), (k_1(\cdot, x), k_2(\cdot, x)) \rangle_H = \langle (f_1, f_2), (k'_x, k''_x) \rangle_{H_0^\perp}$$

である．$\tilde{\mathcal{H}}$ の内積の定義により末行は $\langle f, k(\cdot, x) \rangle_{\tilde{\mathcal{H}}}$ に他ならない．

最後にノルムに関する関係式を示す．任意の $f \in \tilde{\mathcal{H}}$ に対応する $H_0^\perp$ の元を (g_1, g_2) とする．$f = f_1 + f_2 \in \tilde{\mathcal{H}}$ ($f_1 \in \mathcal{H}_1, f_2 \in \mathcal{H}_2$) と表されるとき，$f = f_1 + f_2 = g_1 + g_2$ により $f_1 - g_1 = -f_2 + g_2$, すなわち $(f_1 - g_1, f_2 - g_2) \in H_0$

である．すると，

$$\|f_1\|_{\mathcal{H}_1}^2 + \|f_2\|_{\mathcal{H}_2}^2 = \|(f_1,f_2)\|_H^2 = \|(g_1,g_2)\|_{H_0^\perp}^2 + \|(f_1-g_1,f_2-g_2)\|_{H_0}^2$$

において，最終項が 0 の場合に右辺のノルムが最小になる．すなわち

$$\min\{\|f_1\|_{\mathcal{H}_1}^2 + \|f_2\|_{\mathcal{H}_2}^2 \mid f = f_1 + f_2, f_1 \in \mathcal{H}_1, f_2 \in \mathcal{H}_2\} = \|(g_1,g_2)\|_{H_0^\perp}^2 = \|f\|_{\tilde{\mathcal{H}}}^2$$

を得る．

d. 定理 2.15 の証明

まず $\mathcal{H}_1 \tilde{\otimes} \mathcal{H}_2$ の完備化が次のような具体的表示を持つことを示そう．$\mathcal{H}_1$ と $\mathcal{H}_2$ の完全正規直交系を $\{\varphi_i\}, \{\psi_j\}$ とするとき，

$$\sum_{i,j} |\alpha_{ij}|^2 < \infty$$

を満たす $\alpha_{ij} \in \mathbb{C}$ によって

$$h(x,y) = \sum_i \sum_j \alpha_{ij} \varphi_i(x) \psi_j(y) \tag{2.6}$$

と表される関数全体を H とおく．無限和の場合も

$$\sum_i \sum_j |\alpha_{ij} \varphi_i(x) \psi_j(y)| = \sum_i \sum_j |\alpha_{ij} \langle \varphi_i, k_1(\cdot,x)\rangle \langle \psi_j, k_2(\cdot,y)\rangle|$$
$$\leq \left(\sum_{ij} |\alpha_{ij}|^2\right)^{1/2} \left(\sum_i |\langle \varphi_i, k_1(\cdot,x)\rangle|^2 \sum_j |\langle \psi_i, k_2(\cdot,y)\rangle|^2\right)^{1/2}$$
$$= \left(\sum_{ij} |\alpha_{ij}|^2\right)^{1/2} \|k_1(\cdot,x)\| \|k_2(\cdot,y)\| \quad < \infty$$

により式 (2.6) の右辺は絶対収束し，$h(x,y)$ の値が定まる．関数空間 H に

$$\left\langle \sum_i \sum_j \alpha_{ij} \varphi_i \psi_j, \sum_i \sum_j \beta_{ij} \varphi_i \psi_j \right\rangle = \sum_i \sum_j \alpha_{ij} \overline{\beta_{ij}}$$

により内積を導入すると，容易にわかるように，H は $\varphi_i \psi_j$ を完全正規直交系とするヒルベルト空間となる．

$f_\ell^{(1)} \in \mathcal{H}_1, f_\ell^{(2)} \in \mathcal{H}_2$ を $f_\ell^{(1)} = \sum_i \beta_{\ell,i} \varphi_i, f_\ell^{(2)} = \sum_j \gamma_{\ell,j} \psi_j$ ($\sum_i |\beta_{\ell,i}|^2 < \infty, \sum_j |\gamma_{\ell,j}|^2 < \infty$) と Fourier 展開するとわかるように，任意の $h \in \mathcal{H}_1 \tilde{\otimes} \mathcal{H}_2$ は H に含まれ，かつ $\mathcal{H}_1 \tilde{\otimes} \mathcal{H}_2$ は H の稠密な部分空間である．したがって，完備化 $\mathcal{H}_1 \otimes \mathcal{H}_2$ は H と同型である．

次に $k = k_1 k_2$ が H の再生核であることを示そう．$x' \in \mathcal{X}, y' \in \mathcal{Y}$ を固定す

る．$k_1(\cdot, x'), k_2(\cdot, y')$ の $\{\varphi_i\}, \{\psi_j\}$ に関する Fourier 展開を

$$k_1(\cdot, x') = \sum_i \beta_i \varphi_i, \qquad k_2(\cdot, y') = \sum_j \gamma_j \psi_j$$

とする．ここで $\beta_i = \langle k_1(\cdot, x'), \varphi_i \rangle, \gamma_j = \langle k_2(\cdot, y'), \psi_j \rangle$ である．このとき

$$\sum_{ij} |\beta_i \gamma_j|^2 = \sum_i |\beta_i|^2 \sum_j |\gamma_j|^2 = \|k_1(\cdot, x')\|_{\mathcal{H}_1}^2 \|k_2(\cdot, y')\|_{\mathcal{H}_2}^2 < \infty$$

(第 2 の等号は Parseval の等式) によって

$$k_1(x, x') k_2(y, y') = \sum_i \sum_j \beta_i \gamma_j \varphi_i(x) \psi_j(y)$$

が成り立ち，かつ $k_1(\cdot, x') k_2(\cdot, y')$ は H の元である．そこで式 (2.6) の $h \in H$ との内積を考えると，

$$\langle h, k_1(\cdot, x') k_2(\cdot, y') \rangle = \sum_{i,j} \alpha_{ij} \overline{\beta_i \gamma_j} = \sum_{ij} \alpha_{ij} \langle \varphi_i, k_1(\cdot, x') \rangle \langle \psi_j, k_2(\cdot, y') \rangle$$

$$= \sum_{ij} \alpha_{ij} \varphi_i(x') \psi_j(y') = h(x', y')$$

となり再生性を得る．

1 章，2 章のまとめと文献

1 章，2 章を通して，データの高次モーメントを抽出するための特徴写像 $\Phi : \mathcal{X} \to \mathcal{H}$ の構成法に関して述べてきた．ここでそれをまとめておこう．

- 特徴空間 $\mathcal{H}$ 上に線形データ解析を拡張するためには，その内積が

$$\langle \Phi(x), \Phi(y) \rangle = k(x, y)$$

という形で容易に計算されることが望ましい．
- 上のような内積計算を可能にするカーネル k は正定値カーネルとなる．
- 逆に，正定値カーネルに対して再生核ヒルベルト空間が一意に定まり，$\Phi(x) = k(\cdot, x)$ とおくと，上の内積関係を満たす．
- したがって，正定値カーネルから一意に定まる再生核ヒルベルト空間を特徴空間とし，特徴写像として

$$\Phi : \mathcal{X} \to \mathcal{H}, \qquad x \to k(\cdot, x)$$

を採用すれば十分である．

次章ではこのアイデアを具体的に展開し，さまざまな線形データ解析手法を再生核ヒルベルト空間上に拡張していく．

2章と関連の深い文献として，統計的データ解析の観点から正定値カーネルと再生核ヒルベルト空間を詳しく論じた成書として Berlinet and Thomas-Agnan (2004) を挙げておく．再生核ヒルベルト空間の数学的解説としては Aronszajn (1950) が基本的である．ヒルベルト空間の連続な埋め込みとして再生核ヒルベルト空間を具体的に構成する 2.2.2 項の方法は，Saitoh (1997, Chap.2) に拠った．また，斎藤 (2002) は，微分・積分方程式や逆問題といった本書とは異なる再生核ヒルベルト空間の応用を解説したものであるが，ヒルベルト空間の基礎的事項や再生核ヒルベルト空間の具体的な構成例も多く論じている．

chapter 3

カーネル法の実際

本章では 2 章で導入した正定値カーネルと再生核ヒルベルト空間の概念を用いて，カーネル法の代表的なデータ解析手法について解説する．

3.1 カーネル主成分分析

3.1.1 カーネル主成分分析の復習

1 章で導入したカーネル主成分分析を，正定値カーネルと再生核ヒルベルト空間の用語を用いて復習しておこう．集合 $\mathcal{X}$ 上に与えられたデータ $X_1, \ldots, X_N$ に対し，$\mathcal{X}$ 上の正定値カーネル k を用意し，k の定める再生核ヒルベルト空間を $\mathcal{H}_k$ とおく．このとき，特徴写像

$$\Phi : \mathcal{X} \to \mathcal{H}_k, \qquad x \mapsto k(\cdot, x)$$

により $\Phi(X_1), \ldots, \Phi(X_N)$ という $\mathcal{H}_k$ 内のデータが生成される．

カーネル PCA は $\mathcal{H}_k$ 上で $\Phi(X_1), \ldots, \Phi(X_N)$ に主成分分析を行うものであり，その第 1 主成分 f は，その方向へのデータの正射影の分散が最も大きくなるような単位ベクトルとして与えられた．すなわち

$$\max_{\|f\|=1} \widehat{\mathrm{Var}}[\langle f, \Phi(X)\rangle] = \max_{\|f\|=1} \frac{1}{N} \sum_{i=1}^{N} \left(\langle f, \Phi(X_i)\rangle - \frac{1}{N}\sum_{j=1}^{N} \langle f, \Phi(X_j)\rangle \right)^2$$

の解である．

$$\tilde{\Phi}(X_i) = \Phi(X_i) - \frac{1}{N}\sum_{j=1}^{N}\Phi(X_j) = k(\cdot, X_i) - \frac{1}{N}\sum_{j=1}^{N} k(\cdot, X_j) \qquad (3.1)$$

とおくとき，$\mathcal{H}_k$ を有限次元部分空間 $\mathrm{Span}\{\tilde{\Phi}(X_1), \ldots, \tilde{\Phi}(X_N)\}$ とその直交補

空間とに分解すると，上の目的関数の最適解は f の直交補空間成分が 0 のときに達成されることが容易にわかるので，

$$f = \sum_{i=1}^{N} a_i \tilde{\Phi}(X_i) \tag{3.2}$$

により最適解を探せばよい．

再生性を用いると

$$\langle \Phi(X_i), \Phi(X_j) \rangle = \langle k(\cdot, X_i), k(\cdot, X_j) \rangle = k(X_i, X_j) \tag{3.3}$$

であるので，式 (3.2) を目的関数と制約条件 $\|f\|^2 = 1$ に代入して，式 (3.3) を用いると，カーネル PCA の解は

$$\max a^T \tilde{K}^2 a \quad \text{subject to} \quad a^T \tilde{K} a = 1$$

という一般化固有値問題を解くことに帰着される．ここで $\tilde{K}$ は**中心化グラム行列**と呼ばれ，

$$\tilde{K}_{ij} = \langle \tilde{\Phi}(X_i), \tilde{\Phi}(X_j) \rangle = k(X_i, X_j) - \frac{1}{N} \sum_{b=1}^{N} k(X_i, X_b) - \frac{1}{N} \sum_{a=1}^{N} k(X_a, X_j)$$
$$+ \frac{1}{N^2} \sum_{a,b=1}^{N} k(X_a, X_b) \tag{3.4}$$

により定義される．$\tilde{K}$ の固有値を $\lambda_1 \geq \cdots \geq \lambda_N$，対応する単位固有ベクトルを $u^{(1)}, \ldots, u^{(N)}$ とおくと，一般に d 個の主成分の求め方は以下のようにまとめられる．

- 第 p 主軸： $\quad f^{(p)} = \sum_{i=1}^{N} \alpha_i^{(p)} \tilde{\Phi}(X_i) \quad$ ただし $\quad a^{(p)} = \dfrac{1}{\sqrt{\lambda_p}} u^{(p)}$．
- データ X_i の第 p 主成分： $\quad \langle \tilde{\Phi}(X_i), f^{(p)} \rangle = \sqrt{\lambda_p} u_i^{(p)}$．

3.1.2 カーネル PCA の応用例

まず，Wine データ[*1]と呼ばれる 13 次元の 178 個からなるデータにカーネル PCA を適用した例を示す．このデータは 178 種のワインに対する 13 種類の化学的測定値 (実数連続値) である．ワインの産地に従って 178 個のデータは 3 つのクラスタに分かれることが知られている．このデータに対して，ガウスカーネル

[*1] UCI repository www.ics.uci.edu/~mlearn/ から取得できる．

3.1 カーネル主成分分析

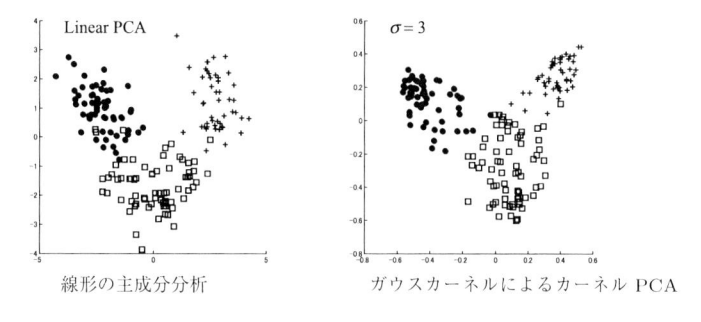

図 3.1 線形の PCA とカーネル PCA. ●, +, □ は 3 クラスを表す.

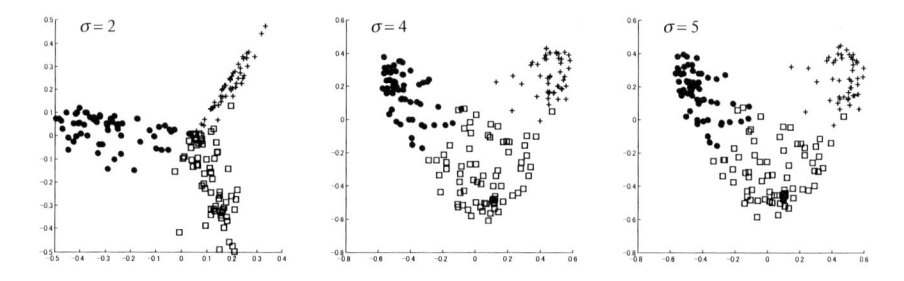

図 3.2 カーネルパラメータの違いによるカーネル PCA の結果.

$k(x,y) = \exp\{-\frac{1}{\sigma^2}\|x-y\|^2\}$ によるカーネル PCA を適用した. このデータには産地を表すクラスラベルも提供されているが, カーネル PCA には用いていない. しかし結果の表示の際には便宜上 3 クラスを表示している.

図 3.1 は, 通常の線形主成分分析とカーネル PCA によって 2 つの主成分を求めプロットしたものである. ガウスカーネルのパラメータは $\sigma = 3$ とした. どちらもデータにある 3 つのクラスタ構造が抽出できているが, 線形主成分分析の結果ではクラス間の境界は比較的曖昧である.

実は図 3.2 にあるように, カーネル PCA の結果はカーネルの選択に大きく依存する. ガウスカーネルの σ が小さい場合には細長いクラスタが現れている. これはガウスカーネルによるカーネル PCA では典型的な結果である[*2)]. 一方, パラメータ σ を大きくすると, 結果は線形の PCA に近づく. このことは次のように理解できる. 指数関数のべき級数展開を用いると

$$\exp\left(-\frac{1}{\sigma^2}\|x-y\|^2\right) = 1 + 2\frac{x^T y}{\sigma^2} - \frac{1}{\sigma^2}(\|x\|^2 + \|y\|^2) + O(1/\sigma^4)$$

[*2)] このような細長いクラスタが現れる事実の理論的な説明は Bengio et al. (2004) を参照のこと.

と書ける．中心化グラム行列 $\tilde{K}$ を求めると，定数部分および，x と y の一方のみに依存する項の寄与はなくなる．したがって

$$\tilde{K}_{ij} = \frac{2}{\sigma^2} X_i^T X_j + O(1/\sigma^4)$$

となり，σ が大きく $1/\sigma^4$ の項を無視しうるとすると，線形カーネル $x^T y$ によるカーネル PCA，すなわち通常の PCA と一致する．

次に，カーネル PCA をノイズ除去に用いた応用例を Franc and Hlaváč(2004) に従って紹介しよう．主成分以外の方向はノイズと考えれば，主成分分析はある種のノイズ除去を行っているとみなせる．そこでカーネル PCA によって非線形なノイズ除去が可能である．

カーネル主成分分析による d 個の主方向ベクトル $f^{(1)}, \ldots, f^{(d)}$ の張る $\mathcal{H}_k$ 内の d 次元部分空間を V_d とするとき，$\Pi(x)$ ($\in \mathcal{H}_k$) によって $\tilde{\Phi}(x)$ の V_d への正射影を表す．$\Pi(x)$ は $\mathcal{H}$ 内でのノイズ除去であると考えられるが，ここでの目的はもとの空間でのノイズ除去 $y \in \mathcal{X}$ を求めることである．Φ は一般に全射ではなく，$\Pi(x) = \Phi(y)$ を満たす $y \in \mathcal{X}$ があるとは限らないため

$$\min_{y \in \mathcal{X}} \|\Phi(y) - \Pi(x)\|_{\mathcal{H}_k}^2$$

を達成する y を用いることにする．この最小化問題は一般に解析的に解くことはできないが，$\Pi(x) = \sum_{j=1}^N c_j k(\cdot, X_j)$ と書けることに注意すると目的関数は

$$\|\Phi(y) - \Pi(x)\|_{\mathcal{H}}^2 = k(y,y) - 2\sum_{j=1}^N c_j k(y, X_j) + \sum_{i,j=1}^N c_i c_j k(X_i, X_j)$$

となるので，勾配法などの数値最適化によって数値解を得ることが可能である．

以上の考えに基づいて手書き数字画像のノイズ除去を行った例を示す．用いる画像は手書き数字データであり，16×16 画素の 7191 画像からなっている．この数値実験に用いたソフトウェアは V. Franc によって提供されている Matlab Stprtool ツールボックス[*3)]に標準的に実装されており，容易に実行可能である．

図 3.3 は線形の主成分分析とカーネル PCA によってノイズ除去した画像の例を示したものである．この実験では，データベースに含まれるオリジナルの画像に人工的にノイズを加えることによってノイズ付きの画像を作成した．1 段目の画像がオリジナルの画像，2 段目がノイズを加えたものであり，2 段目の画像に

[*3)] http://cmp.felk.cvut.cz/cmp/software/stprtool/ からダウンロード可能

原画像（実験には使っていない）

雑音を付加した画像の例

線形PCAにより雑音除去を施した画像の例

カーネルPCA（ガウスカーネル）により雑音除去を施した画像の例

図 3.3 カーネル PCA による画像のノイズ除去.

PCA の処理を行った．結果の画像をみると，カーネル PCA のほうがノイズがきれいに除去されていることがわかる．

カーネル PCA は，非線形な特徴を用いた低次元表現を求めることができるが，反面 Wine データの例からもわかるように，結果はカーネルないしはカーネルのパラメータの選択に大きく依存する．通常の主成分分析においては，主成分の軸をデータを説明する変数として解釈することがよく行われるが，カーネル PCA の場合，カーネル選択に強く依存する軸に分析的な解釈を与えることが妥当かどうか注意する必要がある．

一方，上の例でみたように，PCA を単に次元削減やノイズ除去と考えれば，非線形性が有効に働くことも多い．また，クラス識別や回帰など他の処理の前処理としてカーネル PCA を用いる場合には，主成分の軸の意味はそれほど重要ではなく，次の処理の性能や精度を基準としてカーネルを選択すればよい．例えば，回帰やクラス識別では，3.9.2 項で述べるクロスバリデーションなどを用いることができる．

3.2 カーネル正準相関分析

3.2.1 正準相関分析の復習

まず線形のデータ解析手法として正準相関分析を簡単に復習する．正準相関分析 (canonical correlation analysis, CCA) は，2 種類の多変量データ X, Y に依存関係があるかどうかを調べる線形手法である．X を m 次元，Y を ℓ 次元の確率ベクトルとするとき，それぞれ $a \in \mathbb{R}^m$ および $b \in \mathbb{R}^\ell$ 方向に射影した 1 次元確率変数の相関係数の最大値，すなわち

$$\rho = \max_{a \in \mathbb{R}^m, b \in \mathbb{R}^\ell} \frac{\mathrm{Cov}[a^T X, b^T Y]}{\sqrt{\mathrm{Var}[a^T X]\mathrm{Var}[b^T Y]}}$$

を正準相関と呼ぶ．X と Y にほぼ線形の依存関係があれば，正準相関は 1 に近い値になる．

$(X_1, Y_1), \ldots, (X_N, Y_N)$ を (X, Y) と同分布に従う独立同分布サンプルとするとき，正準相関の推定値は次の最大値により与えられる．

$$\hat{\rho} = \max_{a \in \mathbb{R}^m, b \in \mathbb{R}^\ell} \frac{\widehat{\mathrm{Cov}}[a^T X, b^T Y]}{\sqrt{\widehat{\mathrm{Cov}}[a^T X]\widehat{\mathrm{Cov}}[b^T Y]}} = \max_{a \in \mathbb{R}^m, b \in \mathbb{R}^\ell} \frac{a^T \widehat{V}_{XY} b}{\sqrt{a^T \widehat{V}_{XX} a}\sqrt{b^T \widehat{V}_{YY} b}}.$$

ここで $\widehat{V}_{XX}, \widehat{V}_{YY}, \widehat{V}_{XY}$ は標本分散共分散行列である．

上の最大化問題は

$$\max a^T \widehat{V}_{XY} b \qquad \text{subject to} \qquad a^T \widehat{V}_{XX} a = b^T \widehat{V}_{YY} b = 1 \qquad (3.5)$$

という形に書き直すことができる．さらにこの最大値 $\hat{\rho}$ は Lagrange 乗数法 (B.3 節参照) を適用することにより，以下の一般化固有値問題の最大固有値に一致することが示される．

$$\begin{pmatrix} O & \widehat{V}_{XY} \\ \widehat{V}_{YX} & O \end{pmatrix} \begin{pmatrix} a \\ b \end{pmatrix} = \rho \begin{pmatrix} \widehat{V}_{XX} & O \\ O & \widehat{V}_{YY} \end{pmatrix} \begin{pmatrix} a \\ b \end{pmatrix}. \qquad (3.6)$$

3.2.2 カーネルCCA

カーネル正準相関分析 (カーネル CCA, 赤穂 (2000); Melzer et al. (2001); Bach and Jordan (2002)) は正準相関分析のカーネル化である．X_i, Y_i をそれぞ

3.2 カーネル正準相関分析

れ可測集合 $\mathcal{X}, \mathcal{Y}$ に値をとる確率変数とし，$(X_1, Y_1), \ldots, (X_N, Y_N)$ を独立同分布サンプルとする．$\mathcal{X}$ と $\mathcal{Y}$ 上にそれぞれ正定値カーネル $k_\mathcal{X}, k_\mathcal{Y}$ を用意し，対応する再生核ヒルベルト空間をそれぞれ $\mathcal{H}_\mathcal{X}, \mathcal{H}_\mathcal{Y}$ とおく．カーネル CCA は，特徴写像 $\Phi_\mathcal{X}, \Phi_\mathcal{Y}$ によって得られるデータ $\{\Phi_\mathcal{X}(X_i)\}_{i=1}^N, \{\Phi_\mathcal{Y}(Y_i)\}_{i=1}^N$ に対して正準相関分析を行うことによって導かれる．正準相関を与える方向ベクトル $f \in \mathcal{H}_\mathcal{X}$，$g \in \mathcal{H}_\mathcal{Y}$ と正準相関 $\hat{\rho}$ は，

$$\hat{\rho} = \max_{f \in \mathcal{H}_\mathcal{X}, g \in \mathcal{H}_\mathcal{Y}} \frac{\sum_{i=1}^N \langle f, \tilde{\Phi}_\mathcal{X}(X_i) \rangle_{\mathcal{H}_\mathcal{X}} \langle g, \tilde{\Phi}_\mathcal{Y}(Y_i) \rangle_{\mathcal{H}_\mathcal{Y}}}{\sqrt{\sum_{i=1}^N \langle f, \tilde{\Phi}_\mathcal{X}(X_i) \rangle_{\mathcal{H}_\mathcal{X}}^2} \sqrt{\sum_{i=1}^N \langle g, \tilde{\Phi}_\mathcal{Y}(Y_i) \rangle_{\mathcal{H}_\mathcal{Y}}^2}} \tag{3.7}$$

によって与えられる．$\tilde{\Phi}_\mathcal{X}(X_i), \tilde{\Phi}_\mathcal{Y}(Y_i)$ は，式 (3.1) と同様に中心化した (標本平均を差し引いた) 特徴ベクトルである．

ここで式 (3.7) を最大にする $f \in \mathcal{H}_\mathcal{X}$ と $g \in \mathcal{H}_\mathcal{Y}$ は

$$f = \sum_{i=1}^N \alpha_i \tilde{\Phi}_\mathcal{X}(X_i), \qquad g = \sum_{i=1}^N \beta_i \tilde{\Phi}_\mathcal{Y}(Y_i) \tag{3.8}$$

の形で考えれば十分であることに注意しよう．これは，1 章における議論と同様，$\mathcal{H}_\mathcal{X}$ を $\mathrm{Span}\{\tilde{\Phi}_\mathcal{X}(X_i) \mid i = 1, \ldots, N\}$ とその直交補空間に分解するとき，直交補空間成分が式 (3.7) の値に影響しないことによる．式 (3.8) を式 (3.7) に代入すると，$\tilde{K}_X$ と $\tilde{K}_Y$ を中心化グラム行列として，

$$\hat{\rho} = \max_{\alpha \in \mathbb{R}^N, \beta \in \mathbb{R}^N} \frac{\alpha^T \tilde{K}_X \tilde{K}_Y \beta}{\sqrt{\alpha^T \tilde{K}_X^2 \alpha} \sqrt{\beta^T \tilde{K}_Y^2 \beta}} \tag{3.9}$$

となる．

しかしながら，式 (3.9) の最大化問題は一種の不良設定問題であり，以下にみるように自明な解を持つ．まず，$u = \tilde{K}_X \alpha, v = \tilde{K}_Y \beta$ とおくと，式 (3.9) は

$$\hat{\rho} = \max_{u \in \mathcal{R}(\tilde{K}_X), v \in \mathcal{R}(\tilde{K}_Y)} \frac{u^T v}{\|u\| \|v\|} \tag{3.10}$$

となる．ここで $\Phi_\mathcal{X}(X_i)$ $(i = 1, \ldots, N)$ が線形独立とすると，$\tilde{K}_X$ の像空間 $\mathcal{R}(\tilde{K}_X)$ は $\mathbf{1}_N = (1, \ldots, 1)^T$ に直交する $N-1$ 次元部分空間となる．実際，$\mathbf{1}_N$ の直交補空間への正射影行列

$$Q_N = I_N - \frac{1}{N} \mathbf{1}_N \mathbf{1}_N^T \tag{3.11}$$

を用いると $(\tilde{\Phi}_\mathcal{X}(X_1), \ldots, \tilde{\Phi}_\mathcal{X}(X_N)) = (\Phi_\mathcal{X}(X_1), \ldots, \Phi_\mathcal{X}(X_N)) Q_N$ と表され

るので, $\tilde{K}_X = Q_N K_X Q_N$ を満たすが, $\Phi(X_1), \ldots, \Phi(X_N)$ の線形独立性は K_X の正則性を意味するので, $\tilde{K}_X$ の像は $\mathbf{1}_N$ の直交補空間を張る. 同様に $\Phi_{\mathcal{Y}}(Y_1), \ldots, \Phi_{\mathcal{Y}}(Y_N)$ も一次独立とすると, 式 (3.10) の探索空間は $\mathbf{1}_N$ に直交する任意の u, v であるので, 特に $u = v$ を満たせば, $\hat{\rho} = 1$ を得る. これは意味のある解ではない.

以上の議論から, 不良設定問題を意味のある問題に修正する必要があるが, この方法のひとつが正則化[*4)]である. ここでは正則化として, 式 (3.7) を

$$\max_{\substack{f \in \mathcal{H}_{\mathcal{X}} \\ g \in \mathcal{H}_{\mathcal{Y}}}} \frac{\sum_{i=1}^{N} \langle f, \tilde{\Phi}_{\mathcal{X}}(X_i) \rangle_{\mathcal{H}_{\mathcal{X}}} \langle g, \tilde{\Phi}_{\mathcal{Y}}(Y_i) \rangle_{\mathcal{H}_{\mathcal{Y}}}}{\sqrt{\sum_{i=1}^{N} \langle f, \tilde{\Phi}_{\mathcal{X}}(X_i) \rangle_{\mathcal{H}_{\mathcal{X}}}^2 + N\varepsilon_N \|f\|^2} \sqrt{\sum_{i=1}^{N} \langle g, \tilde{\Phi}_{\mathcal{Y}}(Y_i) \rangle_{\mathcal{H}_{\mathcal{Y}}}^2 + N\varepsilon_N \|g\|^2}}$$

のように変更しよう. ここで ε_N は正則化係数と呼ばれる小さい正数である. カーネル PCA の場合と同様に, 上の最大化も式 (3.8) の形の f, g で達成されることは容易に確認できるので, $\|f\|^2 = \alpha^T \tilde{K}_X \alpha$, $\|g\|^2 = \beta^T \tilde{K}_Y \beta$ に注意すると, 正則化項つきのカーネル CCA は,

$$\max_{\alpha \in \mathbb{R}^N, \beta \in \mathbb{R}^N} \frac{\alpha^T \tilde{K}_X \tilde{K}_Y \beta}{\sqrt{\alpha^T \tilde{K}_X^2 \alpha + N\varepsilon_N \alpha^T \tilde{K}_X \alpha} \sqrt{\beta^T \tilde{K}_Y^2 \beta + N\varepsilon_N \beta^T \tilde{K}_Y \beta}}$$

の解として与えられる. 通常の CCA と同様の議論により, この最大化問題は

$$\begin{pmatrix} O & \tilde{K}_X \tilde{K}_Y \\ \tilde{K}_Y \tilde{K}_X & O \end{pmatrix} \begin{pmatrix} \alpha \\ \beta \end{pmatrix} = \rho \begin{pmatrix} \tilde{K}_X^2 + N\varepsilon_N K_X & O \\ O & \tilde{K}_Y^2 + N\varepsilon_N K_Y \end{pmatrix} \begin{pmatrix} \alpha \\ \beta \end{pmatrix}$$

という一般化固有値問題に変換され, この解を式 (3.8) に代入すればカーネル CCA の解が得られる. 複数の固有ベクトルを考えたい場合は, 大きい固有値に対応する固有ベクトルを順次とればよい.

以上の構成からあきらかなように, カーネル CCA の結果は, カーネルおよび正則化係数 ε_N の選択に依存する. 正則化係数の選択に対して, 次項の画像検索の応用では, X と Y が独立な場合との比較により決定する方法を用いている. また $N \to \infty$ の漸近的議論としては, カーネルを固定したとき, ε_N を $1/\sqrt{N}$ よりも遅いオーダーで 0 に収束するようにとると, α, β の最適解から式 (3.8) によって与えられる $\hat{f}, \hat{g}$ は, それぞれ $\max_{f \in \mathcal{H}_{\mathcal{X}}, g \in \mathcal{H}_{\mathcal{Y}}} \frac{\text{Cov}[f(X), g(Y)]}{\sqrt{\text{Var}[f(X)]\text{Var}[g(Y)]}}$ の解 f, g に $\mathcal{H}_{\mathcal{X}}, \mathcal{H}_{\mathcal{Y}}$ のノルムで収束することが知られている (Fukumizu et al., 2007).

[*4)] 正則化については 3.4.2 項で解説する.

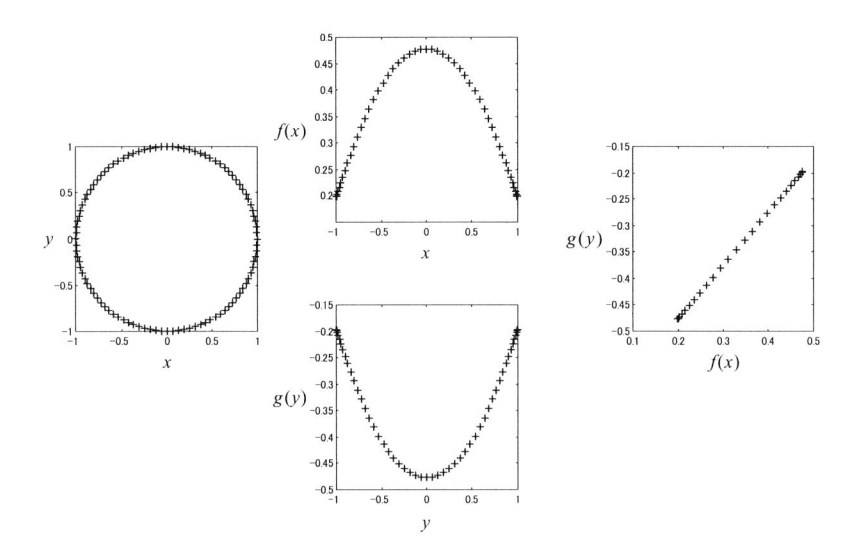

図 3.4 カーネル CCA の例. ガウス RBF カーネルを用いている.

3.2.3 カーネル CCA の応用例

まずカーネル CCA の概略を把握するために，人工的に発生させた 1 次元の X と Y に対する例を示そう．図 3.4 にあるように，円周上に 100 点からなるデータ $\{(X_i, Y_i)\}_{i=1}^{100}$ を発生させ，これにガウスカーネル $k(x, y) = \exp(-\frac{1}{2}(x-y)^2)$ によるカーネル CCA を適用した．正則化定数は $\varepsilon = 10^{-5}$ においた．このデータの X と Y はあきらかな依存性 $X^2 + Y^2 = 1$ を持っているが，線形の正準相関分析ではこれを捉えることができない．中央の 2 つの図はカーネル CCA の結果得られた関数 f と g に対し $f(X_i)$ および $g(Y_i)$ をプロットしたものである．これをみるとガウス RBF カーネルの線形和によって三角関数的な形状の関数が発見されていることがわかる．また，右図にあるように $f(X_i)$ と $g(Y_i)$ は強い線形相関を持つ．

次にカーネル CCA をテキストによる画像検索に応用した例を Hardoon et al. (2004) に従って紹介しよう．カーネル法の利点のひとつに，もとの空間がユークリッド空間である必要がない点があるが，この応用では X は画像データ，Y はテキストデータであり，X と Y のカーネル CCA により得られた d 個の固有空間を，両者の依存性を最も強く反映する特徴空間と考え，テキストから画像を検

索するために用いている．

$(X_1, Y_1), \ldots, (X_N, Y_N)$ はウェブページから採取されたデータであり，$X_1, \ldots, X_N$ は画像データ，$Y_1, \ldots, Y_N$ は対応するテキストデータである．画像データは Gabor フィルタによるテクスチャと HSV 値による色情報とによりベクトルデータとして表現されており，テキストデータは単語の頻度 (bag-of-word ともいう) により表現されている．データはスポーツ，航空機，ペイントボール (ゲームの一種) の 3 種に分かれ，それぞれ 400 データ用意されており，その半数を固有空間の構成に，残りの半数をテキストからの画像検索のテストに用いている．

このデータに対してカーネル CCA を施し，大きい d 個の固有値に対応する固有ベクトル $f_1, \ldots, f_d$ と $g_1, \ldots, g_d$ を求める．各画像 X_i に対して $f_1, \ldots, f_d$ が張る $\mathcal{H}_\mathcal{X}$ の d 次元部分空間への正射影 $\xi_i = (\langle \tilde{\Phi}_\mathcal{X}(X_i), f_a \rangle_{\mathcal{H}_\mathcal{X}})_{a=1}^d \in \mathbb{R}^d$ を特徴ベクトルとして用いる．新たなテキストデータ Y_{new} が与えられたとき，テキストの特徴 $\zeta = (\langle \tilde{\Phi}_\mathcal{Y}(Y_{new}), g_a \rangle_{\mathcal{H}_\mathcal{Y}})_{a=1}^d \in \mathbb{R}^d$ を求め，テキストに最も適した画像データとして

$$\arg\max_i = \xi_i^T \zeta$$

を与える X_i を出力する．Hardoon et al. (2004) では実際にどのような出力が得られたか，数値的比較も含めて論じている．

3.3 カーネル Fisher 判別分析

3.3.1 Fisher の線形判別分析

Fisher 判別分析は線形判別分析の基本的方法のひとつである．X を説明変数，$Y \in \{+1, -1\}$ をクラスを表す 2 値の応答変数とするとき，線形判別関数

$$f(x) = \text{sgn}(w^T x + b)$$

によって，与えられた X に対するクラス Y を予測する問題を考える (図 3.5(a) 参照)．**Fisher 線形判別分析** (Fisher's linear discriminant analysis, LDA) は，サンプル $(X_1, Y_1), \ldots, (X_N, Y_N)$ が与えられたとき

$$J(w) = \frac{w \text{ 方向のクラス間分散}}{w \text{ 方向のクラス内分散の和}} = \frac{w^T S_B w}{w^T S_W w} \tag{3.12}$$

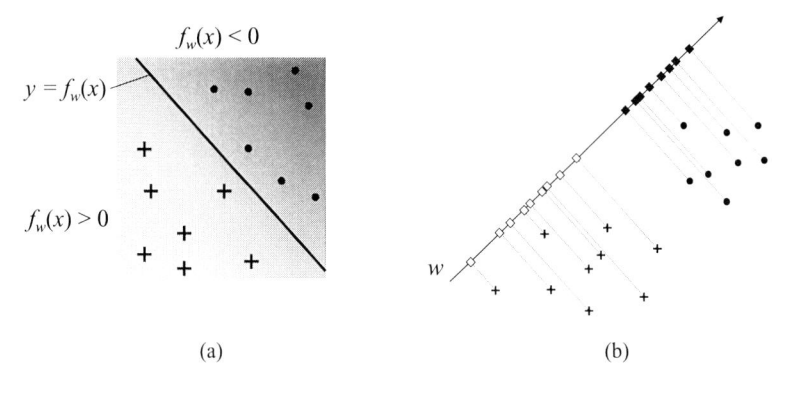

図 3.5 (a) 線形判別. (b) Fisher の線形判別分析.

という尺度を最大にするように w を決定する. ここで S_B, S_W は, $\mu_+ = \frac{1}{N_+}\sum_{i:Y_i=+1} X_i$, $\mu_- = \frac{1}{N_-}\sum_{j:Y_j=-1} X_j$ (N_+, N_- は各クラスのデータ数) とおくとき,

$$S_B = (\mu_+ - \mu_-)(\mu_+ - \mu_-)^T,$$
$$S_W = \sum_{i:Y_i=+1}(X_i - \mu_+)(X_i - \mu_+)^T + \sum_{j:Y_j=-1}(X_j - \mu_-)(X_j - \mu_-)^T$$

により定義される. この尺度は w 方向でみた場合に, 2 クラスがなるべく離れて存在し, 各クラスはなるべくまとまることを要請する (図 3.5(b) 参照).

$J(w)$ の最大化は

$$\max_w w^T S_B w \quad \text{subject to} \quad w^T S_W w = 1$$

と同値なので, 一般化固有値問題の解として容易に解くことができる. また判別関数を決めるためには定数項 b を決める必要があるが, このための一つの方法は, 判別超平面 $w^T x + b = 0$ が各クラスの平均から等距離になるように定めることであり,

$$b = \frac{1}{2} w^T (\mu_+ + \mu_-)$$

によって与えられる.

3.3.2 カーネル Fisher 判別分析

カーネル Fisher 判別分析は, Fisher の線形判別分析のカーネル化として提案された (Mika et al., 1999). X_i を可測集合 $\mathcal{X}$ に値を持つ確率変数, $Y_i \in \{+1, -1\}$

を2値変数とし，$(X_1, Y_1), \ldots, (X_N, Y_N)$ が与えられたときに，Y_i を予測する識別関数 $f(x)$ を求める問題を考える．これまでと同様，$\mathcal{X}$ 上の正定値カーネル k と対応する再生核ヒルベルト空間 $\mathcal{H}$ および特徴写像 $\Phi: \mathcal{X} \to \mathcal{H}$, $\Phi(x) = k(\cdot, x)$ を定め，$\Phi(X_1), \ldots, \Phi(X_N)$ により $\mathcal{H}$ のデータを作成する．x に対して y を予測する識別関数を，$\mathcal{H}$ 上での線形識別関数

$$f(x) = \mathrm{sgn}(\langle h, \Phi(x) \rangle + b) = \mathrm{sgn}(h(x) + b)$$

により構成する．このときの尺度として，Fisher 線形判別分析と同様

$$\begin{aligned} J^\Phi(h) &= \frac{h \text{ 方向のクラス間分散}}{h \text{ 方向のクラス内分散の和}} \\ &= \frac{\langle h, \mu_+^\Phi - \mu_-^\Phi \rangle^2}{\sum_{i:Y_i=+1} \langle h, \Phi(X_i) - \mu_+^\Phi \rangle^2 + \sum_{j:Y_j=-1} \langle h, \Phi(X_j) - \mu_-^\Phi \rangle^2} \end{aligned} \quad (3.13)$$

を採用する．ここで，μ_+^Φ, μ_-^Φ は各クラスの平均ベクトルで

$$\mu_+^\Phi = \frac{1}{N_+} \sum_{i:Y_i=+1} \Phi(X_i), \quad \mu_-^\Phi = \frac{1}{N_-} \sum_{j:Y_j=-1} \Phi(X_j)$$

により定まる．

ここで，今まで述べた他のカーネル法と同様，式 (3.13) を最大にする h は

$$h = \sum_{i=1}^N \alpha_i \Phi(X_i)$$

の形で考えれば十分であることに注意しよう．実際，$\{\Phi(X_i)\}_{i=1}^N$ の張る部分空間に直交するベクトルは $J^\Phi(h)$ の値に影響しない．上の h を用いると，

$$\langle h, \mu_\pm^\Phi \rangle = \frac{1}{N_\pm} \sum_{t=1}^N \sum_{i:Y_i=\pm 1} \alpha_t \langle \Phi(X_t), \Phi(X_i) \rangle = m_\pm^T \alpha$$

($\pm$ は複合同順) である．ただし，$m_\pm \in \mathbb{R}^N$ は

$$(m_\pm)_t = \frac{1}{N_\pm} \sum_{i:Y_i=\pm 1} k(X_i, X_t)$$

で定まる．したがって，クラス間分散は

$$\langle h, \mu_+^\Phi - \mu_-^\Phi \rangle^2 = \alpha^T S_B^\Phi \alpha \quad \text{ただし} \quad S_B^\Phi = (m_+ - m_-)(m_+ - m_-)^T$$

で与えられる．一方，クラス内分散は $\sum_{i:Y_i=\pm 1} \langle h, \Phi(X_i) - \mu_\pm^\Phi \rangle^2 = \alpha^T K_\pm Q_N K_\pm \alpha$ で与えられる．ここで $(K_\pm)_{it} = k(X_i, X_t)$ (i は $Y_i = \pm 1$ なる添え字，

$t = 1, \ldots, N$), Q_N は式 (3.11) で与えた射影行列である. したがってその和は

$$\alpha^T S_W^\Phi \alpha \quad \text{ただし} \quad S_W^\Phi = K_+^T Q_N K_+ + K_-^T Q_N K_-$$

と表される.

以上によりカーネル Fisher 判別分析の目的関数は

$$J^\Phi(\alpha) = \frac{\alpha^T S_B^\Phi \alpha}{\alpha^T S_W^\Phi \alpha} \tag{3.14}$$

となるが，この目的関数は，分母に含まれる Q_N の低ランク性のためカーネル CCA と同様の不良設定性を持つ. そこで，ここでも正則化を用い，

$$\tilde{J}^\Phi(\alpha) = \frac{\alpha^T S_B^\Phi \alpha}{\alpha^T (S_W^\Phi + \lambda I_N) \alpha} \tag{3.15}$$

という目的関数を用いる. ここで, λ は正則化定数である. 通常の Fisher 線形判別分析と同様に, α は一般化固有値問題の最大固有値に対応する固有ベクトルとして求めることができる. また，定数項 b も Fisher 線形判別分析と同様

$$b = \frac{1}{2} \langle h, \mu_+^\Phi + \mu_-^\Phi \rangle = \sum_{t=1}^N \alpha_i \left(\frac{1}{N_+} \sum_{i: Y_i = +1} k(X_i, X_t) + \frac{1}{N_+} \sum_{j: Y_j = -1} k(X_j, X_t) \right)$$

と定めることができる.

3.4 サポートベクターマシンの基本事項

本節では，まずユークリッド空間 $\mathbb{R}^m$ 上でのサポートベクターマシンを導出し，そのカーネル化として一般の空間上のサポートベクターマシンを導く. サポートベクターマシンのパラメータ最適化やさらに詳しい内容は 4 章で述べる.

3.4.1 マージン最大化基準による線形識別

Fisher 線形識別と同様の 2 値の線形識別問題を考える. すなわち $X \in \mathbb{R}^m$ を説明変数, $Y \in \{+1, -1\}$ を 2 値の応答変数とし, 線形識別器

$$f(x) = \text{sgn}(w^T x + b) \tag{3.16}$$

により与えられた x のクラス y を推定する.

いま，データ $(X_1, Y_1), \ldots, (X_N, Y_N)$ が線形識別可能であると仮定しよう. す

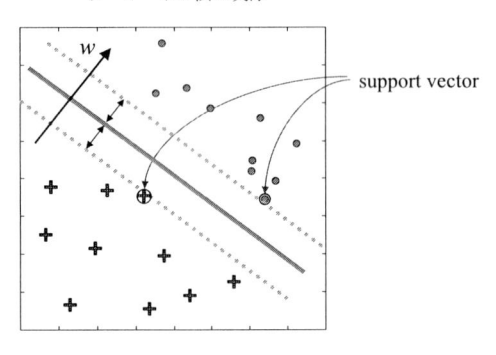

図 3.6 マージン最大化.

なわち，ある w, b が存在して，任意の $i = 1, \ldots, N$ に対し

$$\begin{cases} Y_i = 1 \text{ ならば} & w^T X_i + b \geq 0, \\ Y_i = -1 \text{ ならば} & w^T X_i + b < 0 \end{cases}$$

を仮定する．このとき，一般には無限個のパラメータ (w, b) が上の条件を満足するため，その中からひとつを選択するための基準が必要となる．**サポートベクターマシン** (support vector machine, SVM) は，識別超平面から最も近いデータまでの距離を最大にするという基準で超平面を選択する．これは，データを w 方向の 1 次元空間に正射影したとき，+1 クラスと -1 クラスの間の距離 (マージン) を最大化する基準であり，**マージン最大化基準**と呼ぶ (図 3.6)．

パラメータ (w, b) を用いてマージンを陽に計算しよう．(w, b) に $\lambda > 0$ を掛けて $(\lambda w, \lambda b)$ としても式 (3.16) の識別関数は変化しないので，スケールをひとつ固定するために

$$\begin{cases} \min(w^T X_i + b) = 1, & i : Y_i = +1, \\ \max(w^T X_i + b) = -1, & i : Y_i = -1 \end{cases}$$

を仮定する．上式の min, max を達成するデータ点をそれぞれ X_*^+, X_*^- とすると，$w^T(X_*^+ - X_*^-) = 2$ であるので，X_*^+, X_*^- を w 方向に射影した点の間の距離は $\frac{2}{\|w\|}$ で与えられる．したがって，マージン最大化を達成するパラメータは

$$\max \frac{1}{\|w\|} \quad \text{subject to} \quad \begin{cases} w^T X_i + b \geq 1, & i : Y_i = +1, \\ w^T X_i + b \leq -1, & i : Y_i = -1 \end{cases}$$

という最大化問題の解となる．$1/\|w\|$ の最大化を $\|w\|^2$ の最小化に変換し，制約

3.4 サポートベクターマシンの基本事項

条件をまとめて書くと，結局

$$\min_{w,b} \|w\|^2 \quad \text{subject to} \quad Y_i(w^T X_i + b) \geq 1 \quad (\forall i = 1, \ldots, N) \quad (3.17)$$

という最小化問題の解を求めることに帰着される．これは線形制約のもとでの 2 次関数の最小化であり **2 次計画** (quadratic program, QP) と呼ばれる．このクラスの最適化は標準的な数値計算パッケージを用いて数値解を得ることができる．SVM の最適化については 4 章で詳しく論じる．

ところで，平均的な誤差を最小にする識別器は，ベイズ最適な識別器

$$f(x) = \begin{cases} 1, & p(y=+1|x) \geq p(y=-1|x) \text{ の場合} \\ -1, & p(y=-1|x) < p(y=-1|x) \text{ の場合} \end{cases}$$

によって与えられることがよく知られている (例えば Hastie et al., 2001, Section 2.4)．マージン最大化基準はあきらかにベイズ最適基準とは異なり，理論的に誤差の期待値を最小にするわけではない．しかしながら，データの分布にガウス性などの強い仮定がなければ，与えられたデータからベイズ最適な識別関数を推定するのは難しく，準最適な識別関数が容易に求められるほうがよい場合も多い．マージン最大化基準は，パラメータ最適化が容易に解ける枠組みを与えるところに大きな利点がある．

3.4.2 正則化の一般論

ここまで仮定した線形識別可能性は現実のデータに対して満たされるとは限らないので，この仮定を緩和したい．その準備として正則化の一般論に関して簡単に述べておこう．一般に V をノルムつきベクトル空間とし，V の部分集合 A 上での最適化問題

$$\min_{w \in A} \Omega(w)$$

を考える．この解が一意的でないとき不良設定問題と呼び，これを一意にする操作が**正則化** (regularization) である．上の最適化の解が理論的に一意であっても数値的に安定しない場合には正則化がよく用いられる．

正則化のひとつの方法である **Tikhonov 正則化**は，上の最適化問題に正則化項 (罰則項) を加え，

$$\min_{w \in A} \Omega(w) + \lambda \|w\|^2 \quad (3.18)$$

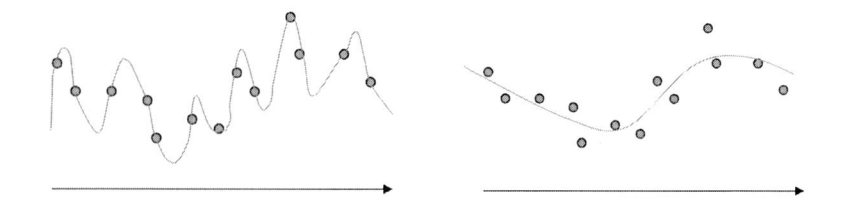

図 3.7 左：データへの完全な適合．右：正則化による滑らかなフィッティング．

という形に変更する．ここで，$\lambda > 0$ は正則化係数と呼ばれ，もとの目的関数 Ω と正則化項とのバランスを決めるパラメータである．式 (3.18) の最適化の解は，比較的弱い仮定のもと一意的で安定であることが知られている．1 章で扱ったリッジ回帰は Tikhonov 正則化の一例である．

H を集合 $\mathcal{X}$ 上の関数からなるノルムつきベクトル空間とするとき，一般に

$$\min_{f \in H}(Y_i - f(X_i))^2$$

という最適化は解が一意とは限らず不良設定問題となる場合が多いが，Tikhonov 最適化により

$$\min_{f \in H}(Y_i - f(X_i))^2 + \lambda \|f\|_H^2$$

とすると解が一意的になる場合がある．関数のノルム $\|f\|_H$ は関数の滑らかさに関連していることが多く，その場合，Tikhonov 正則化はデータに対する誤差をゼロにするかわりに，より滑らかな関数でフィッティングを行うので平滑化とも呼ばれる (図 3.7)．平滑化については 10.2 節でさらに論じる．

3.4.3 ソフトマージンと正則化

SVM における線形識別可能性の仮定 $Y_i(w^T X_i + b) \geq 1$ を緩和し，

$$Y_i(w^T X_i + b) \geq 1 - \xi_i \quad (\xi_i \geq 0) \quad (i = 1, \ldots, N)$$

という条件に置き換えよう．ξ_i が任意の値をとると制約がないのと同じなので，ξ_i があまり大きくならないよう次のような目的関数に変更する．

$$\min_{w,b,\xi_i} \|w\|^2 + C \sum_{i=1}^{N} \xi_i \quad \text{subject to} \quad \begin{cases} Y_i(w^T X_i + b) \geq 1 - \xi_i, \\ \xi_i \geq 0 \end{cases} \quad (\forall i) \tag{3.19}$$

3.4 サポートベクターマシンの基本事項　　　51

係数 C は，マージン最大化の項と，完全な線形識別からの緩和を表す項との釣り合いを決める．式 (3.19) の解による識別関数をソフトマージン **SVM** と呼び，これに対して式 (3.17) による識別関数をハードマージン **SVM** という．式 (3.19) の最適化も 2 次計画問題である．

実は，式 (3.19) の最適化を以下のように正則化問題として表すことが可能である．関数 $(z)_+ = \max(z,0)$ を導入すると，容易にわかるように式 (3.19) の制約条件は $\xi_i \geq \left(1 - Y_i(w^T X_i + b)\right)_+$ と同値である．したがって，$\lambda = 1/C$ とおくと，式 (3.19) の最適化問題は

$$\min_{w,b,\xi_i} \sum_{i=1}^{N} \xi_i + \lambda \|w\|^2 \quad \text{subject to} \quad \xi_i \geq \left(1 - Y_i(w^T X_i + b)\right)_+ \quad (\forall i)$$

と書き直せる．ここで，$\xi_i \geq \left(1 - Y_i(w^T X_i + b)\right)_+$ なる制約のもとで $\sum_{i=1}^{N} \xi_i + \lambda \|w\|^2$ を最小にするのは $\xi_i = \left(1 - Y_i(w^T X_i + b)\right)_+$ の場合であることに注意すると，結局式 (3.19) は

$$\min_{w,b} \sum_{i=1}^{N} \left(1 - Y_i(w^T X_i + b)\right)_+ + \lambda \|w\|^2$$

という制約のない最適化問題に帰着される．

フィッティングのよさをはかるための損失関数 $\ell(f,y) = (1-fy)_+$ を導入すると，上式は $\sum_{i=1}^{N} \ell(f(X_i), Y_i)$ という損失[*5]と，正則化項 $\lambda \|w\|^2$ を持つ正則化問題とみなせる．1 章のリッジ回帰と比較すると損失関数の部分のみが異なる．$\ell(f,y) = (1-fy)_+$ は**ヒンジ損失関数**と呼ばれる．

3.4.4　サポートベクターマシンのカーネル化

ここまでは $\mathbb{R}^m$ でのマージン最大化線形識別器を考えたが，これをカーネル化することも容易である．このカーネル化も込めて SVM と呼ぶことが多い．

$\mathcal{X}$ を可測集合とし，$\mathcal{X} \times \{+1,-1\}$ 上のサンプル $(X_1, Y_1), \ldots, (X_N, Y_N)$ に基づいて，$x \in \mathcal{X}$ を $\{+1,-1\}$ に識別する問題を考える．$\mathcal{X}$ 上に正定値カーネル k を用意し，対応する再生核ヒルベルト空間を $\mathcal{H}$，特徴写像を $\Phi : \mathcal{X} \to \mathcal{H}, \Phi(x) = k(\cdot, x)$ とする．これにより $\mathcal{H}$ 内の特徴ベクトル $\Phi(X_i)$ $(i = 1, \ldots, N)$ が得られる．識別関数を $\mathcal{H}$ における線形識別関数

$$f(x) = \text{sgn}\left(\langle h, \Phi(x) \rangle_{\mathcal{H}} + b\right) = \text{sgn}(h(x) + b)$$

[*5] 損失，損失関数については 5 章を参照のこと．

によって構成するとき，式 (3.19) を拡張することにより，ソフトマージン SVM の目的関数

$$\min_{h,b,\xi_i} \|h\|_{\mathcal{H}}^2 + C \sum_{i=1}^N \xi_i \quad \text{subject to} \quad \begin{cases} Y_i(\langle h, \Phi(X_i)\rangle + b) \geq 1 - \xi_i, \\ \xi_i \geq 0 \end{cases} \quad (3.20)$$

が得られる．また，同値な表現として

$$\min_{h,b} \sum_{i=1}^N \left(1 - Y_i(\langle h, \Phi(X_i)\rangle + b)\right)_+ + \lambda \|h\|_{\mathcal{H}}^2 \quad (3.21)$$

という正則化問題として表すこともできる．

今まで述べたカーネル法と同様，SVM の場合も，式 (3.20) あるいは式 (3.21) の最小値は

$$h = \sum_{i=1}^N c_i \Phi(X_i) \quad (3.22)$$

の形の元により達成されることは容易に確認できる．このとき，$\|h\|^2 = \sum_{i,j=1}^N c_i c_j k(X_i, X_j)$, $\langle h, \Phi(X_i)\rangle_{\mathcal{H}} = \sum_{j=1}^N c_j k(X_i, X_j)$ であるので，式 (3.22) のもと

$$\min_{c_i,b,\xi_i} \sum_{i,j=1}^N c_i c_j k(X_i, X_j) + C \sum_{i=1}^N \xi_i$$

$$\text{subject to} \quad \begin{cases} Y_i\left(\sum_{j=1}^N k(X_i, X_j) c_j + b\right) \geq 1 - \xi_i, \\ \xi_i \geq 0 \end{cases} \quad (\forall i) \quad $$

という最小化問題によってパラメータを決めればよい．この最適化はやはり 2 次計画であり標準的な数値解法が適用可能であるが，最適化の実際的方法は 4 章で述べることにする．また，係数 C はユーザーが与える必要があるが，多くの場合クロスバリデーション (3.9.2 項参照) を用いて決定される．

3.4.5 サポートベクターマシンの応用例

SVM の応用例として，LeCun et al. (2001) による手書き数字認識への応用を紹介する．この例は SVM が提案された比較的初期の段階に，その高い性能を示すものとして頻繁に取り上げられた．

データは MNIST と呼ばれる「0」から「9」までの手書き数字のデータベースからとられたものであり，各画像は 28×28 画素の 2 値画像である．60000 画像

表 3.1 手書き数字データベース MNIST への応用
(LeCun et al. (2001) より抜粋)

Method	Test error (%)
k-NN Euclid	5.00
40PCA + quadratic	3.30
RBF network (1000)	3.60
LeNet-4	1.10
LeNet-5	0.95
SVM poly4	1.10
RS-SVM poly5	1.00

の訓練用データを用いてパラメータ推定を行い,10000 画像のテスト用データを用いてテストを行っている.このデータに対し,SVM を含むさまざまな方法を適用してテストデータに対する誤識別率を示したものが表 3.1 である[*6].表中,「k-NN Euclid」はユークリッド距離に基づく k-近傍法,「40PCA+quadratic」は 40 次元の線形主成分を取った後に 2 次の識別関数を用いたもの,また「RBF network (1000)」は 1000 個の中間素子を持つガウス RBF ネットワーク[*7]を表す.LeNet-4 および LeNet-5 は著者の LeCun らが研究しているニューラルネットモデルであり,複雑な構造を持つ多層モデルである.また,「SVM poly4」は 4 次の多項式カーネルによる SVM,「RS-SVM poly5」は Burges and Schölkopf (1997) で提案された改良版の SVM (5 次の多項式カーネル) である.これらの結果をみると,SVM は LeNet と同等の識別率を持っており,これらは標準的な識別法である k-近傍法や PCA + 2 次判別の識別率を大きく改善している.最も誤識別が少ないのは LeNet-5 であるが,LeNet のネットワーク構造には巧みなチューニングが施されており,4 次の多項式カーネルを使った通常の SVM が遜色ない結果を出すことは注目に値する.

3.4.6 サポートベクターマシンの性質

SVM は,線形手法のカーネル化という側面のほかにもさまざまな興味深い性質を持っている.それらを簡単にまとめておこう.

- **カーネル法** SVM はカーネル法のひとつであり,変換したデータの線形結合 $\sum_{i=1}^{N} c_i k(\cdot, X_i)$ の形で解が表現される,最適化すべき目的関数がグラ

[*6] LeCun et al. (2001) はさらに多くの方法を比較しており,表 3.1 は抜粋である.また,この論文が書かれた後にさらによい結果を示す方法も提案されている.

[*7] RBF(Radian basis functions) ネットワークについては例えば Hastie et al. (2001) 参照.

ム行列 $k(X_i, X_j)$ で表されるなど，カーネル法に共通する性質を持つ．

- **凸最適化**　　SVM はカーネル化により非線形識別関数を与えるが，識別関数を求めるための最適化問題は凸最適化のひとつである 2 次計画であり，局所解の問題がなく容易に数値解が求められる．

    歴史的にみると，SVM が注目される以前，1980 年代半ばから 1990 年半ばにかけては多層パーセプトロンなどのニューラルネットワークによるパターン認識が脚光を浴びていた．多層パーセプトロンはさまざまなパターン認識課題に優れた認識能力をみせたものの，その非線形最適化は局所解の問題を持ち，それを克服するための発見的な工夫が必要な点に難しさがあった．SVM は，2 次計画に問題を還元したことによって，複雑な識別関数の構成にしばしば伴う最適化の困難を回避している点に魅力がある．

- **高次元の特徴空間**　　カーネル法に共通の特徴のひとつである高次元の特徴空間への変換という方法論は，パターン認識の分野では斬新な考え方であった．通常，画像などのパターン認識課題ではもとのデータの次元が高いため，情報を落とさないように低次元の特徴量を構成し，効率的な計算を求めることが多かった．SVM はカーネルによる内積計算 (カーネルトリック) を用いることによって，高次元の特徴空間を用いながらも計算効率を損ねない．

- **スパース表現**　　4 章で示すように，最終的な識別関数の表現にデータのすべてを用いず，サポートベクターと呼ばれる部分集合だけを用いる点も興味深い．このような表現は**スパース表現**と呼ばれる．

- **正則化**　　サポートベクターマシンが正則化として解釈できる点も重要である．通常 SVM は，マージン最大化から出発し，ソフトマージンへの転換，そのカーネル化という流れで説明されることが多いが，3.4.3 項で述べたように，ヒンジ損失関数を用いた正則化法と考えることができる．この定式化はスプライン平滑化などと関連しており，従来法との関連を議論する基盤となる．

3.5　Representer 定理

いままで紹介したカーネル法の例では，最適解が常に $\sum_{i=1}^{N} c_i k(\cdot, X_i)$ という形で表現された．この事実を一般的に述べたものが Representer 定理である．

3.5 Representer 定理

カーネル法の一般的な問題を次のように定式化しよう．$(X_1, Y_1), \ldots, (X_N, Y_N)$ を $\mathcal{X} \times \mathcal{Y}$ 上に与えられたデータ，k を $\mathcal{X}$ 上の正定値カーネルとし，$\mathcal{H}$ を対応する再生核ヒルベルト空間とする．また，$h_1(x), \ldots, h_m(x)$ を固定された $\mathcal{X}$ 上の基底関数とし，関数 $\Psi : [0\ \infty) \to \mathbb{R}$ を狭義の単調増加関数とする．このとき次の最適化問題を考える．

$$\min_{f \in \mathcal{H}, c \in \mathbb{R}^m} L\Big(\{X_i\}_{i=1}^N, \{Y_i\}_{i=1}^N, \{f(X_i) + \sum_{a=1}^m c_a h_a(X_i)\}_{i=1}^N\Big) + \Psi(\|f\|). \tag{3.23}$$

ここで損失項 L は任意の関数であり，$\Psi(\|f\|)$ は f のノルムによって定義された正則化項である．$h_a(x)$ は SVM における定数項など，$\mathcal{H}$ に属する関数とは別に扱うべき関数部分を表している．

定理 3.1 上の仮定のもと，式 (3.23) の最小値を達成する f は

$$f = \sum_{i=1}^N \alpha_i k(\cdot, X_i)$$

の形を持つ．

この定理によって，一般には無限次元空間である $\mathcal{H}$ におけるデータ解析手法が，有限次元 (データ数の次元) の問題に還元される．証明は今まで具体例において何度も行った議論の繰り返しであるが，確認のために示しておく．

証明 $H_0 = \mathrm{Span}\{k(\cdot, X_1), \ldots, k(\cdot, X_N)\}$ をデータの張る有限次元部分空間とし，その直交補空間を $H_0^\perp$ とおくと，直交分解

$$\mathcal{H} = H_0 \oplus H_0^\perp$$

が成り立つ．式 (3.23) を達成する $\mathcal{H}$ の元を f とし，上の直交分解に従って，

$$f = f_0 + f^\perp, \qquad f_0 \in H_0,\ f^\perp \in H_0^\perp$$

と表すと，$\langle f^\perp, k(\cdot, X_i) \rangle = 0$ により，$f(X_i) = \langle f, k(\cdot, X_i) \rangle = \langle f_0, k(\cdot, X_i) \rangle = f_0(X_i)$ である．したがって f を f_0 に変えても L の値は変わらない．一方，直交性から $\|f\|^2 = \|f_0\|^2 + \|f^\perp\|^2$ であるので，Ψ の仮定から $\Psi(\|f_0\|) \leq \Psi(\|f\|)$ かつ等号成立は $f = f_0$ の場合である．以上により，

$$L\Big(\{X_i\}_{i=1}^N, \{Y_i\}_{i=1}^N, \{f_0(X_i) + \sum_{a=1}^m c_a h_a(X_i)\}_{i=1}^N\Big) + \Psi(\|f_0\|)$$
$$\leq L\Big(\{X_i\}_{i=1}^N, \{Y_i\}_{i=1}^N, \{f(X_i) + \sum_{a=1}^m c_a h_a(X_i)\}_{i=1}^N\Big) + \Psi(\|f\|)$$

(等号成立は $f = f_0$) となり, f_0 が式 (3.23) の最小値を達成する. □

3.6 グラム行列の低ランク近似

カーネル法ではデータ数 n のサイズを持つグラム行列を用いた計算が基本となるため, n が大きい場合には計算量的な問題を生じる. 例えば逆行列の計算や固有値分解には一般に $O(n^3)$ の計算量が必要であり, n が数万を超えるような場合には大きな問題となる. これに対し, グラム行列の固有値が, 経験的には少数の主要な固有値を除いて非常に小さいものを多数含む場合が多いことに基づいて, グラム行列を低ランクの行列で近似することによって計算量を削減する方法が提案されている. $n \times n$ のグラム行列 K が $K \approx RR^T$ (R は $n \times r$ 行列. $r \ll n$) とランク r の行列によって近似されると, 例えばカーネルリッジ回帰 (1.10) の予測は

$$r^T(RR^T + \lambda I_n)^{-1} Y = \frac{1}{\lambda} r^T \Big(I_n - R(R^T R + \lambda I_r)^{-1} R^T\Big) Y$$

により, $O(r^2 n)$ の計算量で求められる. 以下ではグラム行列の低ランク近似の代表的な方法として, Nyström 近似と不完全 Cholesky 分解を概説する.

Nyström 近似は, もともと積分作用素の固有関数と固有値を近似する方法である. 正定値カーネル k で定まる積分作用素の固有値問題

$$\int k(y,x)\phi(x) dP(x) = \lambda \phi(y), \qquad \int \phi(x)^2 dP(x) = 1 \qquad (3.24)$$

を考える. この固有値を $\lambda_1 \geq \lambda_2 \geq \cdots \geq 0$, 対応する固有ベクトルを ϕ_i とする. P に従うサンプル $X_1, \ldots, X_m$ を用いると, 上の問題を

$$\frac{1}{m}\sum_{i=1}^m k(y, X_i)\phi(X_i) \approx \lambda \phi(y), \qquad \frac{1}{m}\sum_{i=1}^m \phi(X_i)^2 \approx 1 \qquad (3.25)$$

と近似することができる. ここで特に $y = X_j$ とすると, 第 1 式は

$$\frac{1}{m}\sum_{i=1}^m K_{ij}^{(m)} \phi(X_i) \approx \lambda \phi(X_j), \qquad (K_{ij}^{(m)} = k(X_i, X_j))$$

となるので，$K^{(m)}$ の固有値分解を

$$K^{(m)} = U^{(m)} \Lambda^{(m)} U^{(m)T}$$

($\Lambda^{(m)}$ は $\lambda_1^{(m)} \geq \cdots \geq \lambda_m^{(m)} \geq 0$ を成分に持つ対角行列．$U^{(m)} = (u_1^{(m)}, \ldots, u_m^{(m)})$ は単位固有ベクトルのなす行列) とするとき，

$$\phi_i(X_j) \approx \sqrt{m} u_{j,i}^{(m)}, \qquad \lambda_i \approx \frac{\lambda_i^{(m)}}{m} \tag{3.26}$$

という近似が得られる．したがって式 (3.25) より任意の y に対して

$$\phi_i(y) \approx \frac{\sqrt{m}}{\lambda_i^{(m)}} \sum_{j=1}^m k(y, X_j) u_{j,i}^{(m)}$$

を得る．

いま，データ $X_1, \ldots, X_n$ に対し，式 (3.24) で $P = \frac{1}{n} \sum_{i=1}^n \delta_{X_i}$ とすると，積分作用素はグラム行列 $K = (k(X_i, X_j))$ で表され，$X_1, \ldots, X_n$ から一様にサンプルされた部分データによって K を近似することになる．必要なら順序を変更することにより，近似に用いる部分データを $X_1, \ldots, X_m$ $(m \leq n)$ とする．$m = n$ ならば $K = K^{(n)}$ であるので，正確に $\phi_i(X_j) = \sqrt{n} u_{j,i}^{(n)}$, $\lambda_i = \lambda^{(n)}/n$ である．これと部分データに対する式 (3.26) の近似を合わせて，

$$u_{j,i}^{(n)} \approx \sqrt{\frac{m}{n}} \frac{1}{\lambda_i^{(m)}} \sum_{a=1}^m K_{j,a} u_{a,i}^{(m)} \equiv \tilde{u}_{j,i}^{(n)}, \qquad \lambda_i^{(n)} \approx \frac{n}{m} \lambda_i^{(m)} \equiv \tilde{\lambda}_i^{(n)}$$

$(1 \leq i \leq m, 1 \leq j \leq n)$ を得る．このとき K の近似が $K \approx \sum_{i=1}^m \tilde{\lambda}_i^{(n)} \tilde{u}_i^{(n)} \tilde{u}_i^{(n)T}$ により得られるが，さらに大きい p 個 $(p \leq m)$ の固有値だけを用いることにすれば

$$K \approx \sum_{i=1}^p \tilde{\lambda}_i^{(n)} \tilde{u}_i^{(n)} \tilde{u}_i^{(n)T} \equiv \tilde{K}_p \tag{3.27}$$

という近似を得る．式 (3.27) の $\tilde{K}_p$ をグラム行列 K の **Nyström** 近似と呼ぶ．$\tilde{K}_p$ のランクは p 以下である．$K_p^{(m)} = \sum_{i=1}^p \lambda_i^{(m)} u_i^{(m)} u_i^{(m)T}$ を $K^{(m)}$ の固有値分解を p で打ち切って得られるランク p 近似とすると

$$\tilde{K}_p = K_{n,m} K_p^{(m)\dagger} K_{m,n}$$

と書くこともできる．ここで $K_p^{(m)\dagger}$ は Moore-Penrose 一般化逆行列，すなわち $K_p^{(m)\dagger} = \sum_{i=1}^p \frac{1}{\lambda_i^{(m)}} u_i^{(m)} u_i^{(m)T}$ であり，$K_{n,m}$ は K の第 m 列までをとった $n \times m$

行列である．

$K^{(m)}$ の固有値分解に $O(m^3)$ の計算量，$\tilde{\lambda}_i^{(n)}$ の計算に $O(nm)$ かかることに注意すると，式 (3.27) から，Nyström 近似を得るための計算量は $O(m^3+pmn)$ である．Nyström 近似をグラム行列の低ランク近似に使う上記の方法は Williams and Seeger (2001) で提案された．Drineas and Mahoney (2005) は類似の方法に関して近似精度の議論を行っている．

次に**不完全 Cholesky 分解** (incomplete Cholesky factorization[*8]) を説明する．まず通常の Cholesky 分解を復習しよう[*9]．$n \times n$ 半正定値行列 A の Cholesky 分解は，非負の対角成分を持つ下半三角行列 R による

$$A = RR^T$$

という分解である．A のランクが r のとき，ある置換行列 P があって，

$$PAP = RR^T, \quad R = \begin{pmatrix} R_{11} & 0 \\ R_{21} & 0 \end{pmatrix} \quad (R_{11} \text{ は対角成分が正の } r \times r \text{ 下半三角行列})$$

と分解することができる．またこのような分解は一意に定まる．

Cholesky 分解はガウスの掃き出し法の別表現に他ならない．簡単のため A が非特異の場合を考えると，

$$A = \begin{pmatrix} \alpha & b^T \\ b & K \end{pmatrix} \quad (\alpha \in \mathbb{R}, b \in \mathbb{R}^{n-1})$$

とおくとき，ガウスの掃き出し法の第一段階は

$$A = \begin{pmatrix} \sqrt{\alpha} & 0 \\ b/\sqrt{\alpha} & I_{n-1} \end{pmatrix} \begin{pmatrix} 1 & 0 \\ 0 & K - \frac{bb^T}{\alpha} \end{pmatrix} \begin{pmatrix} \sqrt{\alpha} & b^T/\sqrt{\alpha} \\ 0 & I_{n-1} \end{pmatrix}$$

とみなすことができる (左右両行列の逆行列が掃き出しに用いる行列になる)．A が非特異の場合は $K - bb^T/\alpha$ も (狭義) 正定値となり，この操作を順次繰り返していくと，結局 $A = RI_nR^T$ において R は下半三角となる．A が特異な場合は，対角成分のなかで非零なものを探して置換を行って掃き出すため，置換後の行列

[*8] 文献 Fine and Scheinberg (2001) で incomplete Cholesky factorization と呼ばれているので，以降カーネル法の分野ではその名で呼ばれることが多いが, incomplete Cholesky factorization はスパース行列に対するスパースな Cholesky 分解の意味で使われることが多い (Golub and Loan, 1996, Sec.10.3.2) ので注意を要する．

[*9] 詳細は例えば Golub and Loan (1996, Sec.4.2) 参照．

3.6 グラム行列の低ランク近似

A: $n \times n$ 半正定値行列. ε_{tol}: 終了条件のしきい値.

(1) 初期化: $i = 1$. R は空行列. $A' = A$. $P = I_n$. $R_{jj} = A_{jj}$ ($1 \leq j \leq n$)

(2) もし $\sum_{j=i}^{n} R_{jj} < \varepsilon_{tol}$ であれば終了. そうでなければ (3) へ進む.

(3) $j^* = \arg\max_{j=i,\ldots,n} R_{jj}$ とおく.

(4) 置換を行う: $P_{ii} = 0, P_{j^*j^*} = 0, P_{ij^*} = 1, P_{j^*i} = 1$. A' の i 行と j^* 行, i 列と j^* 列を置換. $R_{i,1:i}$ と $R_{j^*,1:i}$ を置換.

(5) $R_{ii} = \sqrt{A'_{ii}}$.

(6) R の第 i 列の計算:
$$R_{i+1:n,i} = \frac{1}{R_{ii}}\left(A'_{i+1:n,i} - \sum_{k=1}^{i-1} R_{i+1:n,k} R_{ik}\right).$$

(7) 対角成分の更新: $R_{jj} = A'_{jj} - \sum_{k=1}^{i} R_{jk}^2$ ($i+1 \leq j \leq n$)

(8) $i = i+1$ として (2) へ戻る.

$n \times (i-1)$ 行列 R と置換行列 P を返す.

図 3.8 不完全 Cholesky 分解のアルゴリズム. アルゴリズム中では行列 M に対し, $M_{i:j,k:\ell}$ によって部分行列 $(M_{ab})_{a=i,\ldots,j;b=k,\ldots,\ell}$ を表している.

に対して Cholesky 分解が一意に定まる.

不完全 Cholesky 分解は, 上記の Cholesky 分解を途中まで行うことによって行列 A の低ランク近似を得る方法である. アルゴリズムを図 3.8 に示した. このアルゴリズムでは, 上で述べた掃き出し法とは異なる原理に基づいて計算を行っている. $A = RR^T$ のとき, R が下半三角であることに注意すると

$$A_{ij} = \sum_{k=1}^{j} R_{ik} R_{jk} \qquad (1 \leq j \leq i \leq n)$$

であるので

$$R_{ij} = \frac{A_{ij} - \sum_{k=1}^{j-1} R_{ik} R_{jk}}{R_{jj}} \qquad (j+1 \leq i \leq n)$$

を得る. 分子に現れるのは R_{ik} ($1 \leq k \leq j-1$) なので列に関して逐次的な計算が可能である.

また, このアルゴリズムでは誤差の評価が可能である. i 回目の掃き出しで得られる $n \times i$ 行列を R^i とおくとき, $A - R^i R^{iT}$ は半正定値行列なので, 例えば

Tr$[A - R^i R^{iT}]$ によって近似精度を評価できる．図 3.8 のアルゴリズムではこの量が ε_{tol} を下回ったところで終了している．アルゴリズム中では R_{jj} ($i+1 \leq j \leq n$) に $A - R^i R^{iT}$ の対角成分を格納している．ステップ (6) に要する計算量は $O(ni)$ であるので，最終的にランク m までの更新が行われたとすると，計算量は $O(m^2 n)$ である．またメモリーは $O(mn)$ で済む．

3.7 さまざまなカーネル法

ここまで，カーネル法の例として，カーネル PCA，カーネルリッジ回帰，カーネル CCA，カーネル Fisher 判別分析，SVM をみてきたが，カーネル法は基本的に線形手法のカーネル化によって得られるので，他にもさまざまな方法が提案されている．ここでそれらを簡単に紹介する．

- **カーネル K-means クラスタリング**　　K-means クラスタリングとは，N 個のデータを K 個のクラスタ $C_1, \ldots, C_K$ に分割する方法である．$\mathbb{R}^m$ のデータ $\{X_i\}_{i=1}^N$ に対して，シード点 $\{z_a\}_{a=1}^K$ を用意し，データ X_i に最も近いシード点が Z_a であるとき $X_i \in C_a$ とする．シード点は

$$\sum_{a=1}^K \sum_{i: X_i \in C_a} \|X_i - z_a\|^2$$

が最小になるように，繰り返し法によって求める．

　　K-means クラスタリングは距離の計算ができれば適用可能なので，再生核ヒルベルト空間に変換したデータに拡張することが可能であり，カーネル K-means クラスタリングと呼ばれる (Dhillon et al., 2004)．

- **カーネル PLS**　　回帰分析の一つの方法に PLS 回帰 (partial least square regression, Wold, 1966) がある．これは，m 次元説明変数 X から Y への線形回帰を行う際に，Y との相関が高くなるような X の部分空間へデータを射影し，射影されたデータによって Y の線形回帰を行う方法である．説明変数が共線性を持っている場合に有効であり，計量化学分野でよく用いられる．PLS 回帰に対するカーネル化が Rosipal and Trejo (2001) により提案されている．

- **サポートベクター回帰** (support vector regression, SVR)　　サポートベクターマシンは識別問題のための方法であるが，連続値をとる応答変数の場合

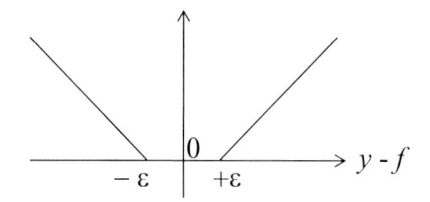

図 3.9 ε-不反応損失関数.

にも拡張されており，サポートベクター回帰 (Vapnik, 1995, Chapter 5) と呼ばれる．SVR では，線形関数 $f(x;w,b) = w^T x + b$ をモデルとし，損失関数として ε-不反応損失 (ε-insensitive loss)

$$\ell_\varepsilon(y,f) = \max\{|y-f|-\varepsilon, 0\}$$

(図 3.9 参照) を用いて

$$\frac{1}{2}\|w\|^2 + C\sum_{i=1}^{N}\ell_\varepsilon(Y_i, f(X_i;w,b))$$

を最小化する $f(x;w,b)$ を解として用いる．この最小化問題も SVM 同様 2 次計画として数値的に解くことができる．また，カーネル化もまったく同様である．

- **カーネルロジスティック回帰**　線形判別の手法のひとつにロジスティック回帰がある．2 値判別の場合には，損失関数として

$$\ell(y,f) = \log(1+\exp(-yf))$$

を用いることに相当する．これをカーネル化することによりカーネルロジスティック回帰が提案されている (Roth, 2001; Zhu and Hastie, 2002; 田邉, 2003). ロジスティック回帰は判別の際に確率を直接扱うことができ，また多クラスへの拡張も容易であるなどの利点がある．一方，目的関数は凸であるが 2 次計画などの簡単な形にはならないため，共役勾配法などが必要となり，データ数が多いと最適化の計算量が増大するという困難が生じる．これに対し，4 章で述べる，SVM に対する高速化アルゴリズム SMO と類似の高速化も提案されている (Keerthi et al., 2005).

- **サポートベクターマシンの発展**　SVM に関連した判別や回帰の方法は数多く提案されている．網羅的に述べるのは本書では到底無理であるが，代表

的なものとして，通常の SVM のパラメータ C を別のパラメータ ν で置き換えた ν-SVM (Schölkopf et al., 2000) がある．パラメータ ν はマージン誤差の上界やサポートベクターの割合の下限を陽に与えることができるため，便利な場合がある．また，データ分布の密度が高い部分を探す問題を SVM の類似問題として定式化した，1 クラス SVM なども提案されている (Schölkopf et al., 2001)．

3.8 カーネル法の性質

ここでカーネル法の一般的な性質をまとめておこう．

- カーネル法はデータの非線形性や高次モーメントを扱うためのデータ変換の方法論である．
- 高次モーメントを取り込むための非線形変換はさまざまなものが考えられ，データから 2 次，3 次と高次モーメントを直接構成したり，三角関数など非線形な基底関数で変換することも可能である．しかしながら，もとの空間の次元が高いと，これらの方法では変換後のベクトルが非常に高い次元を持ち，計算量に多大な困難を生じる．カーネル法は，計算効率を重視した変換を定める点に利点がある．
- 正定値カーネルの定める特徴写像によって変換されたデータの間の内積は，正定値カーネルの値の評価によって計算が可能である (カーネルトリック)．これにより，多くの線形手法の再生核ヒルベルト空間上への拡張が，グラム行列を用いた計算によって実行可能である．
- 再生核ヒルベルト空間は無限次元のこともあるが，多くの場合，データの張る部分空間の元で解が与えられることが示され (Representer 定理)，データ数の次元の問題に還元される．
- グラム行列はデータ数のサイズの行列であるため，カーネル法に必要な計算量は基本的にデータ数に依存し，もとの空間の次元には陽に依存しない．これは高次元のデータを扱う際に利点となる．一方，データ数が非常に大きい (例えば数万以上) と計算量を削減するため低ランク近似などの工夫が必要となる．
- 正定値カーネルは任意の集合上に定義可能であり，いったん正定値カーネル

が与えられればどのようなタイプのデータに対しても同じ方法論が適用可能である．7 章でみるように，グラフ，ストリングなどのデータに対しても既存のデータ解析手法の拡張が可能である．

3.9 カーネルの選択

正定値カーネルはデータの特徴ベクトルを決めるので，構成した方法の性能はその選択に大きく依存する．そのため，正定値カーネルの選択は重要なモデル選択の問題である．以下ではその一般的なガイドラインを述べよう．

3.9.1 構造化データに対するカーネル

正定値カーネルは任意の集合上に定義できるので，ユークリッド空間に限らずさまざまな集合上のデータに応用可能である．特にシンボル列や代数構造など特定の構造を持ったデータに対しては，その構造を反映した正定値カーネルを用いるほうが，より特徴を捉えた解析が期待できる．このような非ユークリッド的な構造を持ったデータを**構造化データ**と呼ぶことがある．構造化データに対する正定値カーネルについては 7 章で詳しく論じる．

3.9.2 教師あり学習に対するクロスバリデーション

SVM などの識別や回帰の問題のことを，応答変数 Y_i を X_i に対して正解を与える教師とみなして**教師あり学習** (supervised learning) と呼ぶことがある．教師あり学習の問題におけるカーネルの選択は，クロスバリデーションを用いることが多い．

クロスバリデーション (cross-validation, CV) は，教師あり学習アルゴリズムが持つハイパーパラメータ (アルゴリズムの外的変数) を適切に決めるための方法である．SVM の例では，制約の破れに対する係数 C や，カーネルに含まれるパラメータ (ガウス RBF カーネルの σ など) がハイパーパラメータにあたる．

いま，損失関数 $\ell(y, f)$ によって定義される期待損失[*10)]

$$E[\ell(Y, f(X))]$$

[*10)] 損失による学習の評価に関する一般論は 5 章で述べる．

を小さくすることを目的とする問題を考える．例えば2値識別問題の場合，$y = f$ ならば $\ell(y, f) = 0$，$y \neq f$ ならば $\ell(y, f) = 1$ と設定すると，期待損失は誤識別率の期待値を表す．データから最適な f を得る方法を固定し，ハイパーパラメータ（まとめて λ とおく）を決めたとき，データ $D = \{(X_1, Y_1) \ldots, (X_N, Y_N)\}$ に対して得られる関数 $\widehat{f}$ を $\widehat{f}_\lambda$ で表そう．いま，D から第 k 番目のデータ (X_k, Y_k) を除いたデータを $D^{[-k]}$ とするとき，$D^{[-k]}$ によってアルゴリズムが与える結果を $\widehat{f}_\lambda^{[-k]}$ と書く．leave-one-out クロスバリデーション (LOOCV) は，ハイパーパラメータ λ のもとでの期待損失を

$$\frac{1}{N} \sum_{k=1}^{N} \ell(Y_k, \widehat{f}_\lambda^{[-k]}(X_k)) \tag{3.28}$$

によって推定する方法である．グリッドサーチなどにより候補となるすべての λ に関して式 (3.28) を計算し，最小値を与えるハイパーパラメータを用いる．

LOOCV では候補の各 λ に対してデータ数 N だけ $\widehat{f}_\lambda^{[-k]}$ を求める必要があり，計算上の困難が生じることがある．そこで，データを K 分割し，第 k 番目のグループ D_k 以外のデータを用いた結果を $f_\lambda^{(-k)}$ とするとき，

$$\frac{1}{K} \sum_{k=1}^{K} \frac{1}{|D_k|} \sum_{i \in D_k} \ell(Y_i, f_\lambda^{(-k)}(X_i))$$

によって期待損失を推定することもよく行われる．これは **K-fold** クロスバリデーションと呼ばれる．

3.9.3　教師なし学習に対するカーネル選択

教師なし学習 (unsupervised learning) とは，回帰や識別とは異なりデータ解析の目的が Y_i と $f(X_i)$ の損失として表現できないような問題で，例えば主成分分析や正準相関分析などがこれにあたる．このような場合クロスバリデーションを用いることができないため，カーネル PCA やカーネル CCA など，このクラスの問題に対するカーネル法においては，カーネル選択に関する汎用的な方法で理論的に性能が保証されたものがないのが現状であり，さらなる研究が期待される．

ただし，カーネル法の応用に依存してカーネルを適切に選択することは可能である．例えば，カーネル PCA を識別や回帰の事前の次元削減として用いる場合，最終的な識別や回帰の性能を高めるようにカーネルを選択するのがよく，クロスバリデーションが適用できる．

3.9.4 その他の方法

正定値カーネルを最適化する方法として,正定値カーネルの族の上にさらに正定値カーネルを定義するハイパーカーネルという方法が提案されている (Ong et al., 2005). この方法では,$\mathcal{X}$ 上の実数値正定値カーネル $k(x,y)$ を対称な 2 変数関数とみて,$H((x,y),(x',y')) = H((y,x),(x',y'))$ を満たす $\mathcal{X}\times\mathcal{X}$ 上の正定値カーネル(ハイパーカーネル)$H((x,y),(x',y'))$ の定める再生核ヒルベルト空間を考え,この空間に属する対称な 2 変数関数の中から最適な正定値カーネルを求めようとする.この考え方は,統計的なモデル選択においてパラメータの上に事前確率をおくベイズ的アプローチと類似性があり興味深い.しかし,ハイパーカーネルの方法ではカーネルの最適化にデータ数の 2 乗個のパラメータによる最適化問題を解く必要があり,計算は容易とはいえない.

また,いくつかの異なる正定値カーネルの線形結合や凸結合によって新しい正定値カーネルを定め,その結合係数を最適化する Multiple Kernel Learning (MKL) というアプローチも研究されている (Lanckriet et al., 2004). この方法では正則化項のタイプによってはスパースな結合を実現することも可能であり,変数選択の方法としても興味深い.しかしながら,MKL に要する最適化の計算も容易でないことが多く,本書執筆時点でもさまざまな研究が活発に進展中である.

3 章のまとめと文献

本章では,さまざまな具体的なカーネル法を紹介した.教師なし学習としてカーネル主成分分析とカーネル正準相関分析を,教師あり学習として,1 章で紹介したカーネルリッジ回帰に加えてカーネル Fisher 判別分析およびサポートベクターマシンを紹介した.

有限次元ユークリッド空間で定義されるさまざまなデータ解析手法をカーネル化する方法は一貫しており,そのポイントは 2 つある.第 1 は,正定値カーネルを用いてデータを再生核ヒルベルト空間に写像することであり,第 2 は,写像されたデータに対して線形手法を適用するときに,データの張る有限次元部分空間で最適解が構成されるため,有限次元の問題に帰着される点である.後者は,Representer 定理として一般的に定式化することが可能である.

カーネル法のさまざまな方法を扱った成書は多くあるが,最も代表的なもの

は Schölkopf and Smola (2002) である．Shawe-Taylor and Cristianini (2004) はやや理論的であるが，さまざまな方法が統一的な観点から解説されている．また赤穂 (2008) にはサポートベクター回帰や ν-SVM，カーネル K-means クラスタリングなど，本書では詳しく触れなかった方法についても解説されている．また最近は更新が頻繁ではないが，カーネル法に関するポータルサイト http://www.kernel-machines.org/ からはさまざまなソフトウェアやチュートリアル論文がダウンロード可能である．

また，3.9 節で述べたクロスバリデーションは統計全般に関連する重要な方法であるが，本書では簡単にしか触れられなかった．より詳しい解説は Hastie et al. (2001, Section 7.10) などをみていただきたい．

3.4.2 項で説明した正則化に関しても，本書では詳しく述べることができなかった．この話題に関しては，例えば赤穂 (2008, 7 章) や Hastie et al. (2001, Chap.5) にコンパクトな解説がある．また Ramsay and Silverman (2006, Chap.5) ではスプライン平滑化と関連づけて正則化が解説されている．データ解析に限らない一般の不良設定問題に対する正則化に関しては Engl et al. (2000) をお勧めする．

chapter 4

サポートベクターマシン

SVM はカーネル法の代表的方法であり，カーネル法の研究が盛んとなる牽引役ともなった．そこで本章では SVM に関して特に詳しい議論を行う．SVM の最適化の双対問題を紹介し，「サポートベクター」について解説する．また，実際的な最適化の技法として Sequential Minimal Optimization (SMO) を紹介する．さらに多クラス問題や構造化出力への拡張に関して述べる．

なお，本節では凸最適化に関する概念を断りなく用いる．本節を理解するうえで必要な基本事項は付録 B にまとめてあるので必要に応じて参照してほしい．

4.1 サポートベクターマシンの最適化

4.1.1 双対問題とサポートベクター

凸最適化においては主問題とともに双対問題を考えることにより問題が解きやすくなることが多い．以下で SVM の双対問題を導こう．

a. サポートベクターマシンの双対問題

以下では $K_{ij} = k(X_i, X_j)$ と表す．3.4 節では次の主問題を導いた．

サポートベクターマシンの主問題

$$\min_{w_i, b, \xi_i} \frac{1}{2} \sum_{i,j=1}^{N} w_i w_j K_{ij} + C \sum_{i=1}^{N} \xi_i$$

$$\text{subject to} \quad \begin{cases} Y_i \left(\sum_{j=1}^{N} K_{ij} w_j + b \right) \geq 1 - \xi_i & (\forall i), \\ \xi_i \geq 0 & (\forall i). \end{cases}$$

後に示すように，これに対する双対問題は以下のように与えられる．

サポートベクターマシンの双対問題

$$\max_{\alpha} \sum_{i=1}^{N} \alpha_i - \frac{1}{2} \sum_{i,j=1}^{N} \alpha_i \alpha_j Y_i Y_j K_{ij} \quad \text{subject to} \quad \begin{cases} 0 \le \alpha_i \le C \quad (\forall i), \\ \sum_{i=1}^{N} \alpha_i Y_i = 0. \end{cases} \quad (4.1)$$

双対問題も 2 次計画であるが，最後の等式制約以外の制約条件は各変数 α_i の区間制約であり，主問題における不等式制約に比べて単純な形を持ち，数値的に解くことが容易である．

主問題から双対問題を導こう．双対問題は Lagrange 双対関数 (B.3.1 項) の最大化問題として与えられる．SVM の主問題に対する Lagrange 双対関数は

$$g(\alpha, \beta) = \min_{w,b,\xi} L(w, b, \xi, \alpha, \beta) \quad (4.2)$$

ただし $\alpha_i \ge 0, \beta_i \ge 0$,

$$L(w, b, \xi, \alpha, \beta) = \frac{1}{2} \sum_{i,j=1}^{N} w_i w_j K_{ij} + C \sum_{i=1}^{N} \xi_i$$
$$+ \sum_{i=1}^{N} \alpha_i \Big\{ 1 - Y_i \Big(\sum_{j=1}^{N} w_j K_{ij} + b \Big) - \xi_i \Big\} + \sum_{i=1}^{N} \beta_i (-\xi_i)$$

により定義される．ここで式 (4.2) は制約なしの最小化問題であるので，その最適解 (w^*, b^*, ξ^*) は微分を実行することにより

$$\nabla_w : \quad \sum_{j=1}^{N} K_{ij} w_j^* - \sum_{j=1}^{N} \alpha_j Y_j K_{ij} = 0 \quad (\forall i),$$

$$\nabla_b : \quad \sum_{j=1}^{N} \alpha_j Y_j = 0,$$

$$\nabla_\xi : \quad C - \alpha_i - \beta_i = 0 \quad (\forall i)$$

を満たす．これらの関係式を用いると

$$\frac{1}{2} \sum_{i,j=1}^{N} w_i^* w_j^* K_{ij} = \frac{1}{2} \sum_{i,j=1}^{N} \alpha_i \alpha_j Y_i Y_j K_{ij},$$

$$\sum_{i=1}^{N} \alpha_i \Big\{ 1 - Y_i \Big(\sum_{j=1}^{N} K_{ij} w_j^* + b^* \Big) \Big\} = \sum_{i=1}^{N} \alpha_i - \sum_{i,j=1}^{N} \alpha_i \alpha_j Y_i Y_j K_{ij}$$

が得られ，$C - \alpha_i - \beta_i = 0$ と合わせると，Lagrange 双対関数は

$$g(\alpha, \beta) = L(w^*, b^*, \xi^*, \alpha, \beta) = \sum_{i=1}^{N} \alpha_i - \frac{1}{2} \sum_{i,j=1}^{N} \alpha_i \alpha_j Y_i Y_j K_{ij}$$

と書き直される．また β_i を消去すると $\alpha_i \ge 0, \beta_i \ge 0$ の条件は $0 \le \alpha_i \le C$ ($\forall i$) と表される．以上により式 (4.1) の表示を得る．

b. KKT 条件とサポートベクター

付録 B.3.2 項で述べたように，微分可能な目的関数を持つ凸最適化問題の解の必要十分条件は **Karush-Kuhn-Tucker (KKT) 条件**によって与えることができる．定理 B.10 を式 (4.1) に適用することにより，SVM に対する KKT 条件が以下のように求められる．

命題 4.1 (SVM の KKT 条件)　　$(w_i^*, b^*, \xi_i^*), (\alpha_i^*, \beta_i^*)$ がそれぞれ SVM の主問題と双対問題の解であって強双対性が成り立つことと，以下の各式が成り立つこととは同値である．ここで $h^*(x) = \sum_{i=1}^N w_i^* k(x, X_i) + b^*$ とおく．

(1)　$1 - Y_i h^*(X_i) - \xi_i^* \leq 0 \quad (\forall i)$,
(2)　$-\xi_i^* \leq 0 \quad (\forall i)$,
(3)　$\alpha_i^* \geq 0, \quad (\forall i)$,
(4)　$\beta_i^* \geq 0, \quad (\forall i)$,
(5)　$\alpha_i^* (1 - Y_i h^*(X_i) - \xi_i^*) = 0 \quad (\forall i)$　　　[相補性条件],
(6)　$\beta_i^* \xi_i^* = 0 \quad (\forall i)$　　　[相補性条件],
(7)　$\nabla_w : \quad \sum_{j=1}^N K_{ij} w_j^* - \sum_{j=1}^N \alpha_j^* Y_j K_{ij} = 0$,
　　　$\nabla_b : \quad \sum_{j=1}^N \alpha_j^* Y_j = 0$,
　　　$\nabla_\xi : \quad C - \alpha_i^* - \beta_i^* = 0 \quad (\forall i)$.

上の KKT 条件を用いて，SVM の与える識別関数がデータ集合の部分集合である「サポートベクター」のみで表現できることを示そう．この事実がサポートベクターマシンの語源である．まず KKT 条件 (7) の第 1 式を用いると，解は

$$h^*(x) = \sum_{i=1}^N \alpha_i^* Y_i k(x, X_i) + b^* \quad (4.3)$$

の形で書ける．また KKT 条件 (7) の第 3 式により $\beta_i^* = C - \alpha_i^*$ であるので，(5),(6) の相補性条件は

$$\alpha_i^* (1 - Y_i h^*(X_i) - \xi_i^*) = 0 \quad (\forall i), \quad (4.4)$$

$$(C - \alpha_i^*) \xi_i^* = 0 \quad (\forall i) \quad (4.5)$$

と表すことができる．(3),(4) より $0 \leq \alpha_i^* \leq C$ であるが，各 $i = 1, \ldots, N$ に対し，α_i^* の値に従ってデータと識別平面の位置関係は次の 3 つの場合に分かれる．

- $\alpha_i^* = 0$ の場合．式 (4.5) より $\xi_i^* = 0$ なので，KKT 条件 (1) から

$$Y_i h^*(X_i) \geq 1.$$

これは，データ点 X_i が h^* によって十分識別されていることを意味する．
- $0 < \alpha_i^* < C$ の場合．上と同じく $\xi_i^* = 0$ であるが，さらに式 (4.4) より

$$Y_i h^*(X_i) = 1$$

を得る．すなわち X_i はマージンを定める超平面上に存在する．
- $\alpha_i^* = C$ の場合．式 (4.4) により

$$Y_i h^*(X_i) \leq 1$$

を得る．すなわち，X_i はマージンを定める超平面の内側ないしは誤識別の領域に存在する．

式 (4.3) からわかるように，解の表現に使われる X_i は第 2，第 3 のケースから生じる．すなわち，h^* によって誤識別されている X_i と，正しく識別されているがマージンを定める超平面上または誤りに近い側に存在する X_i のみによって h^* は表現される．これらのデータ点のことを**サポートベクター**と呼ぶ (図 4.1)．

一般に最適解がデータの一部だけで表現されることを**スパース表現**と呼ぶことがある．これは 1 章で述べたカーネルリッジ回帰と対比して考えると理解しやすい．SVM とリッジ回帰の識別関数はともに

$$h(x) = \sum_i \alpha_i Y_i k(x, X_i) + b$$

と表現される．カーネルリッジ回帰では一般に最適な h の表現にすべてのデータ点が必要であるのに対し，SVM ではサポートベクターに対応するデータ点のみで表現される．

ところで，式 (4.1) の双対問題では α_i のみが求まるため，閾値 b を別途求める必要がある．上で述べたように $0 < \alpha_i^* < C$ を満たす任意の i に対して $Y_i \left(\sum_j k(X_i, X_j) Y_j \alpha_j^* + b^* \right) = 1$ が成り立つので，両辺に Y_i を掛ければ

$$b^* = Y_i - \sum_j \alpha_j^* k(X_i, X_j) Y_j$$

である．そこで，$0 < \alpha_i^* < C$ なるすべての i に対して右辺の値を求め，それらの平均により b^* を定めるのがひとつの方法である．

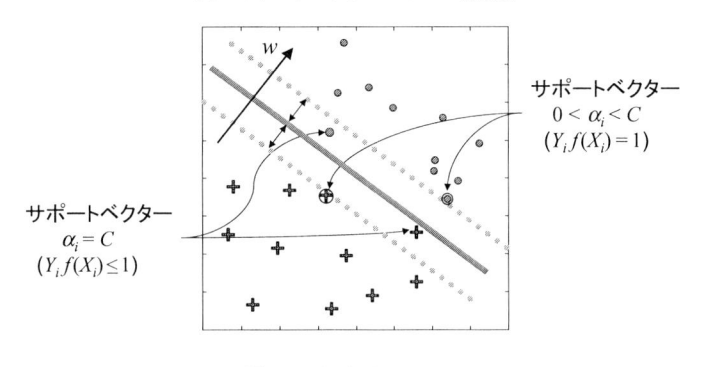

図4.1 サポートベクター

4.1.2 効率的な解法

ここまで, SVM のパラメータ最適化は2次計画問題であり, 標準的パッケージを用いて数値解が得られることを解説した. しかしながら, 最適化すべき変数はデータ数だけあり, データ数が数千, 数万など大きい場合には実用的な時間で解が得られないことが多い. そこで効率化の工夫として, 変数の部分集合に制約した部分問題を繰り返し解いていく Chunking (Vapnik, 1982) や Osuna の方法 (Osuna et al., 1997), および Osuna の方法に基づいて最小規模の問題を繰り返し解く **Sequential Minimal Optimization** (SMO, Platt, 1999) などが提案されている. また SVM のソフトウェアのひとつである SVM^{light} (http://svmlight.joachims.org/) では, いくつかの発見的工夫を組み合わせて効率的な最適化を行っている. 以下では最も代表的な SMO について解説する.

a. Sequential Minimal Optimization (SMO)

SMO は, 2つの変数 (α_i, α_j) を選び, 他の変数を固定して2変数の2次計画問題を解くという手続きを繰り返す方法である. 各ステップにおいて2個の変数を選ぶためには KKT 条件に基づく基準が用いられる. 後で示すように, SVM に対する KKT 条件 (命題 4.1) は以下と同値である.

(i) $\sum_{i=1}^{N} Y_i \alpha_i^* = 0$,

(ii) 各 i に対して，次のいずれかが成立

$$\begin{cases} \alpha_i^* = 0 \text{ かつ } Y_i f^*(X_i) \geq 1 & (\text{このとき } \xi_i^* = 0) \\ 0 < \alpha_i^* < C \text{ かつ } Y_i f^*(X_i) = 1 & (\text{このとき } \xi_i^* = 0) \\ \alpha_i^* = C \text{ かつ } Y_i f^*(X_i) \leq 1 & (\text{このとき } \xi_i^* = 1 - Y_i f^*(X_i)) \end{cases}$$
(4.6)

これからわかるように，(ii) は各 α_i に関する条件として表現できる．そこで変数を選択するために，各 α_i に対して (ii) の条件が満たされるかどうかを調べ，少なくとも一方が条件を満たさない組 (i, j) を次の最適化変数として選ぶ．実装の詳細に関しては Platt (1999) をみていただきたい．

次に，選ばれた 2 変数 (α_i, α_j) に対して SVM の目的関数を最適化する．簡単のため $(i, j) = (1, 2)$ としよう．このとき制約条件は

$$\alpha_1 + s_{12}\alpha_2 = \gamma, \qquad 0 \leq \alpha_1, \alpha_2 \leq C$$

と書ける．ここで $s_{12} = Y_1 Y_2$ と $\gamma = \sum_{\ell \geq 3} Y_1 Y_\ell \alpha_\ell$ は 2 変数の最適化においては定数である．さらに目的関数は

$$\alpha_1 + \alpha_2 - \frac{1}{2}\alpha_1^2 K_{11} - \frac{1}{2}\alpha_2^2 K_{22} - s_{12}\alpha_1\alpha_2 K_{12}$$
$$- Y_1\alpha_1 \sum_{j \geq 3} Y_j \alpha_j K_{1j} - Y_2\alpha_2 \sum_{j \geq 3} Y_j \alpha_j K_{2j} + (\alpha_1, \alpha_2 \text{ によらない項})$$

と表現できる．これからわかるように，(α_1, α_2) に関する最適化は，区間制約のもとで 1 変数の 2 次関数を最小化する問題に還元される．解の具体形は省略するが，この最小化は陽に求めることが可能である．この SMO によって SVM は数千以上の大きいデータ数の問題にも適用可能となる．

b. サポートベクターマシンの KKT 条件再論

式 (4.6) の条件を導いておこう．KKT 条件 (7) の第 1,3 式を用いると，

$$\beta_i^* = C - \alpha_i^* \quad (\forall i), \qquad \sum_{j=1}^{N} K_{ij} w_j^* = \sum_{j=1}^{N} \alpha_j^* Y_j K_{ij} \quad (\forall i)$$

を得る．これらにより β_i^*, w_i^* を消去すると，条件 (4),(6) はそれぞれ $\alpha_i^* \leq C$，$\xi_i^*(C - \alpha_i^*) = 0 \ (\forall i)$ に同値である．したがって，KKT 条件は

(a) $1 - Y_i f^*(X_i) - \xi_i^* \leq 0 \quad (\forall i)$,
(b) $\xi_i^* \geq 0 \quad (\forall i)$,
(c) $0 \leq \alpha_i^* \leq C \quad (\forall i)$,
(d) $\alpha_i^*(1 - Y_i f^*(X_i) - \xi_i^*) = 0 \quad (\forall i)$,
(e) $\xi_i^*(C - \alpha_i^*) = 0 \quad (\forall i)$,
(f) $\sum_{i=1}^{N} Y_i \alpha_i^* = 0$

と同値である．さらに以下の場合分けにより ξ_i^* を消去することができる．

- $\alpha_i^* = 0$ の場合： (e) により $\xi_i^* = 0$．したがって (a) から $Y_i f^*(X_i) \geq 1$．
- $0 < \alpha_i^* < C$ の場合： (e) により $\xi_i^* = 0$．ゆえに (d) から $Y_i f^*(X_i) = 1$．
- $\alpha_i^* = C$ の場合： (b),(d) により $\xi_i^* = 1 - Y_i f^*(X_i) \geq 0$．

以上により KKT 条件は式 (4.6) の条件と同値であることがわかる．

4.2 サポートベクターマシンの拡張

オリジナルの SVM は 2 クラス識別のみに適用可能であるが，多クラスの識別や構造化出力の問題など，さらに一般の識別問題にも拡張がなされている．

4.2.1 多クラス識別問題へのサポートベクターマシンの拡張

多クラスの識別では，クラスラベルを $Y \in \{1, 2, \ldots, L\}$ によって表し，$(X_1, Y_1), \ldots, (X_N, Y_N)$ を (X, Y) のサンプルとするとき，誤識別がなるべく少なくなるよう識別関数 $h : \mathcal{X} \to \{1, 2, \ldots, L\}$ を構成する．

SVM を多クラスの識別問題に適用する方法には，大きく分けて 2 通りの方針がある．ひとつはマージン最大化基準を多クラスに拡張することにより，SVM の多クラス版を構成する．もうひとつは，多クラス識別問題を複数の 2 クラス識別問題に分割し，それぞれの識別問題を通常の SVM によって解き，最終的に結果をまとめることによって多クラス識別を行う．

4.2.2 多クラスサポートベクターマシン

まず SVM の多クラスへの拡張について述べよう．SVM や類似のマージン最大化識別器を多クラスに拡張する試みは，Weston and Watkins (1998), Crammer and Singer (2001), Mangasarian and Musicant (2001), Bredensteiner and

Bennett (1999), Lee et al. (2004) などさまざまなものがある．また，マージン最大化基準とは異なるが，カーネル Fisher 判別分析やカーネルロジスティック回帰はもともと多クラス識別に適用可能である．

以下では SVM^{light} に実装されている Crammer and Singer (2001) の方法を簡単に紹介しよう．ここではユークリッド空間 $\mathbb{R}^m$ のデータに対する線形識別器について述べるが，そのカーネル化は 3 章で述べた方針により容易である．

L クラスの識別に対し，L 個の線形関数 $w_\ell^T x$ $(\ell = 1, \ldots, L)$ を用意し，

$$h(x) = \arg \max_{\ell=1,\ldots,L} w_\ell^T x$$

により L クラスの識別関数を構成する．$w_\ell^T x$ $(\ell = 1, \ldots, L)$ はクラス ℓ のスコアを表しており，最大スコアをとるクラスに識別する．以下では記法を簡単にするために，$w_\ell^T x + b_\ell$ ではなく $w_\ell^T x$ の形で考えるが，x のかわりに $(x^T, 1)^T$ を考えれば b_ℓ は w に含められるので，上の形で十分である．

L 個の線形関数 $w_\ell^T x$ に対し，データ点 (X_i, Y_i) のマージンを

$$\mathrm{Margin}_i = w_{Y_i}^T X_i - \max_{\ell \neq Y_i} w_\ell^T X_i$$

により定義する．このとき $W = (w_1, \ldots, w_L)$ がデータ (X_i, Y_i) を正しく識別することと $\mathrm{Margin}_i \geq 0$ とは同値である．マージン最大化を考える際には，2 クラス識別の場合と同様，すべてのデータが識別可能な場合には

$$w_{Y_i}^T X_i - w_\ell^T X_i \geq 1 \qquad (\ell \neq Y_i, \forall i)$$

の条件によりスケールを固定する．さらに $\xi_i \geq 0$ の導入によりソフトマージンに変換 (図 4.2 参照) すると，以下の最適化問題 (主問題) を得る．

$$\min_{W,\xi} \frac{\beta}{2}\|W\|^2 + \sum_{i=1}^N \xi_i \quad \text{subject to} \quad w_{Y_i}^T X_i + \delta_{\ell Y_i} - w_\ell^T X_i \geq 1 - \xi_i \quad (\forall \ell, i). \tag{4.7}$$

ここで，$\delta_{i,\ell}$ は Kronecker のデルタであり，$\ell = Y_i$ のとき制約 $\xi_i \geq 0$ になるようまとめた表現である．この最適化問題は 2 次計画となっている．

詳細は略すが双対問題は以下のように求められる．まず，Lagrange 双対関数は

$$L(W, \xi, \eta) = \frac{\beta}{2}\|W\|^2 + \sum_{i=1}^N \xi_i + \sum_{i=1}^N \sum_{\ell=1}^L \eta_{i\ell} \{(w_\ell - w_{Y_i})^T X_i - \delta_{\ell Y_i} + 1 - \xi_i\}$$

$(\eta_{i\ell} \geq 0, \forall \ell, i)$ の (W, ξ) に関する最小値として与えられる．微分式から

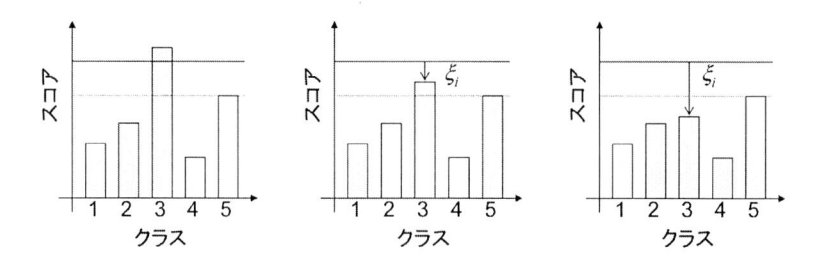

図 4.2 多クラスのマージン.クラス 3 が正解のクラスとする.左は正しく識別されている場合.中央は $0 \leq \xi_i \leq 1$ の場合で,クラス 3 が最大スコアをとっているがマージンは 1 以下である.右は $\xi_i \geq 1$ で誤識別をしているケース.

$\sum_{\ell=1}^{L} \eta_{i\ell} = 1$, $w_\ell = \beta^{-1} \sum_{i=1}^{N} (\delta_{Y_i\ell} - \eta_{i\ell}) X_i$ であるので,Lagrange 双対関数は $\eta_{i\ell}$ のみの関数として表現される.記法を簡単にするために $e_r = (0, \ldots, 1, \ldots, 0)^T \in \mathbb{R}^L$ (r 番目のみ 1 をとる) を用いて L 次元ベクトル変数 $\tau_i = e_{Y_i} - \eta_i$ ($\eta_i = (\eta_{i1}, \ldots, \eta_{iL})$) を導入すると,双対問題は

$$\min_{\tau} -\frac{1}{2} \sum_{i,j=1}^{N} (X_i^T X_j) \tau_i^T \tau_j + \beta \sum_{i=1}^{N} \tau_i^T e_{Y_i},$$

$$\text{subject to} \quad \tau_i \leq e_{Y_i}, \quad \sum_{\ell=1}^{L} \tau_{i\ell} = 1 \quad (\forall i) \quad (4.8)$$

で与えられる.τ^* をこの最適解とすると,識別関数は

$$h(x) = \arg\max_{\ell=1,\ldots,L} \sum_{i=1}^{N} \tau_{i\ell}^* (X_i^T x)$$

となる.$\eta_{i\ell} \geq 0$ かつ $\sum_\ell \eta_{i\ell} = 1$ に注意して,$\eta_i \neq e_{Y_i}$ であるとき (X_i, Y_i) をサポートパターンと呼ぶことにすると,識別関数はサポートパターンのみによって表現されていることがわかる.

式 (4.8) の双対問題は LN 個の変数を持つ.クラス数またはデータ数が大きいと 2 次計画を通常の方法で解くことは難しくなるため,特に多クラスの SVM に対しては効率的解法が重要な課題となる.Crammer and Singer (2001) では,各 i に対して τ_i のみを最適化する N 個の部分問題に分割し,各部分問題を不動点法によって解く方法が提案されている.

表 4.1 ECOC の符号の例. 4 クラスの識別を 6 個の
2 クラス識別問題に分割している.

class	f_1	f_2	f_3	f_4	f_5	f_6
C_1	-1	-1	-1	1	1	1
C_2	-1	1	1	-1	-1	1
C_3	1	-1	1	-1	1	-1
C_4	1	1	-1	-1	1	1

4.2.3 2 クラス識別器の組み合わせ

次に，2 クラスの識別器を組み合わせることによって多クラスの識別関数を構成する方法について述べる．この方法では，(1) 多クラス識別の問題をどのように 2 クラスに分割するか，(2) 2 クラス識別問題をどのように解くか，(3) 複数の識別器の出力をどのように組み合わせて識別関数を構成するか，の選択によってさまざまなバリエーションがある．(2) の 2 クラス識別器の方法としては，2 クラス識別に有効な SVM や AdaBoost などが有力な候補となる．以降では，(1) と (3) に対するアプローチをいくつか紹介する．

a. 2 クラス識別問題への分割法

多クラス識別を 2 クラス識別問題に分割するための主な方法には，one-vs-rest, one-vs-one, および ECOC (error correcting output code, Dietterich and Bakiri, 1995) がある．one-vs-rest では「クラス 1 対その他」,..., 「クラス L 対その他」の L 個の 2 クラス識別問題に分割する．one-vs-one では，任意の 2 つのクラスの組 (i, j) に対しクラス i 対クラス j の識別器を構成し，合計 $L(L-1)/2$ 個の 2 クラス識別問題を用いる．ECOC は一般の分割の仕方を許す方法で，合計 M 個の 2 クラス識別問題に分割するために，L 個の各クラスに対して M ビットの 2 値符号を割り当てる．M 個の各 2 クラス識別器は，L 個のクラスを $+1$ と -1 の符号に従って 2 つに分割し，その符号をクラスラベルとして識別器を構成する．表 4.1 は 4 クラスの識別問題を 6 個の 2 クラス識別問題に符号化する例を示している．また，one-vs-rest は ECOC の特別な例として実現可能であり，符号に 0 を許す (そのクラスは識別の対象としない) と one-vs-one も ECOC の一種と考えることができる (表 4.2).

b. 識別器の組み合わせ法

M 個の 2 値識別器 f_m ($1 \leq m \leq M$) が構成されたとき，データ x に対する出力 $(f_1(x), \ldots, f_M(x))$ から最終的なクラスを決定する必要がある．ECOC

表 4.2 4 クラス識別問題の符号. 左: one-vs-rest. 右: one-vs-one.

class	f_1	f_2	f_3	f_4	class	f_1	f_2	f_3	f_4	f_5	f_6
C_1	+1	-1	-1	-1	C_1	+1	+1	+1	0	0	0
C_2	-1	+1	-1	-1	C_2	-1	0	0	+1	+1	0
C_3	-1	-1	+1	-1	C_3	0	-1	0	-1	0	+1
C_4	-1	-1	-1	+1	C_4	0	0	-1	0	-1	-1

を用いた場合，クラスを決定するための代表的方法は Hamming 復号法である．これは，2 クラス識別の分割に用いた各クラスの符号と $(f_1(x), \ldots, f_M(x))$ との Hamming 距離が最も近いクラスを結果として選択する方法である．すなわち，クラス ℓ の ECOC 符号を $W_\ell = (W_{\ell 1}, \ldots, W_{\ell M})$ とするとき，

$$h(x) = \arg\max_\ell \sum_{a=1}^M W_{\ell a} f_a(x)$$

を識別関数に用いる．例えば，表 4.1 の ECOC 符号を 4 クラスの識別問題に用いた場合に，6 個の識別器の出力が $(-1, -1, -1, -1, +1, +1)$ であったとすると，最終的な識別結果はクラス 1 になる．

この他に，一対比較のモデルである Bradly-Terry モデルを用いた識別関数の構成 (Hastie and Tibshirani, 1998) が提案されている．これは，出力のパターンに対する確率モデルを導入するもので，各 2 クラス識別器が連続値を出力するような場合にも適用可能である．

4.2.4 構造化出力への拡張

クラス識別問題では識別関数の値はクラスを区別するラベルにすぎず，ラベル間に構造は入っていない．これに対し，応答変数 Y がラベル系列やツリーなどの構造を持つ場合には，その構造に応じた識別関数の構成が必要となる (図 4.3)．このような問題に対してもマージン最大化の考えに基づき SVM の拡張がなされている．代表的なものとして，自然言語処理への応用として，与えられた文に対して構文木を返す問題 (Collins, 2002)，汎用的な Markov ネットワークを応答変数とする回帰問題をマージン最大化によって解くもの (max margin Markov network, Taskar et al. (2004))，また，隠れ Markov モデルに対するマージン最大化基準によるアプローチ (Altun et al., 2003) などがある．

このようなアプローチでは，データ $(X_1, Y_1), \ldots, (X_N, Y_N) \in \mathcal{X} \times \mathcal{Y}$ に対し，$\mathcal{X} \times \mathcal{Y}$ 上の特徴写像 $\Phi: \mathcal{X} \times \mathcal{Y} \to \mathbb{R}^m$ を用意し (ここでは特徴ベクトルは $\mathbb{R}^m$

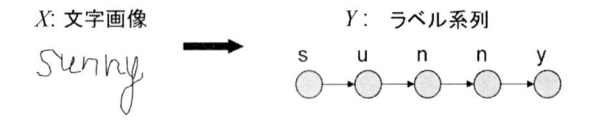

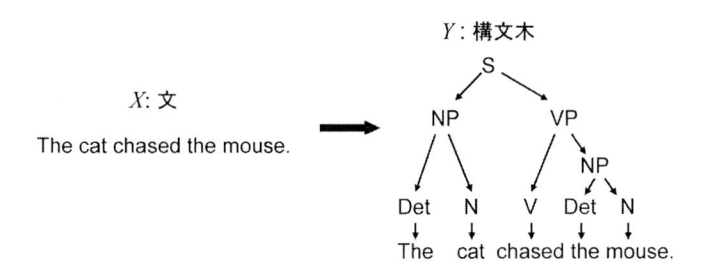

図 4.3 構造化出力の問題の例

の元とする),回帰写像 $h : \mathcal{X} \to \mathcal{Y}$ を

$$h(x) = \arg\max_{y \in \mathcal{Y}} w^T \Phi(x, y)$$

により定義する.多クラス SVM の場合と同様,マージンを

$$w^T \Phi(X_i, Y_i) - \max_{y \neq Y_i} w^T \Phi(X_i, y)$$

により定義すると,マージン最大化基準による最適パラメータ w は

$$\min_{w,\xi} \frac{\beta}{2} \|w\|^2 + \sum_{i=1}^{N} \xi_i$$

$$\text{subject to} \quad w^T \Phi(X_i, Y_i) + \delta_{yY_i} - w^T \Phi(X_i, y) \geq 1 - \xi_i \quad (\forall i, y \in \mathcal{Y})$$

の解として求められる.

多クラス SVM の場合と同様に,制約の数,すなわち双対問題の変数は $|\mathcal{Y}| \times N$ だけ存在し,特に構造化出力においては非常に大きくなる.例えばアルファベット $\mathcal{A}$ による最大長 L のラベル列に対しては $|\mathcal{Y}| = |\mathcal{A}|^{L(L+1)/2}$ となり,非常に多くの制約ないしは変数の最適化問題を解く必要がある.この計算量をいかに削減するかが構造化出力に対するマージン最大化アプローチでは重要である.本書ではその手法の詳細には立ち入らないので,興味のある読者は前出の論文などを直接参照していただきたい.

4.2.5 その他の方法

単純な識別や回帰ではない問題への拡張としては，ここまで述べたもののほかに，ランクづけの問題にマージン最大化のアイデアを適用したものがある (Herbrich et al., 2000)．ランクづけの問題は，情報検索などと関連して近年活発な研究が行われている分野である．

SVMの数値最適化の方法に関する研究は多くなされているが，その一端を紹介しておこう．まず本章で紹介した効率的解法SMOの改良が考えられている (Keerthi et al., 2001)．本書ではSVMの最適化には双対問題を利用するのがよいという立場で述べたが，主問題のまま解くアプローチも研究されており (Chapelle, 2007; Joachims, 2006; Shalev-Shwartz et al., 2007)，状況によっては双対問題よりも高速に解が得られることが報告されている．SVMのソフトマージンを各クラスの縮小凸結合間の距離として捉え直し，高速な幾何学的最適化アルゴリズムを用いる方法も提案されている (Mavroforakis and Theodoridis, 2006)．マージン最大化基準をSVMと異なる目的関数で実現するものとして，Lagrangean SVM (Mangasarian and Musicant, 2001) などがある．また，データがあらかじめすべて与えられるのではなく，ひとつずつ与えられるたびに推定量を更新していくオンライン学習をSVMに適用する方法としてTax and Laskov (2003) やLaSVM (Bordes et al., 2005) などがある．さらに，並列計算によって計算時間を削減する試みもなされている (Graf et al., 2005; Zanni et al., 2006)．

4章のまとめと文献

SVMの最適化に関してまとめておこう．
- SVMの最適化は，双対問題を利用して解くことが多い．
- KKT条件を用いると，双対変数による解の表現においてデータの部分集合 (サポートベクター) のみが用いられることがわかる．サポートベクターは，識別のマージンを定める超平面上，またはより誤りに近い側に位置するデータである．
- データ数と同数の変数の最適化が必要となるため，大規模なデータに対しては汎用的な2次計画ソルバーで解くには困難が生じる．
- 大規模な問題を解くための手法がいくつか提案されている．その代表的方法

である SMO は，各ステップでは閉区間上での 1 変数 2 次関数の最小化を行い，これを繰り返す方法であり，大規模な問題への適用が可能となる．

SVM に関する文献としては，第 3 章でも挙げた Schölkopf and Smola (2002) に加えて，SVM に特化した成書もいくつか出版されている．Cristianini and Shawe-Taylor (2000) は比較的コンパクトな入門書である．理論を概観するにはよく，邦訳もある．Smola et al. (2000) は一般にマージン最大化に関する論文集であるが，この分野の発展期に出版されたもので活発な研究の様子が窺い知れる．SVM を中心としてカーネル法の大規模問題に対する計算手法に関して書かれた論文集として Bottou et al. (2007) を挙げておく．応用に関する書物も多数出版されているが，むしろウェブ上の論文を検索するほうが最近の研究を概観するにはよいと思われる．

SVM のソフトウェアも多く公開されている．2010 年時点では SVM^{light} (http://svmlight.joachims.org/) や LIBSVM (http://www.csie.ntu.edu.tw/~cjlin/libsvm/) などがよく知られている．後者は Java, Matlab, R など多くの言語のインターフェースも備えている．また，簡単に SVM の動作を知るにはインターネット上で公開されている Java アプレットなどを利用してみることを勧める．2010 年現在 http://svm.dcs.rhbnc.ac.uk/pagesnew/GPat.shtml など多くのものが利用可能である．これらも変遷は早いのでウェブ上で検索してみることをお勧めする．

chapter 5

誤差の解析

本章では2クラス識別問題において期待される平均誤り率の理論解析について述べ，SVM の尺度である「マージン」と平均誤り率との理論的関係について論じる．誤り率の解析に対し，統計学でよく行われるデータ数無限大における漸近評価ではなく，任意のデータ数で成り立つ確率的上界を求める「統計的学習理論」のアプローチをとる．これは SVM の提唱者でもある Vapnik により大きく発展した方法である．本書では，誤差の確率的上界を求めるための比較的新しい方法である Rademacher 平均による方法を説明し，それを用いて SVM の期待誤差を議論する．なお，本章の内容は本書の他の部分では用いないので，主にカーネル法の具体的方法に興味のある方は読み飛ばしても差し支えない．

5.1 期待損失の上界

5.1.1 期待損失と経験損失

本章では X を用いて Y を予測する回帰の問題 (教師あり学習) を対象とする．$(\mathcal{X}, \mathcal{B}_{\mathcal{X}})$, $(\mathcal{Y}, \mathcal{B}_{\mathcal{Y}})$ を測度空間，P を $\mathcal{X} \times \mathcal{Y}$ 上の確率測度とし，$\mathcal{D} = \{(X_1, Y_1), \ldots, (X_n, Y_n)\}$ を P を分布とする独立同分布サンプルとする．$\mathcal{F} \subset \{f : \mathcal{X} \to \mathcal{Y}\}$ を可測関数からなる関数族とし，X から Y への写像を最適に表現する関数を $\mathcal{F}$ の中から選択する問題を考える．

$\mathcal{Y} \times \mathcal{Y}$ 上定義された**損失関数** $\ell(y, z)$ によって Y_i と $f(X_i)$ との間の差異をはかり，関数 f による**期待損失** (予測誤差) を

$$L(f) = E[\ell(Y, f(X))] \qquad (f \in \mathcal{F})$$

により定義する．ここで (X,Y) は分布 P に従う確率変数である．期待損失を最小にする最適関数 $f \in \mathcal{F}$ を f_* で表す．

一方，サンプル $\mathcal{D}$ を用いて最適関数 f_* を推定する際には，サンプルによる $L(f)$ の推定値である**経験損失**[*1)]

$$\widehat{L}_n(f) = \widehat{E}_n[\ell(Y, f(X))] = \frac{1}{n}\sum_{i=1}^n \ell(Y_i, f(X_i)) \qquad (f \in \mathcal{F})$$

を用いる．ここで $\widehat{E}_n$ はサンプル $(Z_1, \ldots, Z_n)$ による標本平均を表す．最適関数 f_* の推定量として，経験損失を最小とする

$$\widehat{f} = \arg\min_{f \in \mathcal{F}} \widehat{L}_n(f)$$

を用いる．

上記の枠組みはさまざまな推定，学習の問題を包含している．

- 2乗誤差：損失関数として $\ell(y, f) = (y-f)^2$ を用いると，経験損失は

$$\frac{1}{n}\sum_{i=1}^n (Y_i - f(X_i))^2$$

となり，最小2乗誤差推定を導く．このとき期待損失は平均2乗誤差 $E[(Y - f(X))^2]$ に一致する．

- 0-1損失：$\mathcal{Y} = \{\pm 1\}$ として2クラス識別問題を考え，損失関数として $\ell(y,z) = \frac{1-yz}{2}$ を用いると，経験損失はサンプルに対する誤り率

$$\frac{1}{n}|\{i \mid Y_i \neq f(X_i)\}|$$

に一致し，期待損失は平均誤り率 $E[\ell(Y, f(X))] = \Pr(Y \neq f(X))$ を表す．

- 対数尤度：$\mathcal{Y}$ に条件付確率 $p(y|f)$ を導入し，損失関数として負の対数尤度関数 $\ell(y,z) = -\log p(y|z)$ を用いると，経験損失は負の経験対数尤度

$$-\sum_{i=1}^n \log p(Y_i | f(X_i))$$

に一致し，$\widehat{f}$ は最尤推定量となる．期待損失は負の期待対数尤度である．

$\mathcal{F}$ から関数 $\widehat{f}$ を選ぶとき，その期待損失 $L(\widehat{f})$ を見積もることは重要である．$\widehat{L}_n(\widehat{f})$ の値は知ることができるので，

[*1)] Vapnik による統計的学習理論においては，期待損失と経験損失のことをそれぞれ**リスク**，**経験リスク**と呼ぶ．統計的決定理論などにおける「リスク」とは意味が少し異なるため，本書では期待損失，経験損失を主に用いることにする．

5.1 期待損失の上界

$$L(\widehat{f}) - \widehat{L}_n(\widehat{f}) = E[\ell(Y, \widehat{f}(X))|\mathcal{D}] - \widehat{E}_n[\ell(Y, \widehat{f}(X))]$$

が評価できればよい．上式は $\mathcal{D}$ に依存する確率変数であり，この分布を完全に知ることができれば $L(\widehat{f})$ に関する情報を余さず知れるが，現実には分布を完全に求めることは困難であり何らかの近似が必要となる．

ひとつのアプローチは，データ数 n が無限大に近づくときの漸近的な解析で，例えば，サンプル $\mathcal{D}$ に関する期待値を

$$E_{\mathcal{D}}\bigl[L(\widehat{f}) - \widehat{L}_n(\widehat{f})\bigr] = \frac{A}{n} + \cdots$$

のように展開する．赤池情報量規準 (AIC) はこのような展開によって期待損失のサンプル平均を経験損失のサンプル平均によって表現している．

一方，統計的学習理論では，期待損失と経験損失の差を確率的に上から評価するアプローチがとられる．例えば，

$$\Pr\bigl(L(\widehat{f}) \geq \widehat{L}_n(\widehat{f}) + \varepsilon\bigr) \leq \Pr\Bigl(\sup_{f \in \mathcal{F}}(L(f) - \widehat{L}_n(f)) \geq \varepsilon\Bigr) \leq \alpha e^{-\beta \varepsilon^2 n} \quad (5.1)$$

のような評価が導かれる．ここで α, β は適当な正定数である．このとき，確率 $1 - \delta$ 以上で

$$L(\widehat{f}) \leq \widehat{L}_n(\widehat{f}) + \sqrt{\frac{1}{\beta n} \log \frac{\alpha}{\delta}}$$

が成り立つ．

以降では，第 2 の確率的上界を求めるアプローチを解説する．第 1 のアプローチと比べ，SVM や AdaBoost など複雑な手続きによる推定量や，微分不可能な損失関数にも適用が容易である．一方，上界は必ずしも強いとはいえず，実際の確率値から定量的に大きく異なることもある．しかし誤差の上界が種々の要因にいかに依存するかをみると，学習機械の興味深い性質が反映されることも多い．後でみる SVM のマージンと期待損失の関係はそのよい例である．

5.1.2 標本平均の収束定理

前項でみたように，我々は式 (5.1) の中央の項に現れる

$$\sup_{f \in \mathcal{F}} \Bigl(E[\ell(Y, f(X))] - \frac{1}{n} \sum_{i=1}^{n} \ell(Y_i, f(X_i)) \Bigr)$$

といった量の確率的上界に興味がある．その準備として $E[Z] - \frac{1}{n} \sum_{i=1}^{n} Z_i$ の性質を復習しておこう．基本的な事実は**大数の法則**と**中心極限定理**である．

命題 5.1 (大数の法則)　確率変数列 $Z_1, Z_2, \ldots$ を i.i.d. とし，$E[|Z_i|] < \infty$ とするとき，
$$\frac{1}{n}\sum_{i=1}^{n} Z_i \longrightarrow E[Z] \quad (n \to \infty)$$
と概収束する．

命題 5.2 (中心極限定理)　確率変数列 $Z_1, Z_2, \ldots$ を i.i.d. とし，$E[Z_i^2] < \infty$ とするとき，
$$\sqrt{n}\Big(\frac{1}{n}\sum_{i=1}^{n} Z_i - E[Z]\Big) \implies N(0, \mathrm{Var}[Z]) \quad (n \to \infty)$$
と法則収束する．

大数の法則により，特に $\frac{1}{n}\sum_{i=1}^{n} Z_i$ は $E[Z]$ に確率収束するので，
$$\Pr\Big(\frac{1}{n}\sum_{i=1}^{n} Z_i - E[Z] \geq \varepsilon\Big) \to 0 \quad (n \to \infty)$$
が成り立つ．$\varepsilon = \varepsilon'/\sqrt{n}$ とすると，中心極限定理により上式の確率は正規分布の裾確率に収束することがわかるが，さらにこの確率を任意の n に対して定量的に評価するのが次の Hoeffding の不等式である．

定理 5.3 (Hoeffding の不等式)　確率変数 $X_1, \ldots, X_n$ は互いに独立で $X_i \in [a_i, b_i]$ を満たすとする．このとき，任意の $\varepsilon > 0$ に対し
$$\Pr\Big(\frac{1}{n}\sum_{i=1}^{n} X_i - E[X] > \varepsilon\Big) \leq \exp\Big(\frac{-2\varepsilon^2 n^2}{\sum_{i=1}^{n}(b_i - a_i)^2}\Big)$$
および
$$\Pr\Big(\frac{1}{n}\sum_{i=1}^{n} X_i - E[X] < -\varepsilon\Big) \leq \exp\Big(\frac{-2\varepsilon^2 n^2}{\sum_{i=1}^{n}(b_i - a_i)^2}\Big)$$
が成立する．

Hoeffding の不等式は次に示す Azuma-Hoeffding/McDiamid の不等式の系として得られるため，証明は省略する[*2]．

Hoeffding の不等式を期待損失と経験損失に用いると，損失関数 ℓ が $\ell(y,z) \in$

[*2]　独立した証明は例えば Devroye et al. (1996, 8 章) にある．

$[0,1]$ を満たすとき,任意の $f \in \mathcal{F}, n \in \mathbb{N}$ に対して,

$$\Pr(|\widehat{L}_n(f) - L(f)| > \varepsilon) \leq 2e^{-2\varepsilon^2 n}$$

が成り立つことがわかる.

次の定理は,経験和よりも一般の形に対して指数型の上限を示したものである.

定理 5.4 (Azuma-Hoeffding の不等式 (McDiamid の不等式)) $X_1, \ldots, X_n$ を $\mathcal{X}$ 上の独立な確率変数とする. $f: \mathcal{X}^n \to \mathbb{R}$ は可測関数で,任意の i に対して $c_i > 0$ があって任意の $x_1, \ldots, x_n, x_i' \in \mathcal{X}$ に対し

$$|f(x_1, \ldots, x_i, \ldots, x_n) - f(x_1, \ldots, x_i', \ldots, x_n)| \leq c_i$$

が成り立つと仮定する.このとき

$$\Pr\bigl(f(X_1, \ldots, X_n) - E[f(X_1, \ldots, X_n)] > \varepsilon\bigr) \leq \exp\Bigl(\frac{-2\varepsilon^2}{\sum_{i=1}^n c_i^2}\Bigr)$$

および

$$\Pr\bigl(f(X_1, \ldots, X_n) - E[f(X_1, \ldots, X_n)] < -\varepsilon\bigr) \leq \exp\Bigl(\frac{-2\varepsilon^2}{\sum_{i=1}^n c_i^2}\Bigr)$$

が成立する.

Azuma-Hoeffding の不等式で $f(x_1, \ldots, x_n) = \sum_{i=1}^n X_i$ および $c_i = b_i - a_i$ とおくと Hoeffding の不等式が証明される.

定理 5.4 の証明 まず確率変数

$$V_i = E[f(X_1, \ldots, X_n) \mid X_1, \ldots, X_i] - E[f(X_1, \ldots, X_n) \mid X_1, \ldots, X_{i-1}]$$

を導入すると,

$$f - E[f] = \sum_{i=1}^n V_i$$

と分解される.このとき任意の i に対して

$$E[V_i \mid X_1, \ldots, X_{i-1}] = 0 \tag{5.2}$$

に注意する. $t > 0$ を任意の正数とするとき

$$\Pr(f - E[f] > \varepsilon) = \Pr\bigl(\sum_{i=1}^n V_i > \varepsilon\bigr) = \Pr\Bigl(e^{t \sum_{i=1}^n V_i} > e^{t\varepsilon}\Bigr)$$

であるので，Markov の不等式 (付録の補題 C.2) を用いると，

$$\Pr(f - E[f] > \varepsilon) \leq \inf_{t>0} e^{-t\varepsilon} E\left[e^{t\sum_{i=1}^n V_i}\right] \tag{5.3}$$

を得る．

次に $E\left[e^{t\sum_{i=1}^n V_i}\right]$ に対して $V_n, V_{n-1}, \ldots, V_1$ の順に期待値を評価する．まず

$$\begin{aligned} E\left[e^{t\sum_{i=1}^n V_i}\right] &= E\left[E\left[e^{t\sum_{i=1}^n V_i} \mid X_1, \ldots, X_{n-1}\right]\right] \\ &= E\left[e^{t\sum_{i=1}^{n-1} V_i} E[e^{tV_n} \mid X_1, \ldots, X_{n-1}]\right] \end{aligned} \tag{5.4}$$

である (第 2 の等号は $V_1, \ldots, V_{n-1}$ と X_n の独立性による)．ここで，$X_1, \ldots, X_{n-1}$ を固定したとき $\sup_{X_n} V_n - \inf_{X_n} V_n \leq c_n$ であるので，式 (5.2) と合わせて，Hoeffding の補題 (付録の補題 C.1) を用いると

$$E[e^{tV_n} \mid X_1, \ldots, X_{n-1}] \leq e^{\frac{t^2}{8}c_n^2} \tag{5.5}$$

を得る．式 (5.3), (5.4), (5.5) より

$$\Pr(f - E[f] > \varepsilon) \leq \inf_{t>0} e^{-t\varepsilon + \frac{t^2}{8}c_n^2} E\left[e^{t\sum_{i=1}^{n-1} V_i}\right]$$

である．この手続きを順次用いることにより，結局

$$\Pr(f - E[f] > \varepsilon) \leq \inf_{t>0} e^{-t\varepsilon + \frac{t^2}{8}\sum_{i=1}^n c_i^2}$$

が導かれる．右辺の指数部は $t = 4\varepsilon/\sum_{i=1}^n c_i^2$ で最小値をとり，定理の上界を得る．また $-f$ に対して上界を用いれば下界を得る． □

5.1.3 有限な関数集合に対する上界

前項の道具を用いて式 (5.1) 型の上界を導こう．本項では最も簡単な場合として関数集合 $\mathcal{F}$ が有限個の関数からなる場合について議論し，次節で一般の場合を述べる．本項では以下の 2 つの仮定をおく．

$$|\mathcal{F}| < \infty, \qquad \ell(y, f) \in [0, 1].$$

まず個々の $f \in \mathcal{F}$ に対し，定理 5.3 により

$$\Pr\bigl(E[\ell(Y, f(X))] - \widehat{E}_n[\ell(Y, f(X))] \geq \varepsilon\bigr) \leq e^{-2\varepsilon^2 n}$$

が成り立つ．確率の基本的な性質 $\Pr(A \cup B) \leq \Pr(A) + \Pr(B)$ を用いれば

$$\Pr\left(\sup_{f\in\mathcal{F}}\{E[\ell(Y,f(X))] - \widehat{E}_n[\ell(Y,f(X))]\} \geq \varepsilon\right) \leq |\mathcal{F}|e^{-2\varepsilon^2 n} \tag{5.6}$$

を得る．これは式 (5.1) 型の上界である．ここで $\delta = |\mathcal{F}|e^{-2\varepsilon^2 n}$ とおくと $\varepsilon = \sqrt{\frac{\log|\mathcal{F}| + \log(1/\delta)}{2n}}$ であるので，上の不等式は

$$\Pr\left(\sup_{f\in\mathcal{F}}\{E[\ell(Y,f(X))] - \widehat{E}_n[\ell(Y,f(X))]\} \leq \sqrt{\frac{\log|\mathcal{F}| + \log(1/\delta)}{2n}}\right) \geq 1 - \delta \tag{5.7}$$

と言い換えられる．

上の不等式からわかる事実をまとめておこう．まず式 (5.7) から直ちに，期待損失と経験損失に関して，

$$L(\widehat{f}) \leq \widehat{L}_n(\widehat{f}) + \sqrt{\frac{\log|\mathcal{F}| + \log(1/\delta)}{2n}} \tag{5.8}$$

を満たす確率が少なくとも $1 - \delta$ であることがわかる．これは，推定量 $\widehat{f}$ の期待損失と経験損失とのずれが，高い確率で $1/\sqrt{n}$ のオーダーの小さい値であることを意味する (図 5.1)．次に，期待損失を最小にする関数を f_* とおくとき，

$$L(\widehat{f}) \leq L(f_*) + \sqrt{\frac{\log(1/\delta)}{2n}} + \sqrt{\frac{\log|\mathcal{F}| + \log(1/\delta)}{2n}} \tag{5.9}$$

を満たす確率が $1 - 2\delta$ 以上であることがわかる．これは，

$$L(\widehat{f}) - L(f_*) = (L(\widehat{f}) - \widehat{L}_n(\widehat{f})) + (\widehat{L}_n(\widehat{f}) - \widehat{L}_n(f_*)) + (\widehat{L}_n(f_*) - L(f_*))$$

において，第 2 項が 0 以下であることと，定理 5.3 から

$$\Pr\left(\widehat{L}_n(f_*) - L(f_*) \geq \sqrt{\frac{\log(1/\delta)}{2n}}\right) \leq \delta$$

であることを，式 (5.7) に合わせることにより得られる．式 (5.9) は，高い確率で，推定量 $\widehat{f}$ の期待損失が最適な期待損失 $L(f_*)$ の値から $1/\sqrt{n}$ のオーダーの小さい量しか離れないことを表す (図 5.1)．

5.2 無限個の関数集合に対する上界

関数族が無限個の要素を持つ場合，式 (5.6) のように関数の個数による上界を用いることはできない．そこで以下で解説するような別の技法が必要となる．

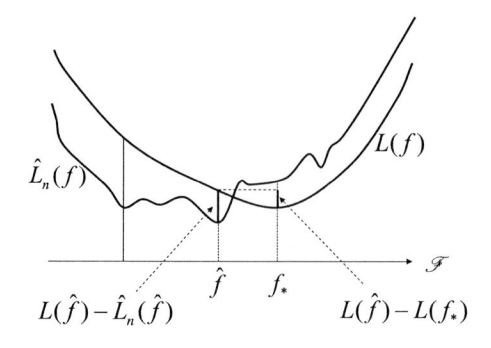

図 5.1 経験損失と期待損失の差.

5.2.1 無限個の要素を持つ関数族に対する方法

前節でみたように，関数族 $\mathcal{F}$ と損失関数 $\ell(y,f)$ に対し，確率変数

$$\sup_{f \in \mathcal{F}}\{E[\ell(Y, f(X))] - \widehat{E}_n[\ell(y, f(X))]\}$$

の分布の評価を考えたい．本節の議論は $\ell(Y, f(X))$ の有界性のみを用い，その具体的な形には依存しないので，一般に関数族 $\mathcal{G}$ が

$$\mathcal{G} \subset \{g : \mathcal{Z} \to [0,1]\}$$

を満たすと仮定して，確率変数 Z に対して

$$\sup_{g \in \mathcal{G}}\{E[g(Z)] - \widehat{E}_n[g(Z)]\}$$

の分布を考えることにする．

以下に述べる方法は次の 3 つのテクニックから構成されている．

(1) 収束を表す不等式

(2) $E[g]$ の除去による対称化

(3) Rademacher 平均による表現

ステップ1： 収束を表す不等式

まず

$$h(z_1, \ldots, z_n) = \sup_{g \in \mathcal{G}}\Big\{E[g(Z)] - \frac{1}{n}\sum_{i=1}^{n} g(z_i)\Big\}$$

とおくと，$g(z) \in [0,1]$ により

$$|h(z_1, \ldots, z_{i-1}, z_i, \ldots, z_n) - h(z_1, \ldots, z_{i-1}, z'_i, \ldots, z_n)| \leq 1/n$$

が成り立つ．そこで h に対して Azuma-Hoeffding の不等式を適用すると，確率 $1-\delta$ 以上で

$$\sup_{g\in\mathcal{G}}\{E[g(Z)]-\widehat{E}_n[g(Z)]\} \le E\Big[\sup_{g\in\mathcal{G}}\{E[g(Z)]-\widehat{E}_n[g(Z)]\}\Big] + \sqrt{\frac{\log(1/\delta)}{2n}}$$

が成立する．したがって，あとは $E\big[\sup_{g\in\mathcal{G}}\{E[g(Z)]-\widehat{E}_n[g(Z)]\}\big]$ という期待値の上界を求めれば，確率的上界が得られる．

ステップ 2：$E[g]$ の除去による対称化

このステップでは，Z_i と同一の分布を持つ独立同分布サンプル $Z'_1,\ldots,Z'_n$ を用意し，$E[g]$ を $\frac{1}{n}\sum_{i=1}^n g(Z'_i)$ によって評価することにより，扱う確率変数を対称化し，ステップ 3 を適用可能にする．$\mathbf{Z}=(Z_1,\ldots,Z_n)$ とすると

$$E\Big[\sup_{g\in\mathcal{G}}\{E[g(Z)]-\widehat{E}_n[g(Z)]\}\Big] = E\Big[\sup_{g\in\mathcal{G}} E\Big[\frac{1}{n}\sum_{i=1}^n (g(Z'_i)-g(Z_i))\Big|\mathbf{Z}\Big]\Big]$$

$$\le E\Big[E\Big[\sup_{g\in\mathcal{G}}\Big\{\frac{1}{n}\sum_{i=1}^n (g(Z'_i)-g(Z_i))\Big\}\Big|\mathbf{Z}\Big]\Big] = E\Big[\sup_{g\in\mathcal{G}}\Big\{\frac{1}{n}\sum_{i=1}^n (g(Z'_i)-g(Z_i))\Big\}\Big]$$

により，2 つのサンプルに関して対称な上界を得る．

ステップ 3： Rademacher 平均による表現

ステップ 2 で得られた対称化された確率変数を，新たな確率変数 (Rademacher 変数) を用いて表現する．$\sigma_1,\ldots,\sigma_n$ を，確率 $1/2$ で $+1,-1$ の値をとる独立な確率変数とする．これは **Rademacher 変数** と呼ばれる．ここで重要なのは 2 つの確率変数

$$\sum_{i=1}^n \sigma_i(g(Z'_i)-g(Z_i)), \qquad \sum_{i=1}^n (g(Z'_i)-g(Z_i))$$

が同一の分布に従うことである．これは Z_i と Z'_i が同一分布であることにより $g(Z_i)-g(Z'_i)$ と $g(Z'_i)-g(Z_i)$ が同一の分布を持つことから従う．よって，

$$E\Big[\sup_{g\in\mathcal{G}}\Big\{\frac{1}{n}\sum_{i=1}^n (g(Z'_i)-g(Z_i))\Big\}\Big] = E\Big[\sup_{g\in\mathcal{G}}\Big\{\frac{1}{n}\sum_{i=1}^n \sigma_i(g(Z'_i)-g(Z_i))\Big\}\Big]$$

$$\le E\Big[\sup_{g\in\mathcal{G}}\frac{1}{n}\sum_{i=1}^n \sigma_i g(Z'_i)\Big] + E\Big[\sup_{g\in\mathcal{G}}\frac{1}{n}\sum_{i=1}^n \sigma_i g(Z_i)\Big] = 2E\Big[\sup_{g\in\mathcal{G}}\frac{1}{n}\sum_{i=1}^n \sigma_i g(Z_i)\Big]$$

が成り立つ．上式の最後に現れた量を

$$R_n(\mathcal{G}) \equiv E\Big[\sup_{g\in\mathcal{G}}\frac{1}{n}\sum_{i=1}^n \sigma_i g(Z_i)\Big]$$

と定め，**Rademacher 平均** と呼ぶ．また経験 Rademacher 平均 $\widehat{R}_n(\mathcal{G})$ を

$$\widehat{R}_n(\mathcal{G}) \equiv E\Big[\sup_{g\in\mathcal{G}}\frac{1}{n}\sum_{i=1}^n \sigma_i g(Z_i)\Big|\mathbf{Z}\Big]$$

によって定義する．$R_n(\mathcal{G}) = E[\widehat{R}_n(\mathcal{G})]$ であるが，$\widehat{R}_n(\mathcal{G})$ の定義中の期待値は Rademacher 変数によるものであり扱いが容易である．そこで $\widehat{R}_n(\mathcal{G})$ の $\mathbf{Z}$ によらない評価を行うことによって $R_n(\mathcal{G})$ の上界を得ようとするのが，このテクニックの基本的アイデアである．

ところで，$R_n(\mathcal{G})$ (あるいは $\widehat{R}_n(\mathcal{G})$) は，関数族 $\mathcal{G}$ のある種の複雑度を表すと考えることができる．これは以下のように損失と関連づけて理解することもできる．$\mathcal{G} \subset \{g : \{Z_1,\ldots,Z_n\} \to \{\pm 1\}\}$ とし，σ_i を Z_i に割り当てられた 2 値ラベルと考え，σ_i を $g(X_i)$ で推測する識別問題と捉えてみよう．このとき 0-1 損失関数を使うと

$$\frac{1}{n}\sum_{i=1}^n \sigma_i g(Z_i) = \frac{1}{n}\sum_{i=1}^n (1 - 2I_{\{\sigma_i \neq g(Z_i)\}}) = 1 - 2\widehat{L}_n(g)$$

であるので，$\sup_{g\in\mathcal{G}}\frac{1}{n}\sum_{i=1}^n \sigma_i g(Z_i) = 1 - 2\inf_{g\in\mathcal{G}}\widehat{L}_n(g)$, すなわち

$$R_n(\mathcal{G}) = 1 - 2 \times \text{経験損失の最小値の期待値}$$

という関係が成り立つ．関数族の複雑度が高いほど経験損失は小さくなるので，データへのラベルのつけやすさを通して $R_n(\mathcal{G})$ が関数族の複雑度を表している．

以上 3 つのステップをまとめると，Rademacher 平均を用いれば，

$$\Pr\left(\sup_{g\in\mathcal{G}}\{E[g(Z)] - \widehat{E}_n[g(Z)]\} \le 2R_n(\mathcal{G}) + \sqrt{\frac{\log(1/\delta)}{2n}}\right) \ge 1 - \delta$$

が成り立つことがわかる．このことから次の帰結を得る．

$[0,1]$ に値をとる損失関数 $\ell(y,f)$ に対し $\ell_\mathcal{F} = \{\ell(y,f(x)) \mid f \in \mathcal{F}\}$ と定義する．このとき，確率 $1-\delta$ 以上で

$$L(\widehat{f}) \le \widehat{L}_n(\widehat{f}) + 2R_n(\ell_\mathcal{F}) + \sqrt{\frac{\log(1/\delta)}{2n}}. \tag{5.10}$$

が成り立つ．また，期待損失を最小にする関数を $f_* = \arg\min_{f\in\mathcal{F}} L(f)$ で表すとき，確率 $1-2\delta$ 以上で

$$L(\widehat{f}) \le L(f_*) + 2R_n(\ell_\mathcal{F}) + 2\sqrt{\frac{\log(1/\delta)}{2n}} \tag{5.11}$$

が成立する．

上界に現れる $R_n(\ell_\mathcal{F})$ は，$\mathcal{F}$ から誘導された関数族 $\ell_\mathcal{F}$ の Rademacher 平均であるが，$R_n(\mathcal{F})$ と関係づけられる場合があり，多くの場合に $R_n(\mathcal{F})$ のほうが解析が容易である．ここでは 0-1 損失の場合を考えてみよう．

補題 5.5 関数族 $\mathcal{F} \subset \{f : \mathcal{X} \to \{\pm 1\}\}$ と 0-1 損失関数 $\ell(y, f) = \frac{1-yf}{2}$ に対し
$$R_n(\ell_\mathcal{F}) = \frac{1}{2} R_n(\mathcal{F})$$
が成り立つ．

証明
$$R_n(\ell_\mathcal{F}) = E\Big[\sup_{f \in \mathcal{F}} \sum_{i=1}^n \sigma_i \frac{1 - Y_i f(X_i)}{2}\Big] = \frac{1}{2} E\Big[\sup_{f \in \mathcal{F}} \sum_{i=1}^n (-\sigma_i Y_i) f(X_i)\Big]$$

であるが，$-\sigma_i Y_i$ $(i = 1, \ldots, n)$ は確率 $1/2$ で $+1, -1$ をとる独立な確率変数，すなわち Rademacher 変数である．したがって上式は $\frac{1}{2} R_n(\mathcal{F})$ に等しい． □

5.2.2 Rademacher 平均，増大関数，VC-次元

前項では，損失関数の確率的上界が Rademacher 平均を用いて与えられることをみたが，では Rademacher 平均はどのように評価できるであろうか？ 以下では $\mathcal{G}$ が $\{\pm 1\}$ 値の関数からなる場合について議論する．まず定義からわかるように，$\widehat{R}_n(\mathcal{G})$ の値は $\{(g(Z_1), \ldots, g(Z_n)) \in \{\pm 1\}^n \mid g \in \mathcal{G}\}$ という有限集合のみに依存する．この場合，Rademacher 変数による期待値に関して次の上界が知られている．

補題 5.6 (Massart の補題 (Massart, 2000)) A を $\mathbb{R}^n$ 内の有限集合とし，$R \equiv \max_{a \in A} \sqrt{\sum_{i=1}^n a_i^2}$ とおく．このとき Rademacher 変数 $\{\sigma_i\}_{i=1}^n$ に対し
$$E\Big[\max_{a \in A} \sum_{i=1}^n \sigma_i a_i\Big] \le R\sqrt{2 \log |A|}$$
が成り立つ．

証明は付録 C で与える．Massart の補題により，Rademacher 平均の中の sup

を消すことができる. $Z_1^n = (Z_1, \ldots, Z_n) \in \mathcal{Z}^n$ とし,

$$\mathcal{G}_{|Z_1^n} \equiv \{(g(Z_1), \ldots, g(Z_n)) \in \{\pm 1\}^n \mid g \in \mathcal{G}\}$$

と定義する. このとき次の事実が成り立つ.

補題 5.7

$$R_n(\mathcal{G}) \leq \sqrt{\frac{2E[\log |\mathcal{G}_{|Z_1^n}|]}{n}} \leq \sqrt{\frac{2\log E[|\mathcal{G}_{|Z_1^n}|]}{n}}.$$

証明

$$R_n(\mathcal{G}) = E\left[\sup_{g \in \mathcal{G}} \frac{1}{n} \sum_{i=1}^n \sigma_i g(Z_i)\right] = E\left[E\left[\max_{a \in \mathcal{G}_{|Z_1^n}} \frac{1}{n} \sum_{i=1}^n \sigma_i a_i \,\Big|\, Z_1^n\right]\right]$$

であるが, Massart の補題により右辺内側の期待値は $\sqrt{2\log|\mathcal{G}_{|Z_1^n}|/n}$ 以下である. 凹関数 $t \mapsto \sqrt{t}$ に対する Jensen の不等式 (付録の定理 B.4) から

$$R_n(\mathcal{G}) \leq \sqrt{\frac{2E[\log |\mathcal{G}_{|Z_1^n}|]}{n}}$$

を得る. 第 2 の不等式は対数関数の凹性による. □

補題 5.7 の上界は Rademacher 平均の定義式よりは扱いやすいが, 依然として陽な計算は容易ではない. そこで, さらに確率的な要素を含まない上界を考えよう. そのために次の増大関数を定義する.

一般に 2 値関数族 $\mathcal{G} \subset \{g : \mathcal{Z} \to \{\pm 1\}\}$ に対し, $\mathcal{G}$ の**増大関数** (growth function) $\Pi_\mathcal{G}(n)$ を

$$\Pi_\mathcal{G}(n) \equiv \max\{|\mathcal{G}_{|Z_1^n}| \in \mathbb{N} \mid Z_1^n = (Z_1, \ldots, Z_n) \in \mathcal{Z}^n\} \quad (n \in \mathbb{N})$$

により定義する. $\Pi_\mathcal{G}(n)$ はあきらかに $n \in \mathbb{N}$ の単調増加関数である. さらに, 関数族 $\mathcal{G}$ の **Vapnik-Chervonenkis 次元 (VC 次元)** $\dim_{VC}(\mathcal{G})$ を

$$\dim_{VC}(\mathcal{G}) = \max\{n \in \mathbb{N} \mid \Pi_\mathcal{G}(n) = 2^n\}$$

により定義する. $\mathcal{G}_{|Z_1^n}$ は, n 点集合 $Z_1^n = (Z_1, \ldots, Z_n)$ に $\mathcal{G}$ の関数によって与えられる 2 値ラベルの集合である. n 点集合の 2 値ラベルのつけ方は全部で 2^n あるので, $\Pi_\mathcal{G}(n) \leq 2^n$ である. VC 次元は, 点集合 Z_1^n をうまく選んだ場合に,

$\mathcal{G}$ によって 2^n 個すべてのラベルが得られるような最大の n として定義される．もちろん $m \leq \dim_{VC}(\mathcal{G})$ であれば $\Pi_{\mathcal{G}}(m) = 2^m$ である．VC 次元はラベルのつけ方の豊富さによって関数族の複雑さを測っている．

例として $\mathbb{R}^d$ 上の線形識別関数の VC 次元を求めてみよう．線形識別関数は

$$\mathcal{G} = \{\mathrm{sgn}(w^T x + b) \mid w \in \mathbb{R}^d, b \in \mathbb{R}\}$$

によって与えられる．このとき以下の命題が成り立つ (図 5.2 参照)．

命題 5.8 上で定義される $\mathbb{R}^d$ の線形識別関数族 $\mathcal{G}$ に対し，$\dim_{VC}(\mathcal{G}) = d+1$ である．

証明 まず $\Pi_{\mathcal{G}}(d+1) = 2^{d+1}$ を示す．$e_0 = (0,\ldots,0)$, e_i $(1 \leq i \leq d)$ を第 i 成分のみが 1 で他の成分が 0 である $\mathbb{R}^d$ のベクトルとする．任意のラベル $y = (y_0, y_1, \ldots, y_d) \in \{\pm 1\}^{d+1}$ に対し，w, b を $b = y_0$, $w_i = 2\,\mathrm{sgn}(y_i)$ により定めると，$y_0 b > 0$ と $y_i(w_i + b) > 0$ $(1 \leq i \leq d)$ により，$\mathrm{sgn}(w^T e_i + b) = y_i$ $(i = 0, \ldots, d)$ を得る．したがって $|\Pi_{\mathcal{G}}(d+1)| = 2^{d+1}$ である．

次に $m \geq d+2$ として，任意の m 点からなる $Z \subset \mathbb{R}^d$ に対し $|\mathcal{G}_Z| < 2^m$ を示そう．このためには $m = d+2$ の場合を示せば十分である．任意の $Z = \{x_0, \ldots, x_{d+1}\}$ に対し，非零ベクトル $(\alpha_0, \ldots, \alpha_{d+1}) \in \mathbb{R}^{d+2}$ があって，

$$\sum_{j=0}^{d+1} \alpha_j x_j = 0, \qquad \sum_{j=0}^{d+1} \alpha_j = 0$$

が成り立つ．このことは，$d+2$ 個の $d+1$ 次元ベクトル $(x_0^T, 1)^T, \ldots, (x_{d+1}^T, 1)^T$ の線形従属性から従う．必要ならば順序変更と定数倍を行うことにより，$\alpha_0 = -1$ としてよい．このとき

$$x_0 = \sum_{j=1}^{d+1} \alpha_j x_j, \qquad \sum_{j=1}^{d+1} \alpha_j = 1$$

である．

いま x_j $(1 \leq j \leq d+1)$ のラベルを $y_j = \mathrm{sgn}(\alpha_j)$ により与え，$\mathrm{sgn}(w^T x_j + b)$ がこのラベルと同符号を与えると仮定する．このとき $y_j(w^T x_j + b) \geq 0$ $(1 \leq j \leq d+1)$ である．一方，$\alpha_j = y_j |\alpha_j|$ に注意すると，

$$w^T x_0 + b = \sum_{j=1}^{d+1} \alpha_j (w^T x_j + b) = \sum_{j=1}^{d+1} |\alpha_j| y_j (w^T x_j + b) \geq 0$$

であるので，x_0 に $y_0 = -1$ のラベルを与えることはできない． □

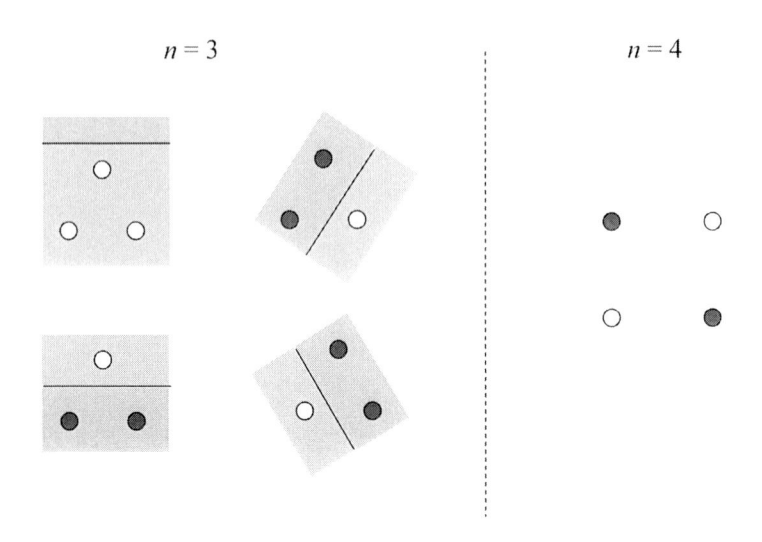

図 5.2 線形識別関数の VC 次元. $\mathbb{R}^2$ では，左図のような 3 点に対してはすべてのラベルづけを与えることができるが 4 点では無理である．したがって VC 次元は 3 となる．

VC 次元の定義より，$n > \dim_{VC}(\mathcal{G})$ に対して $\Pi_\mathcal{G}(n) < 2^n$ であるが，$\Pi_\mathcal{G}(n)$ をより正確に評価するのが次の Sauer の補題である．

補題 5.9 (Sauer の補題)　関数族 $\mathcal{G} \subset \{g : \mathcal{Z} \to \{\pm 1\}\}$ の VC 次元を d とすると，

$$\Pi_\mathcal{G}(n) \leq \sum_{i=0}^{d} \binom{n}{i}$$

である．また，e を自然対数の底とするとき，$n \geq d$ に対して次が成り立つ．

$$\Pi_\mathcal{G}(n) \leq \left(\frac{en}{d}\right)^d.$$

証明は付録 C で示す．Sauer の補題の後半は，$n \geq d$ のとき $\Pi_\mathcal{G}(n)$ が高々 n の多項式オーダー (次数 d) であることを示している．

補題 5.7 と Sauer の補題を合わせると，以下のように Rademacher 平均の上界が得られる．この上界はデータの分布によらず，関数族 $\mathcal{G}$ の VC 次元のみによって与えられる．

系 5.10 関数族 $\mathcal{G} \subset \{g : \mathcal{Z} \to \{\pm 1\}\}$ の VC 次元を d とすると，$n \geq d$ に対して以下が成り立つ．
$$R_n(\mathcal{G}) \leq \sqrt{\frac{2d \log n + 2d \log(e/d)}{n}}.$$

5.2.3 分布によらない損失の上界

5.2.1, 5.2.2 項の議論を合わせると，VC 次元を用いた期待損失の上界を得ることができる．2 値関数族 $\mathcal{F} \subset \{f : \mathcal{X} \to \{\pm 1\}\}$ の VC 次元を d とし，0-1 損失関数 $\ell(y, f) = (1 - yf)/2$ を用いる．このとき補題 5.5 と系 5.10 を合わせると，$n \geq d$ に対して
$$R_n(\ell_\mathcal{F}) \leq \frac{1}{2}\sqrt{\frac{2d \log n + 2d \log(e/d)}{n}}$$
が成り立つ．そこで式 (5.10),(5.11) により，$n \geq d$ のとき次の事実が得られる．

- 経験損失による期待損失の上界．
$$L(\widehat{f}) \leq \widehat{L}_n(\widehat{f}) + \sqrt{\frac{2d \log n + 2d \log(e/d)}{n}} + \sqrt{\frac{\log(1/\delta)}{2n}} \quad (5.12)$$
が確率 $1 - \delta$ 以上で成り立つ．

- 最小損失による期待損失の上界．
$f_* = \arg\min_{f \in \mathcal{F}} L(f)$ とするとき，確率 $1 - 2\delta$ 以上で
$$L(\widehat{f}) \leq L(f_*) + \sqrt{\frac{2d \log n + 2d \log(e/d))}{n}} + 2\sqrt{\frac{\log(1/\delta)}{2n}} \quad (5.13)$$
が成り立つ．

5.2.4 Rademacher 平均の性質

ここまで期待損失の上界を与えるために，まず Rademacher 平均を用い，そのさらなる上界として VC 次元を用いた．前者はデータの分布に関する情報を含んだ量であり，VC 次元よりもよい評価を与えるが具体的な計算は容易ではない．しかしながら，Rademacher 平均はさまざまな有用な性質を持っており，期待損失の理論的考察に便利である．以下にその基本的な性質をまとめておこう．以下では，関数族はある有界区間 $[\alpha, \beta]$ に値をとる関数からなると仮定する．

(1) $\mathcal{F} \subset \mathcal{G}$ に対し $R_n(\mathcal{F}) \subset R_n(\mathcal{G})$．

(2) $c \in \mathbb{R}$ に対して $c\mathcal{F} = \{cf \mid f \in \mathcal{F}\}$ とおくとき
$$R_n(c\mathcal{F}) = |c| R_n(\mathcal{F}).$$

(3) g を有界な関数とし, $\mathcal{F} + g = \{f + g \mid f \in \mathcal{F}\}$ とするとき,
$$R_n(\mathcal{F} + g) = R_n(\mathcal{F}).$$

(4) $\mathcal{F}$ の凸結合を $\mathrm{co}\mathcal{F}$, すなわち $\mathrm{co}\mathcal{F} = \{\sum_{i=1}^{\ell} a_i f_i \mid f_i \in \mathcal{F}, a_i \geq 0, \sum_{i=1}^{\ell} a_i = 1\}$ とするとき,
$$R_n(\mathrm{co}\mathcal{F}) = R_n(\mathcal{F}).$$

(5) $\phi_i : \mathbb{R} \to \mathbb{R}$ $(i = 1, \ldots, n)$ が Lipschitz 連続で
$$|\phi_i(x) - \phi_i(y)| \leq b|x - y| \qquad (\forall x, y)$$
を満たすとき
$$E\Big[\sup_{f \in \mathcal{F}} \frac{1}{n} \sum_{i=1}^{n} \sigma_i \phi_i(f(X_i))\Big] \leq b\, E\Big[\sup_{f \in \mathcal{F}} \frac{1}{n} \sum_{i=1}^{n} \sigma_i f(X_i)\Big] = b R_n(\mathcal{F})$$
が成り立つ. ここで $(\sigma_i)_{i=1}^{n}$ は Rademacher 変数である.

性質 (1),(3) の証明は容易であるので読者に任せる. (2) は Rademacher 変数 σ_i に対して $c\sigma_i$ と $|c|\sigma_i$ が同じ分布を持つことから簡単に示せる. (4) を示そう. $\Delta_{\ell-1}$ で $\ell - 1$ 次元単体 $\{a \in \mathbb{R}^{\ell} \mid a_k \geq 0, \sum_{k=1}^{\ell} a_k = 1\}$ を表すとき,

$$\begin{aligned}
R_n(\mathrm{co}\mathcal{F}) &= E\Big[\sup_{\ell \in \mathbb{N}} \sup_{f_1, \ldots, f_\ell} \sup_{(a_k) \in \Delta_{\ell-1}} \frac{1}{n} \sum_{i=1}^{n} \sigma_i \sum_{k=1}^{\ell} a_k f_k(X_i)\Big] \\
&= E\Big[\sup_{\ell \in \mathbb{N}} \sup_{f_1, \ldots, f_\ell} \sup_{(a_k) \in \Delta_{\ell-1}} \sum_{k=1}^{\ell} a_k \Big(\frac{1}{n} \sum_{i=1}^{n} \sigma_i f_k(X_i)\Big)\Big] \\
&= E\Big[\sup_{\ell \in \mathbb{N}} \sup_{f_1, \ldots, f_\ell} \max_{1 \leq k \leq \ell} \frac{1}{n} \sum_{i=1}^{n} \sigma_i f_k(X_i)\Big]
\end{aligned}$$

が成り立つ. ここで最後の等式には $\sup_{(a_k) \in \Delta_{\ell-1}} \sum_{k=1}^{\ell} a_k s_k = \max_{1 \leq k \leq \ell} s_k$ を用いた. $\sup_{\ell \in \mathbb{N}} \sup_{f_1, \ldots, f_\ell} \max_{1 \leq k \leq \ell}$ は結局単一の $f \in \mathcal{F}$ で達成されるので, 上式は $R_n(\mathcal{F})$ に等しい.

次に (5) を示そう. ϕ/b を考えることにより, はじめから $b = 1$ として示せばよい. $X_1, \ldots, X_n$ を与えたときの条件付期待値に対して不等式が成り立てば十

分であるから，$\mathbb{R}^n$ のコンパクト集合 C に対して
$$E\Big[\sup_{a\in C}\sum_{i=1}^n \sigma_i\phi_i(a_i)\Big] \le E\Big[\sup_{a\in C}\sum_{i=1}^n \sigma_i a_i\Big] \tag{5.14}$$
を示せばよい．このためには，D を $\mathbb{R}^2$ のコンパクト集合とするとき，$t=(t_1,t_2)\in D$ と書くことにして
$$E\Big[\sup_{t\in D}\sigma_1\phi_1(t_1)+t_2\Big] \le E\Big[\sup_{t\in D}\sigma_1 t_1+t_2\Big] \tag{5.15}$$
を示せば十分である．実際，式 (5.15) が成り立つと，$\sigma_2,\ldots,\sigma_n$ を固定して $D=\{t=(a_1,\sum_{i=2}^n \sigma_i\phi_i(a_i))\in\mathbb{R}^2\mid a\in C\}$ とおくと，
$$\begin{aligned}
E\Big[\sup_{a\in C}\sum_{i=1}^n \sigma_i\phi_i(a_i)\Big] &= E\Big[E\Big[\sup_{a\in C}\sum_{i=1}^n \sigma_i\phi_i(a_i)\,\Big|\,\sigma_2,\ldots,\sigma_n\Big]\Big] \\
&= E\Big[E\Big[\sup_{t\in D}\sigma_1\phi_1(t_1)+t_2\,\Big|\,\sigma_2,\ldots,\sigma_n\Big]\Big] \\
&\le E\Big[E\Big[\sup_{t\in D}\sigma_1 t_1+t_2\,\Big|\,\sigma_2,\ldots,\sigma_n\Big]\Big] \\
&= E\Big[E\Big[\sup_{a\in C}\sigma_1 a_1+\sum_{i=2}^n \sigma_i\phi_i(a_i)\,\Big|\,\sigma_2,\ldots,\sigma_n\Big]\Big]
\end{aligned}$$
となり，同様に $i=2,3,\ldots$ と順に ϕ_i を除いたもので上から評価を行うことにより，式 (5.14) を示すことができる．

式 (5.15) の左辺で $\sigma_1=1,-1$ に対して最大値をとる D の元をそれぞれ t^*,s^* とすると，左辺は
$$E\Big[\sup_{t\in D}\sigma_1\phi_1(t_1)+t_2\Big] = \frac{1}{2}(\phi_1(t_1^*)+t_2^*)+\frac{1}{2}(-\phi_1(s_1^*)+s_2^*)$$
である．$t_1^*\ge s_1^*$ ならば，Lipschitz 性より $\phi_1(t_1^*)-\phi_1(s_1^*)\le t_1^*-s_1^*$，したがって，上式の右辺は
$$\frac{1}{2}(t_1^*+t_2^*)+\frac{1}{2}(-s_1^*+s_2^*) \le \sup_{t\in D}\frac{1}{2}(t_1+t_2)+\sup_{s\in D}\frac{1}{2}(-s_1+s_2) = E[\sup_{t\in D}\sigma_1 t_1+t_2]$$
により上から抑えられる．また，$s_1^*\ge t_1^*$ ならば，$\phi_1(t_1^*)-\phi_1(s_1^*)\le s_1^*-t_1^*$ により，同様に上式の右辺は $\sup_{t\in D}\frac{1}{2}(-t_1+t_2)+\sup_{s\in D}\frac{1}{2}(s_1+s_2)=E[\sup_{t\in D}\sigma_1 t_1+t_2]$ を超えない．いずれの場合も式 (5.15) が示される．

5.3 サポートベクターマシンの期待損失の評価

前節の議論は，損失関数が有界な値をとる場合に限定されており，0-1 損失など限定された問題にしか適用可能でない．そこで本節はこの議論をヒンジ損失関

数に拡張する方法を述べる．

5.3.1 0-1 損失関数とヒンジ損失関数

以下では $y \in \{\pm 1\}$ として 2 値識別の問題を考える．まず 0-1 損失関数とヒンジ損失関数について復習しておこう．0-1 損失関数は

$$\ell_{01}(y, f) = \frac{1 - y \operatorname{sgn}(f)}{2}$$

で定義された．$L(f) = E[\ell_{01}(y, f(X))] = E[Y \neq \operatorname{sgn}(f(X))]$ により，0-1 損失関数は平均誤り率を与える．SVM など学習機械の期待損失はこの 0-1 損失関数で測られることが多い．一方ヒンジ損失関数は

$$\ell_{hinge}(y, f) = \phi(fy), \quad \phi(t) = (1 - t)_+$$

と定義される (図 5.3)．4 章で述べたように，ソフトマージン SVM の制約はヒンジ損失関数を使って表現することができ，学習の目的関数は

$$\widehat{E}_n[\phi(Y_i f(X_i))] + \frac{\lambda}{2} \|f\|^2 \tag{5.16}$$

によって与えられる．

以上からわかるように，SVM の学習では，期待損失を測る 0-1 損失関数とは異なるヒンジ損失関数によって経験損失が与えられる．前節の理論では，期待損失と経験損失を同一の損失関数を用いて測っていたため，SVM への適用には修正が必要である．また，前節では損失関数に有界性を仮定しており，この仮定は Azuma-Hoeffding の不等式などの適用に際して本質的であった．この点も修正が必要である．

このために，まず打ち切り関数 $\tilde{\phi}(t) = \min(1, \phi(t))$ を導入し，打ち切りヒンジ損失関数を

$$\ell(y, f) = \tilde{\phi}(yf) \in [0, 1]$$

により定義しよう．このとき

$$\ell_{01}(y, f(x)) \leq \tilde{\phi}(yf(x)) \leq \phi(yf(x)) \tag{5.17}$$

が成り立つ．打ち切りヒンジ損失関数 $\tilde{\phi}(yf)$ は $[0, 1]$ に値をとるため 5.2.1 項の式 (5.10),(5.11) の結果が適用可能である．すると，確率 $1 - \delta$ 以上で

5.3 サポートベクターマシンの期待損失の評価

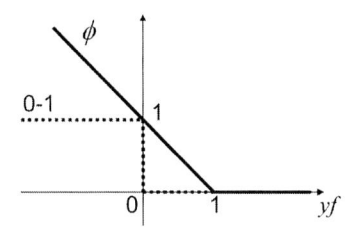

図 5.3 0-1 損失関数とヒンジ損失関数.

$$\sup_{f \in \mathcal{F}} \left\{ E[\tilde{\phi}(Yf(X))] - \widehat{E}_n[\tilde{\phi}(Yf(X))] \right\} \leq 2R_n(\ell_{\tilde{\phi}, \mathcal{F}}) + \sqrt{\frac{\log(1/\delta)}{2n}}$$

が成り立つ．ここで $\ell_{\tilde{\phi}, \mathcal{F}} = \{\tilde{\phi}(yf(x)) \mid f \in \mathcal{F}\}$ である．式 (5.17) と合わせると，確率 $1 - \delta$ 以上で，任意の $f \in \mathcal{F}$ に対して

$$L(f) = E[\ell_{01}(Y, f(X))] \leq \widehat{E}_n[\phi(Yf(X))] + 2R_n(\ell_{\tilde{\phi}, \mathcal{F}}) + \sqrt{\frac{\log(1/\delta)}{2n}} \quad (5.18)$$

が成立する．この式は，0-1 損失関数で測った期待損失をヒンジ損失関数で測った経験損失によって上から評価している．次節でみるように，$\tilde{\phi}$ の Lipschitz 性から $R_n(\ell_{\tilde{\phi}, \mathcal{F}})$ は評価しやすい．

5.3.2 マージンと期待損失

SVM において識別関数を決定するための基準はマージン最大化であり，再生核ヒルベルト空間 $\mathcal{H}$ 内の関数 $f(x)$ に対するマージンは $1/\|f\|_{\mathcal{H}}$ であった．いま，$\mathcal{X}$ 上の正定値カーネル k により定まる再生核ヒルベルト空間を $\mathcal{H}$ とするとき，$r > 0$ に対して $\mathcal{X}$ 上の関数族 $\mathcal{F}_r$ を

$$\mathcal{F}_r \equiv \{f \in \mathcal{H} \mid \|f\|_{\mathcal{H}} \leq r\}$$

により定義する．これを用いてヒンジ損失関数による目的関数

$$\min \widehat{E}_n[\phi(Yf(X))] \quad \text{subject to } f \in \mathcal{F}_r \quad (5.19)$$

により識別関数を求める問題を考える．式 (5.19) は，SVM の目的関数 (5.16) とは若干異なるが，条件 $f \in \mathcal{F}_r$ によってマージンを $1/r$ 以上に拘束しているため，マージンが大きい範囲で誤差を小さくする識別関数を探す一種の正則化を行って

いる．SVM の目的関数は Tikhonov 正則化と解釈できることを 3.4.3 項で述べたが，これに対して式 (5.19) のように関数のノルムを制約する正則化を Ivanov 正則化ということがある．

上の場合の Rademacher 平均に関して次の補題が成り立つ．

補題 5.11　上の記号のもと，次が成立する．

$$R_n(\ell_{\tilde{\phi}, \mathcal{F}_r}) \leq R_n(\mathcal{F}_r) \leq r\sqrt{\frac{E[k(X, X)]}{n}}.$$

補題の証明は後で示す．式 (5.18) と合わせると次の定理を得る．

定理 5.12　$r > 0$ に対して $\mathcal{F}_r = \{f \in \mathcal{H} \mid \|f\|_{\mathcal{H}} \leq r\}$ と定める．このとき，$1 - \delta$ 以上の確率で，任意の $f \in \mathcal{F}_r$ に対して

$$E[\ell_{01}(Y, f(X)] \leq \frac{1}{n}\sum_{i=1}^{n}(1 - Y_i f(X_i))_+ + 2r\sqrt{\frac{E[k(X,X)]}{n}} + \sqrt{\frac{\log(1/\delta)}{2n}}$$

が成り立つ．

この定理により，ヒンジ損失関数で測った経験損失が同じならば，大きいマージン（小さい r）を持つクラスから識別関数を求めるほうが，小さい期待損失を期待できる．これはマージン最大化基準のひとつの正当化を与えている．また，定理の評価において期待損失と経験損失の差の上界のうち，関数族が影響する項 $2r\sqrt{\frac{E[k(X,X)]}{n}}$ を本質的に決めるのはマージンの上限 r であり，入力空間の次元などは影響を与えない．

以下で補題 5.11 を証明しておこう．

補題 5.11 の証明　まず $R_n(\ell_{\tilde{\phi}, \mathcal{F}_r}) \leq R_n(\mathcal{F}_r)$ を示す．$\tilde{\phi}$ は $|\tilde{\phi}(t_1) - \tilde{\phi}(t_2)| \leq |t_1 - t_2|$ という Lipschitz 連続性を満たすので，5.2.4 項で述べた Rademacher 平均の性質により

$$R_n(\ell_{\tilde{\phi}, \mathcal{F}_r}) = E\left[\sup_{f \in \mathcal{F}_r} \frac{1}{n}\sum_{i=1}^{n} \sigma_i \tilde{\phi}(Y_i f(X_i))\right] \leq E\left[\sup_{f \in \mathcal{F}_r} \frac{1}{n}\sum_{i=1}^{n} \sigma_i Y_i f(X_i)\right]$$

が成り立つ．$\sigma_i Y_i$ が Rademacher 変数であることに注意すると，上の不等式の右辺は $R_n(\mathcal{F}_r)$ に他ならない．

次に $R_n(\mathcal{F}_r) \leq r\sqrt{E[k(X,X)]/n}$ を示す．

$$\frac{1}{n}\sum_{i=1}^n \sigma_i f(X_i) = \left\langle \frac{1}{n}\sum_{i=1}^n \sigma_i k(\cdot, X_i), f \right\rangle \leq \|f\| \left\| \frac{1}{n}\sum_{i=1}^n \sigma_i k(\cdot, X_i) \right\|$$

により,

$$R_n(\mathcal{F}_r) \leq rE\left\| \frac{1}{n}\sum_{i=1}^n \sigma_i k(\cdot, X_i) \right\|$$

を得る．ここで

$$\left(E\left\| \frac{1}{n}\sum_{i=1}^n \sigma_i k(\cdot, X_i) \right\|\right)^2 \leq E\left\| \frac{1}{n}\sum_{i=1}^n \sigma_i k(\cdot, X_i) \right\|^2$$
$$= E\left[\frac{1}{n^2}\sum_{i,j=1}^n \sigma_i \sigma_j k(X_i, X_j) \right] = \frac{1}{n} E[k(X, X)]$$

により補題が証明される． □

5.3.3 サポートベクターマシンの期待損失

前項の定理 5.12 は，マージンと期待損失の関係をあきらかにしてはいるものの，正則化の違いにより SVM 本来の期待損失とは厳密には異なる．

ここまで SVM のマージンを定義する際には，スケールを固定するために $y_i(w^T x_i + b) \geq 1$（ソフトマージンの場合は $y_i(w^T x_i + b) \geq 1 - \xi_i$）という制約をおいてマージン $1/\|w\|$ を考えたが，逆に $\|w\| \leq 1$ と制約をおいて，$\min_i y_i(w^T x_i + b)$ をマージンと定義することも可能である．このようにマージンを捉えたとき，線形識別関数のマージンと VC 次元との関係について以下の事実が知られている．本書ではこの定理は用いないので証明は省略する．

定理 5.13 (Vapnik (1982)) $\gamma, R > 0$ とし，$\mathcal{X} \subset \{x \in \mathbb{R}^n \mid \|x\| \leq R\}$ とする．$\mathcal{X}$ 上の線形識別関数の族

$$\mathcal{F} \subset \{f : \mathcal{X} \to \mathbb{R} \mid \|w\| \leq 1 \text{ を満たす } w \text{ があって } f(x) = w^T x\}$$

に対して $\text{sgn}(\mathcal{F}) = \{\text{sgn}(f) : \mathcal{X} \to \{\pm 1\} \mid f \in \mathcal{F}\}$ とおく．任意の $f \in \mathcal{F}$ と $x \in \mathcal{X}$ に対して $|f(x)| \geq \gamma$ を満たすとき，

$$\dim_{VC}(\text{sgn}(\mathcal{F})) \leq \min\left\{ \frac{R^2}{\gamma^2}, n \right\} + 1$$

が成り立つ．

この定理も VC 次元を通してマージン γ と期待損失の関係をあきらかにしてい

ると解釈できそうだが，SVM のマージンは学習を行って初めてわかるものであり，上の定理のように任意の $x \in \mathcal{X}$ に関して成り立つ γ を知ることは現実的でない．そこで，データから計算されるマージンと期待損失を関係づける方法が必要となる．このためには VC 次元のかわりに fat shattering 次元と呼ばれる量が用いられる．

$\mathcal{F}$ を集合 $\mathcal{X}$ 上の実関数の族とし，γ を正数とする．有限集合 $S \subset \mathcal{X}$ が $\mathcal{F}$ によって γ-shatter されるとは，ある実数の族 $\{r_x\}_{x \in S}$ があって，S の任意の 2 値ラベル $b: S \to \{\pm 1\}$ に対してある $f_b \in \mathcal{F}$ をとると

$$f_b(x) \geq r_x + \gamma, \quad (b(x) = 1 \text{ のとき})$$
$$f_b(x) \leq r_x - \gamma, \quad (b(x) = -1 \text{ のとき})$$

とできることをいう．$\gamma > 0$ に対する $\mathcal{F}$ の **fat shattering 次元** $\mathrm{fat}_{\mathcal{F}}(\gamma)$ とは，$\mathcal{F}$ によって γ-shatter される $\mathcal{X}$ の部分集合の要素数の最大値として定義される．最大値がない場合は $\mathrm{fat}_{\mathcal{F}}(\gamma) = \infty$ と定める．

fat shattering 次元を用いると，データに基づくマージンと予測誤差が以下のように関連づけられる．

定理 5.14 (Bartlett (1998), Theorem 2) $\mathcal{X}$ を可測集合，$0 < \gamma < 1$, $S = \{(X_1, Y_1), \ldots, (X_n, Y_n)\}$ を $\mathcal{X} \times \{+1, -1\}$ 上の確率 P に従う i.i.d. サンプルとする．$\mathcal{F}$ を集合 $\mathcal{X}$ 上の実数値可測関数の族とし，$d = \mathrm{fat}_{\mathcal{F}}(\gamma/16)$ とする．$f \in \mathcal{F}$ に対してマージンが γ 未満のデータの割合を $L_{\gamma}(f)$，すなわち

$$L_{\gamma}(f) = \frac{\sum_{i=1}^{n} I\{Y_i f(X_i) < \gamma\}}{n}$$

と定め，0-1 損失関数に対する期待損失を $L(f)$ で表す．このとき，任意の $n \in \mathbb{N}$, $0 < \delta < 1/2$ に対し，

$$\Pr\left(\text{任意の } f \in \mathcal{F} \text{ に対して}\right.$$
$$\left. L(f) \leq L_{\gamma}(f) + \sqrt{\frac{2}{n}\left\{d \log \frac{34en}{d} \log_2(578) + \log \frac{4}{\delta}\right\}} \right) \geq 1 - \delta$$

が成立する．

証明は省略する．この定理と 5.2.3 項でみた VC 次元による汎化誤差の上界を

比較すると，上の定理ではマージン γ をしきい値として経験誤差を測っている点が異なるが，定数倍を除けば VC 次元を fat shattering 次元に置き換えたものに形が類似している．

5 章のまとめと文献

本章で紹介した統計的学習理論は Vapnik が創始したものであり，その内容を知るには Vapnik (1995, 1998) をみていただくのがよい．Rademacher 平均によって予測誤差の上界を導く方法は比較的最近開発されたもので，もともと Vapnik がとった方法とは異なる．Rademacher 平均の方法は Bartlett and Mendelson (2002) や Ledoux and Talagrand (1991) に詳しい．

fat shattering 次元による期待損失の評価については，Bartlett (1998) の他に Bartlett and Shawe-Taylor (1999) などに解説がある．また fat shattering 次元を用いた期待損失の上界を得る別のアプローチとして，Shawe-Taylor and Cristianini (1999, 2000); Cristianini and Shawe-Taylor (2000) もある．これら fat shattering 次元を用いた期待損失の解析の基礎となるのは，関数族の複雑度を fat shattering 次元によって評価した Alon et al. (1997) である．

マージンは学習のよさを測る量であるが，期待損失を定める 0-1 損失関数による経験損失とは異なる量である．このように，期待損失を定める損失関数とは異なるが，学習のよさをはかる量のことを一般に luckiness 関数と呼んで，それを用いて期待損失の上界を導くアプローチもある (Herbrich, 2001)．

chapter 6

正定値カーネルの理論

本章では正定値カーネルに関する理論的な話題をいくつか紹介する．まず負定値カーネルを導入し，正定値カーネルとの関連を述べ，正定値カーネルのさまざまな例を導く．次に Bochner の定理を紹介する．これは，ユークリッド空間上での平行移動不変な正定値カーネル全体をその Fourier 変換によって特徴づけるものである．最後に，正定値カーネルの固有分解である Mercer の定理について述べる．

6.1 正定値カーネルと負定値カーネル

本節では負定値カーネルを定義し，負定値カーネルと正定値カーネルを関係づける Schoenberg の定理を述べる．この定理を用いて，ひとつの正定値または負定値カーネルからさまざまな正定値カーネルを導く手法を紹介する．

6.1.1 負定値カーネル

$\mathcal{X}$ を集合とするとき，$\psi : \mathcal{X} \times \mathcal{X} \to \mathbb{C}$ が**負定値**であるとは，ψ が Hermite 的 ($\psi(y,x) = \overline{\psi(x,y)}$) で，かつ $\mathcal{X}$ の n 個の任意の点 $x_1, \ldots, x_n$ ($n \geq 2$) と $\sum_{i=1}^{n} c_i = 0$ を満たす任意の複素数 $c_1, \ldots, c_n \in \mathbb{C}$ に対し

$$\sum_{i,j=1}^{n} c_i \overline{c_j} \psi(x_i, x_j) \leq 0$$

が成り立つことをいう．

負定値カーネルの定義は，正定値カーネルの定義の逆符号ではない点に注意してほしい．定義中の不等式は $\sum_{i=1}^{n} c_i = 0$ を満たす c_i に対してのみ成り立てば

よい．したがってグラム行列 $\psi(x_i, x_j)$ は負定値行列とは限らない．

次の性質は定義からすぐにわかるので，証明は読者に任せる．

命題 6.1　　(1) k が正定値カーネルならば，$-k$ は負定値カーネルである．
(2) 定数関数は負定値カーネルである．
(3) 任意の関数 f に対して
$$\psi(x,y) = f(x) + f(y)$$
は負定値カーネルである．

正定値カーネルの場合と同様に，以下の諸性質が成り立つ．

命題 6.2　　$\psi_i : \mathcal{X} \times \mathcal{X} \to \mathbb{C}$ $(i=1,2,\ldots)$ を負定値カーネルとするとき，次の 2 つのカーネルも負定値である．
(1) (非負結合)　　$a\psi_1 + b\psi_2$ 　　$(a, b \geq 0)$
(2) (極限)　　$\lim_{i \to \infty} \psi_i(x, y)$ 　　(極限値の存在を仮定する)

上の命題により，$\mathcal{X}$ 上の負定値カーネルの全体は各点位相に関して閉な凸錐である．正定値カーネルの場合とは異なり，負定値カーネルの積は負定値とは限らない．負定値カーネルの基本的な例は次の命題により得られる．

命題 6.3　　$\phi : \mathcal{X} \to V$ を集合 $\mathcal{X}$ から内積空間 V への写像とするとき，
$$\psi(x,y) = \|\phi(x) - \phi(y)\|^2$$
は $\mathcal{X}$ 上の負定値カーネルである．

証明　　$c_1, \ldots, c_n$ を $\sum_{i=1}^{n} c_i = 0$ を満たす複素数，$x_1, \ldots, x_n$ を $\mathcal{X}$ の点とすると，
$$\sum_{i,j=1}^{n} c_i \overline{c_j} \|\phi(x_i) - \phi(x_j)\|^2$$
$$= \sum_{i,j=1}^{n} c_i \overline{c_j} \{\|\phi(x_i)\|^2 + \|\phi(x_j)\|^2 - (\phi(x_i), \phi(x_j)) - (\phi(x_j), \phi(x_i))\}$$
$$= 0 + 0 - \left\|\sum_{i=1}^{n} c_i \phi(x_i)\right\|^2 - \left\|\sum_{i=1}^{n} \overline{c_i} \phi(x_i)\right\|^2 \leq 0$$
により証明される．　　□

正定値カーネルと負定値カーネルは密接に結びついている．まず，以下の補題を示そう．

補題 6.4 $\psi(x, y)$ を空でない集合 $\mathcal{X}$ 上の Hermite 的なカーネルとする．x_0 を $\mathcal{X}$ の任意の点とし，φ を以下のように定義する．

$$\varphi(x, y) = -\psi(x, y) + \psi(x, x_0) + \psi(x_0, y) - \psi(x_0, x_0)$$

このとき ψ が負定値であることと φ が正定値であることは同値である．

証明 $x_i \in \mathcal{X}$ $(i = 1, \ldots, n)$ を任意の点とする．まず φ が正定値とする．a_i $(i = 1, \ldots, n)$ を $\sum_{i=1}^{n} a_i = 0$ を満たす複素数とすると，正定値性より

$$\sum_{i,j=1}^{n} a_i \overline{a_j} \varphi(x_i, x_j) \geq 0$$

である．$\sum_{i,j=1}^{n} a_i \overline{a_j} \psi(x_i, x_0) = \sum_{i,j=1}^{n} a_i \overline{a_j} \psi(x_0, x_j) = \sum_{i,j=1}^{n} a_i \overline{a_j} \psi(x_0, x_0) = 0$ に注意すると，$\sum_{i,j=1}^{n} a_i \overline{a_j} \psi(x_i, x_j) \leq 0$ が得られ，ψ は負定値である．

次に ψ が負定値とする．$c_i \in \mathbb{C}$ $(1 = 1, \ldots, n)$ を任意にとり，$c_0 = -\sum_{i=1}^{n} c_i$ と定めると，ψ の負定値性により $x_0, x_1, \ldots, x_n$ に対し

$$\sum_{i,j=0}^{n} c_i \overline{c_j} \psi(x_i, x_j) \leq 0$$

が成り立つ．この左辺は

$$\sum_{i,j=1}^{n} c_i \overline{c_j} \psi(x_i, x_j) + \overline{c_0} \sum_{i=1}^{n} c_i \psi(x_i, x_0) + c_0 \sum_{j=1}^{n} \overline{c_j} \psi(x_0, x_j) + |c_0|^2 \psi(x_0, x_0)$$

$$= -\sum_{i,j=1}^{n} c_i \overline{c_j} \varphi(x_i, x_j)$$

であるので，$\sum_{i,j=1}^{n} c_i \overline{c_j} \varphi(x_i, x_j) \geq 0$ が成り立ち，φ は正定値である． □

定理 6.5 (Schoenberg の定理) $\mathcal{X}$ を空でない集合，$\psi : \mathcal{X} \times \mathcal{X} \to \mathbb{C}$ を $\mathcal{X}$ 上のカーネルとする．このとき，ψ が負定値であることと $\exp(-t\psi)$ が任意の $t > 0$ に対して正定値であることは同値である．

証明 微分の定義により，任意の $x, y \in \mathcal{X}$ に対して

$$\psi(x, y) = \lim_{t \downarrow 0} \frac{1 - \exp(-t\psi(x, y))}{t}$$

が成り立つ．任意の $t > 0$ に対して $\exp(-t\psi(x,y))$ が正定値ならば，$\{1 - \exp(-t\psi(x,y))\}/t$ は負定値であり，その極限である $\psi(x,y)$ も負定値である（命題 6.2）．

逆の証明には $t=1$ の場合を示せば十分である．任意の $x_0 \in \mathcal{X}$ を固定し，

$$\varphi(x,y) = -\psi(x,y) + \psi(x,x_0) + \psi(x_0,y) - \psi(x_0,x_0)$$

と定義すると，補題 6.4 により φ は正定値である．すると，2.1.2 項と同様の議論により $\exp(\varphi(x,y))$ は正定値である．したがって命題 2.5 により

$$e^{-\psi(x,y)} = e^{\varphi(x,y)} e^{-\psi(x,x_0)} \overline{e^{-\psi(y,x_0)}} e^{\psi(x_0,x_0)}$$

も正定値である． □

6.1.2 カーネルを生成する操作

Schoenberg の定理に基づいて，負定値または正定値カーネルを系統的に生成することが可能である．

命題 6.6 集合 $\mathcal{X}$ 上の負定値カーネル $\psi : \mathcal{X} \times \mathcal{X} \to \mathbb{C}$ が $\psi(x,x) \geq 0$ を満たすとき，任意の $0 < p \leq 1$ に対し，

$$\psi(x,y)^p$$

はまた負定値である．

証明 任意の $z \geq 0$ に対して $z^p = \frac{p}{\Gamma(1-p)} \int_0^\infty t^{-p-1}(1-e^{-tz})dt$（$\Gamma(z)$ はガンマ関数）が成り立つことから，

$$\psi(x,y)^p = \frac{p}{\Gamma(1-p)} \int_0^\infty t^{-p-1}(1-e^{-t\psi(x,y)})dt$$

である．Schoenberg の定理と命題 6.1 により右辺の被積分関数 $t^{-p-1}(1-e^{-t\psi(x,y)})$ は任意の $t \geq 0$ に対して負定値カーネルである．積分がリーマン和の極限であることに注意すれば，$\psi(x,y)^p$ も負定値となる． □

命題 6.3 により $\|x-y\|^2$ は負定値カーネルであるので，命題 6.6 から $\|x-y\|^p$ ($0 < p \leq 2$) も負定値である．Schoenberg の定理より以下の系を得る．

系 6.7 任意の $0 < p \leq 2$ と $\alpha > 0$ に対し,
$$\exp(-\alpha \|x-y\|^p)$$
は $\mathbb{R}^n$ 上の正定値カーネルである.

特に $\alpha = 1, 2$ の場合はそれぞれラプラス, およびガウス RBF カーネルであり, 系 6.7 はこれらが正定値カーネルであることの別証を与えている.

命題 6.8 $\psi : \mathcal{X} \times \mathcal{X} \to \mathbb{C}$ を集合 $\mathcal{X}$ 上の負定値カーネルとする. 任意の $x, y \in \mathcal{X}$ に対し $\psi(x,y) \geq 0$ を満たすとき, 任意の $\alpha > 0$ に対して
$$\log(\alpha + \psi(x,y))$$
は負定値カーネルである. また, 任意の $x, y \in \mathcal{X}$ に対して $\psi(x,y) > 0$ のとき,
$$\log \psi(x,y)$$
は負定値カーネルである.

証明 積分表示
$$\log(1 + \psi(x,y)) = \int_0^\infty (1 - e^{-t\psi(x,y)}) \frac{e^{-t}}{t} dt$$
により, 命題 6.6 の証明と同様の議論により $\log(1 + \psi(x,y))$ は負定値である. したがって, $\log(\alpha + \psi) = \log(1 + \frac{1}{\alpha}\psi) + \alpha$ も負定値である. $\psi > 0$ の場合には, $\alpha \to 0$ の極限をとることにより $\log \psi$ の負定値性を得る. □

命題 6.1(3) から $\psi(x,y) = x + y$ は $\mathbb{R}$ 上の負定値カーネルであるので,
$$\psi(x,y) = \log(x+y)$$
は $(0, \infty)$ 上の負定値カーネルである.

命題 6.9 負定値カーネル ψ が $\operatorname{Re} \psi(x,y) \geq 0$ を満たすとき,
$$\frac{1}{\psi(x,y) + a}$$
(a は正定数) は正定値カーネルである.

証明
$$\frac{1}{\psi(x,y)+a} = \int_0^\infty e^{-t(\psi(x,y)+a)}dt$$
の積分表示が成り立つので，命題 6.6 の証明と同様にして正定値性を得る． □

命題 6.3, 6.9 により，任意の $0 < p \le 2$ に対して
$$\frac{1}{1+|x-y|^p}$$
は $\mathbb{R}$ 上の正定値カーネルである．特に $p=2$ の場合は Cauchy 分布の密度関数との類似から Cauchy カーネルと呼ばれることがある．

6.2　Bochner の定理

$\mathbb{R}^n$ 上のカーネル k が**平行移動不変**であるとは，$\mathbb{R}^n$ 上の関数 ϕ があって $k(x,y) = \phi(x-y)$ と書けることをいう．カーネルが平行移動不変であることは $k(x,y) = k(x+z, y+z)$ $(\forall z \in \mathbb{R}^n)$ と同値である．

$\mathbb{R}^n$ 上の関数 ϕ が**正値**であるとは，
$$k(x,y) = \phi(x-y)$$
により定義されるカーネルが正定値であることをいう．すなわち，任意の $x_1, \ldots, x_n \in \mathbb{R}^n$ とスカラー $c_1, \ldots, c_n$ に対して
$$\sum_{i,j=1}^n c_i \overline{c_j} \phi(x_i - x_j) \ge 0$$
が成り立つことをいう．例えば，系 6.7 により，$\alpha > 0, 0 < p \le 2$ に対し $e^{\alpha \|x\|^p}$ は $\mathbb{R}^n$ 上の正値関数である．

Bochner の定理は，$\mathbb{R}^n$ 上の「すべての」連続な正値関数を Fourier 変換によって特徴づける．

定理 6.10 (Bochner の定理)　ϕ を $\mathbb{R}^n$ 上の複素数値連続関数とする．このとき ϕ が正値であるための必要十分条件は，$\mathbb{R}^n$ 上の有限な非負 Borel 測度 Λ があって
$$\phi(x) = \int e^{\sqrt{-1}\omega^T x} d\Lambda(\omega) \tag{6.1}$$
と表されることである．また，上式を満たす Borel 測度 Λ は一意的である．

十分性は容易に確認できる．実際，$e^{\sqrt{-1}(x-y)^T\omega} = e^{\sqrt{-1}x^T\omega}\overline{e^{\sqrt{-1}y^T\omega}}$ からわかるように，任意の $\omega \in \mathbb{R}^n$ に対して $e^{\sqrt{-1}x^T\omega}$ は $\mathbb{R}^n$ 上の正値関数であるが，式 (6.1) の積分はこれらの非負結合の極限として得られるため，命題 2.2 により ϕ は正値である．Bochner の定理の必要性の証明はいくつかの方法が知られているが本書では省略する．比較的初等的な証明が伊藤 (1963)§30 にある．ここでは定理の意味を述べておこう．まず，式 (6.1) は ϕ が Λ の逆 Fourier 変換 (逆 Fourier-Stieltjes 変換) であることを示している．言い換えれば，Λ は ϕ の Fourier 変換といってよい．したがって，Bochner の定理は，ϕ が正値であることと ϕ の Fourier 変換の非負性とが同値であることを主張している．

また，命題 2.2 とまったく同様に $\mathbb{R}^n$ 上の正値関連続数全体は凸錐をなす．一方 Bochnrer の定理は，任意の正値連続関数が $\{e^{\sqrt{-1}x^T\omega} \mid \omega \in \mathbb{R}^n\}$ の非負結合として表されることを主張するので，この関数系が $\mathbb{R}^n$ 上の正値連続関数全体のなす凸錐の生成系であることを意味する．

$\mathbb{R}$ の非負関数 $\exp(-\frac{1}{2\sigma^2}\omega^2)$, $\frac{1}{\omega^2+\alpha^2}$ の Fourier 変換はそれぞれ (正の定数倍を除いて) $\exp(-\frac{\sigma^2}{2}x^2)$ および $\exp(-\alpha|x|)$ となる．Bochner の定理より，ガウス RBF カーネルおよびラプラスカーネルの正定値性が再確認できる．

6.3 Mercer の定理

連続な正定値カーネルに対する Mercer の定理を述べる．この定理は，正定値カーネルを積分作用素に関するスペクトル分解によって表現する．証明には関数解析の知識を要するので不慣れな読者は証明を読み飛ばしてもよい．

6.3.1 積分核と積分作用素

$(\Omega, \mathcal{B}, \mu)$ を測度空間とし，$K: \Omega \times \Omega \to \mathbb{C}$ を可測なカーネルとする．K は必ずしも正定値とは限らない．6.3 節では常に以下の 2 乗可積分性

(2乗可積分性) $\qquad \int_\Omega \int_\Omega |K(x,y)|^2 d\mu(x)d\mu(y) < \infty$

を仮定する．また，$L^2(\Omega, \mu)$ は可分と仮定する．

カーネル K に対し，$L^2(\Omega, \mu)$ 上の線形作用素 T_K を

$$(T_K f)(x) = \int_\Omega K(x,y)f(y)d\mu(y) \qquad (f \in L^2(\Omega, \mu)) \tag{6.2}$$

により定義する．このとき Cauchy-Schwarz の不等式から

$$\int |T_K f(x)|^2 d\mu(x) = \int \left\{ \int K(x,y) f(y) d\mu(y) \right\}^2 d\mu(x)$$
$$\leq \int \int |K(x,y)|^2 d\mu(x) d\mu(y) \|f\|_{L^2}^2$$

であるので，$T_K f$ は $L^2(\Omega, \mu)$ の元である．T_K は K を積分核とする**積分作用素**と呼ばれる．以下に示すように T_K は Hilbert-Schmidt 作用素 (付録 A.6 節) である．

定理 6.11 2 乗可積分な積分核 K によって式 (6.2) で定まる T_K は Hilbert-Schmidt 作用素であり

$$\|T_K\|_{HS}^2 = \int \int_{\Omega \times \Omega} |K(x,y)|^2 d\mu(x) d\mu(y) \quad \left(= \|K(x,y)\|_{L^2(\Omega \times \Omega, \mu \times \mu)}^2 \right)$$

が成り立つ．

証明 2 乗可積分性により，ほとんどすべての x に対し $K(x, \cdot) \in L^2(\Omega, \mu)$ である．$\{\varphi_i\}_{i=1}^{\infty}$ を $L^2(\Omega, \mu)$ の完全正規直交系とすると，Parseval の等式により

$$\int_{\Omega} |K(x,y)|^2 d\mu(y) = \sum_{i=1}^{\infty} \left| (K(x,\cdot), \varphi_i)_{L^2(\Omega, \mu)} \right|^2 = \sum_{i=1}^{\infty} |T_K \overline{\varphi_i}(x)|^2$$

が成り立つ．$\{\overline{\varphi_i}\}_{i=1}^{\infty}$ も $L^2(\Omega, \mu)$ の完全正規直交系であることから

$$\int \int_{\Omega \times \Omega} |K(x,y)|^2 d\mu(x) d\mu(y) = \sum_{i=1}^{\infty} \|T_K \overline{\varphi_i}\|^2 = \|T_K\|_{HS}^2$$

を得る． □

実は上の定理の逆も成り立つ．

定理 6.12 $L^2(\Omega, \mu)$ 上の任意の Hilbert-Schmidt 作用素 T に対し，2 乗可積分な積分核 $K(x,y) \in L^2(\Omega \times \Omega, \mu \times \mu)$ が一意的に存在し

$$T\varphi = \int K(x,y) \varphi(y) d\mu(y), \tag{6.3}$$

すなわち $T = T_K$ が成り立つ．

証明 一意性は容易なので存在のみを示す．記法を簡単にするため，単に $(\cdot,\cdot)$ によって $L^2(\Omega,\mu)$ の内積を表す．$\{\varphi_i\}_{i=1}^\infty$ を $L^2(\Omega,\mu)$ の完全正規直交系とし，任意の $n \in \mathbb{N}$ に対し

$$K_n(x,y) = \sum_{i=1}^n (T\varphi_i)(x)\overline{\varphi_i(y)}$$

と定義する．このとき $\{K_n\}_{n=1}^\infty$ は $L^2(\Omega\times\Omega,\mu\times\mu)$ の Cauchy 列である．実際，$m \geq n$ に対して

$$\int\int_{\Omega\times\Omega} \bigl|K_m(x,y) - K_n(x,y)\bigr|^2 d\mu(x)d\mu(y)$$
$$= \int\int_{\Omega\times\Omega} \Bigl|\sum_{i=n+1}^m (T\varphi_i)(x)\overline{\varphi_i(y)}\Bigr|^2 d\mu(x)d\mu(y)$$
$$= \sum_{i=n+1}^m \sum_{j=n+1}^m (T\varphi_i, T\varphi_j)(\varphi_j,\varphi_i) = \sum_{i=n+1}^m \|T\varphi_i\|_{L^2(\Omega,\mu)}^2$$

であるが，T は Hilbert-Schmidt 作用素なので，$\sum_{i=n+1}^m \|T\varphi_i\|_{L^2(\Omega,\mu)}^2 \to 0\ (n,m\to\infty)$ である．

$L^2(\Omega\times\Omega,\mu\times\mu)$ の完備性により 2 乗可積分な関数 $K(x,y)$ があって $L^2(\Omega\times\Omega,\mu\times\mu)$ において $K_n \to K$ となる．そこで式 (6.2) によって積分作用素 T_K を定義するとき，$T_K = T$ であることを示せばよい．K_n を積分核とする積分作用素を T_n とおくと，定理 6.11 により $\|T_K - T_n\| \leq \|K - K_n\|_{L^2(\Omega\times\Omega,\mu\times\mu)} \to 0\ (n\to\infty)$ である．すると，任意の $f \in L^2(\Omega,\mu)$ に対して

$$\|T_K f - Tf\| = \lim_{n\to\infty} \|T_n f - Tf\| = \lim_{n\to\infty} \Bigl\|\sum_{i=1}^n (T\varphi_i)(f,\varphi_i) - Tf\Bigr\|$$
$$= \lim_{n\to\infty} \Bigl\|T\Bigl(\sum_{i=1}^n (f,\varphi_i)\varphi_i\Bigr) - Tf\Bigr\|$$

となる．$\sum_{i=1}^n (f,\varphi_i)\varphi_i$ は $n\to\infty$ のとき $L^2(\Omega,\mu)$ において f に収束するので，上式の最後の極限は 0 になり，$T_K = T$ を得る． □

以上の 2 つの定理により，Hilbert-Schmidt 作用素と 2 乗可積分な積分核を持つ積分作用素とは一対一に対応することがわかる．

6.3.2　積分核の Hilbert-Schmidt 展開

積分核 K が Hermite 的，すなわち $\overline{K(x,y)} = K(y,x)$ を満たすと仮定する．このとき積分作用素 T_K は自己共役作用素である．実際，

$$(T_K f, g)_{L^2(\Omega,\mu)} = \int_\Omega \int_\Omega K(x,y) f(y) d\mu(y) \overline{g(x)} d\mu(x)$$
$$= \int_\Omega f(x) \int_\Omega \overline{K(y,x) g(x)} d\mu(x) d\mu(y) = (f, T_K g)$$

が成り立つ．自己共役な Hilbert-Schmidt 作用素は固有値分解 (付録 A.6) が可能である．T_K の固有値，固有ベクトル (関数) は，行列の場合と同様

$$T_K \phi = \lambda \phi \qquad (\lambda \in \mathbb{C}, \phi \in L^2(\Omega,\mu))$$

により定義される．自己共役な Hilbert-Schmidt 作用素の固有値は実であり，非零固有値 $\lambda \neq 0$ に対する固有空間は有限次元となる．いま固有空間の次元だけ重複を許して

$$|\lambda_1| \geq |\lambda_2| \geq \cdots |\lambda_n| \geq \cdots > 0$$

とし，λ_i に対応する単位固有ベクトルを ϕ_i とすると，$\{\phi_i\}$ は正規直交系であって，任意の $f \in L^2(\Omega,\mu)$ に対し

$$f = \sum_{i=1}^\infty (f, \phi_i)_{L^2(\Omega,\mu)} \phi_i + \psi, \qquad (\psi \in \mathcal{N}(T_K)^{*1)})$$

かつ

$$T_K f = \sum_{i=1}^\infty \lambda_i (f, \phi_i) \phi_i$$

という展開が $L^2(\Omega,\mu)$ において成り立つ．この事実は **Hilbert-Schmidt の展開定理**と呼ばれる．

さらに $L^2(\Omega \times \Omega, \mu \times \mu)$ において $K(x,y)$ は次のように展開される．

定理 6.13　積分核 K に対する積分作用素 T_K の非零固有値 λ_i, 単位固有ベクトル ϕ_i を上のとおりとする．このとき $L^2(\Omega \times \Omega, \mu \times \mu)$ において

$$K(x,y) = \sum_{i=1}^\infty \lambda_i \phi_i(x) \overline{\phi_i(y)}$$

の展開が成り立つ．

証明　$K(x,y)$ の 2 乗可積分性により，ほとんどすべての x に対し $K(x,\cdot) \in L^2(\Omega,\mu)$ である．ここで

[*1)] $\mathcal{N}(T_K)$ は作用素 T_K の零核を表す．付録 A.2 参照．

$$\int K(x,y)\phi_i(y)d\mu(y) = \lambda_i \phi_i(x)$$

により，$(K(x,\cdot), \overline{\phi_i})_{L^2(\Omega,\mu)} = \lambda_i \phi_i(x)$ であり，さらに $\psi \in \mathcal{N}(T_K)$ ならば $(K(x,\cdot), \psi)_{L^2(\Omega,\mu)} = 0$ なので，μ に関してほとんどすべての x に対して

$$K(x,\cdot) = \sum_{i=1}^{\infty} \lambda_i \phi_i(x) \overline{\phi_i} \tag{6.4}$$

という $L^2(\Omega,\mu)$ における Fourier 展開が成立する．Fubini の定理により

$$\int\int \left| K(x,y) - \sum_{i=1}^{N} \lambda_i \phi_i(x) \overline{\phi_i(y)} \right|^2 d\mu(x) d\mu(y)$$
$$= \int \left\| K(x,\cdot) - \sum_{i=1}^{N} \lambda_i \phi_i(x) \overline{\phi_i} \right\|^2_{L^2(\Omega,\mu)} d\mu(x) \tag{6.5}$$

である．式 (6.5) 右辺の非積分関数は，式 (6.4) よりほとんどすべての x に関して $N \to \infty$ のとき 0 に収束し，かつ

$$\left\| K(x,\cdot) - \sum_{i=1}^{N} \lambda_i \phi_i(x) \overline{\phi_i} \right\|^2_{L^2(\Omega,\mu)}$$
$$= \int |K(x,y)|^2 d\mu(y) - \sum_{i=1}^{N} \lambda_i^2 |\phi_i(x)|^2 \leq \int |K(x,y)|^2 d\mu(y)$$

のように，N によらない可積分関数で上から抑えられるので，優収束定理により式 (6.5) は $N \to \infty$ のとき 0 に収束する． □

定理 6.13 は，Hermite 行列の固有値分解

$$A = \sum_{i=1}^{n} \lambda_i u_i \overline{u_i}^T$$

を無限次元に拡張したものと考えることができる．

6.3.3　正値積分核と Mercer の定理

定理 6.13 では，Hermite 性だけを仮定して K の $L^2(\Omega \times \Omega, \mu \times \mu)$ における展開を示した．さらに，μ がコンパクト Hausdorff 空間 Ω 上の有限 Radon 測度で，K が Ω 上の連続な正定値カーネルの場合には，以下に示すようにこの収束は絶対かつ一様である．この事実は Mercer の定理と呼ばれる．

まず，K の正定値性と積分作用素 T_K の正値性 (付録 A.5) の関連を示しておこう．いまの場合，T_K の正値性は，任意の $f \in L^2(\Omega,\mu)$ に対して

$$\int_\Omega \int_\Omega K(x,y) f(x) \overline{f(y)} d\mu(x) d\mu(y) \geq 0 \tag{6.6}$$

が成り立つことと同値である．式 (6.6) を満たす積分核 K を**正値積分核**という．

ここで測度の台の概念を準備しておこう．位相空間 Ω 上の非負 Borel 測度 μ の台 (サポート) $\mathrm{Supp}(\mu)$ を

$$\mathrm{Supp}(\mu) = \{x \in \Omega \mid x \text{ を含む任意の開集合 } U \text{ に対し } \mu(U) > 0\}$$

により定義する．サポートは閉集合である．実際，任意の $x \in \Omega \backslash \mathrm{Supp}(\mu)$ に対し，ある開集合 U_x が存在して $\mu(U_x) = 0$ であるので，$U_x \subset \Omega \backslash \mathrm{Supp}(\mu)$ であり，$\Omega \backslash \mathrm{Supp}(\mu)$ は開である．Ω が完備距離空間であるとき，$\mu(U) = 0$ なる開集合 U 全体を $\mathcal{G}$ とおくと，$\cup_{U \in \mathcal{G}} U = \Omega \backslash \mathrm{Supp}(\mu)$ であることが知られている[*2]．また，$\mathbb{R}^n$ 上の Borel 測度 μ が Lebesgue 測度に関して連続な確率密度関数 $p(x)$ を持つとき，容易にわかるように μ の台は $p(x)$ の台と一致する．

Hausdorff 空間上の Borel 測度 μ が **Radon 測度**であるとは，任意のコンパクト集合 K に対して $\mu(K) < \infty$ で，任意の可測集合 E に対して $\mu(E) = \sup\{\mu(K) \mid K \text{ は } K \subset E \text{ なるコンパクト集合}\}$ が成り立つことをいう[*3]．

命題 6.14 Ω をコンパクト Hausdorff 空間，μ を Ω 上の有限非負 Radon 測度で，$\mathrm{Supp}(\mu) = \Omega$ とする．$K(x,y)$ を Ω 上の連続な複素数値 Hermite カーネルとするとき，$K(x,y)$ が正定値であるための必要十分条件は T_K が正値作用素であることである．

証明 必要性．Ω 上の任意の連続関数 g と，可測集合による Ω の分割 $\{E_i\}_{i=1}^n$ ($i \neq j$ ならば $E_i \cap E_j = \emptyset$，$\cup_{i=1}^n E_i = \Omega$) に対し，$K$ の正定値性により

$$\sum_{i,j=1}^n K(x_i, x_j) g(x_i) \overline{g(x_j)} \mu(E_i) \mu(E_j) \geq 0$$

が成り立つ．命題の積分はこのような和の極限として得られるので非負である．一般の $f \in L^2(\Omega, \mu)$ に対しては，任意の $\varepsilon > 0$ に対して $\|f - g\|_{L^2(\Omega, \mu)} < \varepsilon$ なる連続関

[*2] 証明には Radon 測度の概念を用いるので本書では省略する．例えば Berg et al. (1984, 1.1.8 および 64 ページの注釈) 参照．
[*3] 可分な完備距離空間では任意の Borel 測度が Radon 測度であることが知られているので，あまりその違いを気にする必要はない．

数 g をとれば[*4)], 式 (6.6) が示される.

十分性. $\mu = 0$ ならば自明なので, $\mu(\Omega) > 0$ としてよい. 背理法で示すため, ある $x_i \in \Omega, c_i \in \mathbb{C}, \delta > 0$ があって

$$\sum_{i,j=1}^{n} c_i \overline{c_j} K(x_i, x_j) \leq -\delta$$

が成り立つと仮定する. 一般性を失わずに $x_i \neq x_j (i \neq j)$ としてよい. K の連続性と Ω の Hausdorff 性により, 各 x_i の開近傍 U_i があって, $U_i \cap U_j = \emptyset$ $(i \neq j)$ かつ

$$|c_i \overline{c_j} K(x,y) - c_i \overline{c_j} K(x_i, x_j)| \leq \delta/(2n^2) \qquad (\forall (x,y) \in U_i \times U_j, i,j = 1, \ldots, n)$$

が成り立つ. このとき $\mathrm{Supp}(\mu) = \Omega$ により $\mu(U_i) > 0$ である. $f = \sum_{i=1}^{n} (c_i/\mu(U_i)) I_{U_i} \in L^2(\Omega, \mu)$ (I_{U_i} は U_i の定義関数) とおくと

$$\iint_{\Omega \times \Omega} K(x,y) f(x) \overline{f(y)} d\mu(x) d\mu(y)$$
$$\leq \sum_{i,j=1}^{n} \frac{1}{\mu(U_i)\mu(U_j)} \iint_{U_i \times U_j} \left| c_i \overline{c_j} K(x,y) - c_i \overline{c_j} K(x_i, x_j) \right| d\mu(x) d\mu(y)$$
$$+ \sum_{i,j=1}^{n} \iint_{U_i \times U_j} \frac{c_i \overline{c_j}}{\mu(U_i)\mu(U_j)} K(x_i, x_j) d\mu(x) d\mu(y)$$
$$\leq \delta/2 - \delta < 0$$

となり, 仮定に矛盾する. □

Ω と μ を命題 6.14 のとおりとする. Ω 上の連続な正定値カーネル K によって定まる積分作用素を T_K とするとき, 命題 6.14 により任意の $f \in L^2(\Omega, \mu)$ に対して $(T_K f, f) \geq 0$ が成り立つので, T_K の固有値は非負実数であることがわかる. 前節と同様, 正の固有値 (重複度だけ並べる) と固有ベクトルをそれぞれ $\lambda_1 \geq \lambda_2 \geq \cdots > 0$ および ϕ_i で表す.

定理 6.15 (Mercer の定理)   上の仮定のもと

$$K(x,y) = \sum_{i=1}^{\infty} \lambda_i \phi_i(x) \overline{\phi_i(y)} \tag{6.7}$$

が成り立つ. ここで収束は $\Omega \times \Omega$ 上の絶対かつ一様な収束である.

[*4)] このような g がとれることは伊藤 (1963) 定理 24.2 と同様にして示される.

6.3 Mercer の定理

証明 定理 6.13 から, 式 (6.7) は $L^2(\Omega\times\Omega,\mu\times\mu)$ の収束としては成り立つ. また,

$$\lambda_i\phi_i(x) = \int K(x,y)\phi_i(y)d\mu(y)$$

により, K の連続性から ϕ_i の連続性が容易に導かれる.

いま,

$$K_{n,m}(x,y) = \sum_{i=n}^{m} \lambda_i\phi_i(x)\overline{\phi_i(y)}, \quad R_n(x,y) = K(x,y) - K_{1,n-1}(x,y)$$

とおくと, これらは連続関数であり, $K_{n,m}$ はあきらかに正値積分核である. また, 定理 6.13 により $L^2(\Omega\times\Omega,\mu\times\mu)$ において $\lim_{m\to\infty} K_{n,m} = R_n$ であり, 正値積分核であるという性質は $L^2(\Omega\times\Omega,\mu\times\mu)$ の収束に関して保存されるので, R_n も正値積分核である. よって命題 6.14 より $R_n(x,y)$ は正定値カーネルである. すると任意の $x\in\Omega$ と $n\in\mathbb{N}$ に対し $R_n(x,x) \geq 0$, すなわち $K_{1,n-1}(x,x) = \sum_{i=1}^{n-1}\lambda_i|\phi_i(x)|^2 \leq K(x,x)$ が成り立つので,

$$\sum_{i=1}^{\infty} \lambda_i|\phi_i(x)|^2 \leq K(x,x) \tag{6.8}$$

を得る.

ここで $\lambda_i > 0$ に注意して Cauchy-Schwarz の不等式を用いると

$$\sum_{i=n}^{m}\left|\lambda_i\phi_i(x)\overline{\phi_i(y)}\right| \leq \left(\sum_{i=n}^{m}\lambda_i|\phi_i(x)|^2\right)^{1/2}\left(\sum_{i=n}^{m}\lambda_i|\phi_i(y)|^2\right)^{1/2}$$
$$= K_{n,m}(x,x)^{1/2}K_{n,m}(y,y)^{1/2} \tag{6.9}$$

であるから, 式 (6.8) より, 式 (6.7) の右辺の級数は各 (x,y) で絶対収束することが示される. この収束先を $H(x,y)$, すなわち

$$H(x,y) = \sum_{n=1}^{\infty} \lambda_n\phi_n(x)\overline{\phi_n(y)} \tag{6.10}$$

とおく. このとき $H = K$ となることを示そう. まず

$$\sum_{i=n}^{m}\left|\lambda_i\phi_i(x)\overline{\phi_i(y)}\right| \leq K_{n,m}(x,x)^{1/2}K(y,y)^{1/2} \leq K_{n,m}(x,x)^{1/2}\sup_{z\in\Omega}K(z,z)^{1/2}$$

であるので, 任意に $x\in\Omega$ を固定すると, 式 (6.10) は $y\in\Omega$ に関して一様に収束する. ゆえに任意の x に対して

$$\int H(x,y)\phi_i(y)d\mu(y) = \sum_{n=1}^{\infty}\int \lambda_n\phi_n(x)\overline{\phi_n(y)}\phi_i(y)d\mu(y)$$
$$= \lambda_i\phi_i(x) = \int K(x,y)\phi_i(y)d\mu(y)$$

が成立する. これは $L^2(\Omega,\mu)$ において $H(x,\cdot) = K(x,\cdot)$ を意味するが, 特に両者は

連続関数なので任意の x,y に対して $H(x,y) = K(x,y)$ を得る.

最後に式 (6.7) が $\Omega \times \Omega$ 上の一様収束であることを示そう. 式 (6.7) が各点収束として成立することはすでにみたので, 特に $y = x$ とおくと

$$\sum_{i=1}^{\infty} \lambda_i |\phi_i(x)|^2 = K(x,x)$$

が成り立つ. 各 $\phi_i(x)$ は連続関数であり, 左辺は単調に連続関数 $K(x,x)$ に収束するので, Dini の定理によりこの収束は一様である. したがって $n,m \to \infty$ のとき, $K_{n,m}(x,x)$ は 0 に一様収束し, 式 (6.9) により $K_{n,m}(x,y)$ は 0 に一様収束する. これは式 (6.7) の絶対かつ一様な収束を意味する. □

Mercer の定理を用いると, 再生核ヒルベルト空間とその内積の陽な表示を与えることができる. Mercer の定理と同じ条件のもと, 積分作用素 T_K の非零固有値に対応する単位固有ベクトルに $\mathcal{N}(T_K)$ の正規直交基底を付け加えて適当な順番に並べることによって, $L^2(\Omega,\mu)$ の完全正規直交系 $\{\phi_i\}_{i=1}^{\infty}$ を構成する. 任意の $f \in \mathcal{H}_K$ に対し, $L^2(\Omega,\mu)$ における Fourier 展開

$$f = \sum_{i=1}^{\infty} a_i \phi_i$$

が定まるが, これを用いて $L^2(\Omega,\mu)$ の部分ベクトル空間 $\mathcal{H}$ を

$$\mathcal{H} = \left\{ f \in L^2(\Omega,\mu) \,\Big|\, f = \sum_{i=1}^{\infty} a_i \phi_i, \sum_{i=1}^{\infty} \frac{|a_i|^2}{\lambda_i} < \infty \right\} \tag{6.11}$$

により定義する. 以下では $\lambda_i = 0$ のときは $a_i = 0$ と約束する. また, $\mathcal{H}$ 上の内積を, $f = \sum_{i=1}^{\infty} a_i \phi_i, g = \sum_{i=1}^{\infty} b_i \phi_i$ に対して

$$\langle f,g \rangle_{\mathcal{H}} = \sum_{i=1}^{\infty} \frac{a_i \overline{b_i}}{\lambda_i} \tag{6.12}$$

により定める. このとき $\mathcal{H}$ はヒルベルト空間となる. これをみるためには完備性を示せばよい. $\{f_n\}_{n=1}^{\infty}$ を $\mathcal{H}$ の Cauchy 列とする. $f_n = \sum_{i=1}^{\infty} \alpha_{n,i} \phi_i$ とすると, $\sum_{i=1}^{\infty} |\alpha_{n,i}|^2/\lambda_i < \infty$ なので, 数列 $t_n = (\alpha_{n,i}/\sqrt{\lambda_i})_{i=1}^{\infty}$ は数列空間 ℓ^2 の Cauchy 列とみなせる. すると ℓ^2 の完備性から, ある $t = (\beta_i)_{i=1}^{\infty} \in \ell^2$ があって $t_n \to t$ である. このとき $\alpha_i^* = \sqrt{\lambda_i}\beta_i$ とおくと $\sum_{i=1}^{\infty} |\alpha_i^*|^2/\lambda_i < \infty$ かつ $\sum_{i=1}^{\infty} |\alpha_{n,i} - \alpha_i^*|^2/\lambda_i \to 0$ であり, $f = \sum_{i=1}^{\infty} \alpha_i^* \phi_i \in \mathcal{H}$ に対して $\|f_n - f\|_{\mathcal{H}} \to 0$ を得る.

最後に $\mathcal{H}$ が K を再生核に持つことを示そう. $K(\cdot,x) = \sum_{i=1}^{\infty} \lambda_i \phi_i(\cdot) \overline{\phi_i(x)}$

において，Mercer の定理により $\sum_{i=1}^{\infty} \lambda_i |\phi_i(x)|^2 < \infty$ ゆえ，$K(\cdot, x) \in \mathcal{H}$ である．任意の $f = \sum_{i=1}^{\infty} a_i \phi_i \in \mathcal{H}$ に対して

$$\langle f, K(\cdot,x) \rangle_\mathcal{H} = \sum_{i=1}^{\infty} \frac{a_i \lambda_i \phi_i(x)}{\lambda_i} = \sum_{i=1}^{\infty} a_i \phi_i(x) = f(x)$$

により再生性が確認される．

以上により，正定値カーネル K に対応する再生核ヒルベルト空間は式 (6.11) で与えられる $\mathcal{H}$ に一致し，その内積は式 (6.12) の級数表示を持つことが示された．なお，この表示は 2.2.2 項 b で述べた有限集合上の再生核ヒルベルト空間の表示の拡張になっている．

6 章のまとめと文献

本章は正定値カーネルに関する数学的な側面に関して述べたが，背景知識を持たない読者には多少難しく感じたかもしれない．背景も含めてさらに詳しく知りたい読者のためにいくつかの文献を挙げておく．

6.1 節で述べた負定値カーネルと正定値カーネルの関係に関しては Berg et al. (1984) に詳細な記述がある．Bochner の定理は，Fourier 変換を扱うさまざまな解析学の教科書に述べられているが，実は $\mathbb{R}^n$ 上の正値関数だけでなく，局所コンパクト群上の正値関数に拡張可能であることが知られている．これに関しては Rudin (1962) に詳しい記述がある．Bochner 型の定理はさらに半群上にも拡張がなされている (Berg et al., 1984)．

Mercer の定理は積分作用素に関連して議論されることが多い．文献の例として藤田-伊藤-黒田 (1991) 第 13 章をあげておく．

chapter 7

構造化データに対する正定値カーネル

カーネル法の長所のひとつに，もとのデータ (確率変数) がベクトルデータでなくても，正定値カーネルさえ定義されれば同じ方法論が適用可能な点がある．データはストリング (系列) やグラフといった何らかの構造を有していることがあり，正定値カーネルを定義する際には，そのデータの特性をうまく捉えたカーネルを用いることが望ましい．そこで本章では，構造化データの典型例であるストリングやグラフに対する正定値カーネルの代表的な例を紹介する．

7.1 ストリングカーネル

7.1.1 ストリングデータ

ストリング (文字列) とは，アルファベットと呼ばれる有限集合 Σ の元からなる有限列のことである．長さ p のストリング全体を Σ^p で表し，ストリング全体を $\Sigma^* = \cup_{p=0}^{\infty} \Sigma^p$ で表す．長さ 0 の列もストリングに含め，空ストリングと呼ぶ．例えば，$\Sigma = \{a, b, c, \ldots, z\}$ を英語のアルファベット 26 文字からなる集合とすると，$cat, head, xxyzpgaa$ などはストリングの例である．

アルファベット Σ を持つストリング $s = s_1 s_2 \ldots s_n$ $(s_i \in \Sigma)$ に対し，s の長さ n を $|s|$ で表す．また，$1 \leq i < j \leq n$ なる整数 i, j に対し，$s[i:j]$ で第 i 文字から第 j 文字までの部分列を表す．すなわち

$$s[i:j] = s_i s_{i+1} \ldots s_j$$

である．2 つのストリング $s = s_1 \ldots s_n$, $t = t_1 \ldots t_m$ の結合 st を $st = s_1 \ldots s_n t_1 \ldots t_m$ により定義する．またストリング s の p-接頭辞とは $s[1:p]$

表 **7.1** タンパク質の配列の例

タンパク質 1：	LKLLRFLGSGAFGEVYEGQLKTE....DSEEPQRVAIKSLRK.......
タンパク質 2：	HMHNKLGGGQYGDVYEGYWK........RHDCTIAVKALK........
タンパク質 3：	LTLGKPLGEGCFGQVVMAEAVGIDK.DKPKEAVTVAVKMLKDD.....A
タンパク質 4：	IVLKWELGEGAFGKVFLAECHNLL...PEQDKMLVAVKALK........

のことであり，p-接尾辞とは $s[|s|-p+1:|s|]$ のことである．

ストリングはさまざまなデータのモデルとして用いられる．自然言語処理では単語を文字列 (ストリング) として扱う．また，遺伝子配列データをストリングデータとして扱うこともよく行われる．DNA データは $\{A, T, G, C\}$ をアルファベットとするストリングとして，タンパク質は 20 種からなるアミノ酸をアルファベットとするストリングとして表現できる．例としてタンパク質のアミノ酸配列から立体構造を推定する問題を考えてみよう．タンパク質の 1 次構造は表 7.1 のようなアミノ酸配列として与えられる．タンパク質の機能はその立体構造と密接に関わっており，アミノ酸配列からその立体構造を知ることは重要な問題である．立体構造はいくつかの標準的なクラスに分類されており，アミノ酸配列からそのクラスを推定する問題はクラス識別問題として扱うことができる．そこで，適切に正定値カーネルを導入することにより，SVM による識別などを適用することが可能である (詳しくは Schölkopf et al. (2004) 参照)．

以下で，ストリングに対する標準的な正定値カーネルをみていこう．

7.1.2 p-スペクトラムカーネル

ストリングに対する正定値カーネルは 2 つのストリングの類似度を表すように定義されることが多く，共通の部分列が出現する頻度を用いるものが典型的である．その最も基本的なものが p-スペクトラムカーネル (p-spectrum kernel) である．これは，長さが p の部分列が 2 つのストリングに共通に出現する回数に基づくカーネルである．p-スペクトラムカーネルは特徴写像によって定義したほうがわかりやすい．s をアルファベット Σ によるストリング，$u \in \Sigma^p$ とするとき，u が s の部分列として出現する回数を $\phi_u^p(s)$ で表す．すなわち $\phi_u^p(s) = |\{(w_1, w_2) \in \Sigma^* \times \Sigma^* \mid s = w_1 u w_2\}|$ である．ストリング $s, t \in \Sigma^*$ に対し，p-スペクトラムカーネル $k_p(s, t)$ を

$$k_p(x, t) = \sum_{u \in \Sigma^p} \phi_u^p(s) \phi_u^p(t)$$

表 7.2　3-スペクトラムカーネルの特徴写像の例

$s:$　sta　tat　ati　tis　ist　sti　tic　ics
$t:$　pas　ast　sta　tap　api　pis　ist　sta　tan

	sta	tat	ati	tis	ist	sti	tic	ics	pas	ast	tap	api	pis	tan
$\Phi(s)$	1	1	1	1	1	1	1	1	0	0	0	0	0	0
$\Phi(t)$	2	0	0	0	1	0	0	0	1	1	1	1	1	1

により定義する．$|\Sigma| = m$ のとき，$(\phi_u^p)_{u \in \Sigma^p}$ は非負整数を要素とする m^p 次元のベクトルであり，k_p はそのベクトルのユークリッド内積に一致する．

例として，$\Sigma = \{a, b, \ldots, z\}$ (英語のアルファベット小文字26文字) とし，

$$s = \text{statistics}, \qquad t = \text{pastapistan}$$

という2つのストリングを考えよう．3-スペクトラムカーネルを計算するために，これら2つのストリングに現れる長さ3の部分列を列挙し，s と t 内での出現回数を数えると表7.2のようになる．したがって $k_3(s,t)$ の値は $k_3(s,t) = 1\times 2 + 1\times 1 = 3$ と計算される．

p-スペクトラムの計算量に関して考察しておこう．$k_p(s,t)$ を計算するためには，s の先頭から p 部分列を順に取り出し，それが t から同様に取り出した p 部分列に等しいかを順に調べればよい．いま，ストリング x, y に対して

$$h_p(x, y) = \begin{cases} 1 & x[1:p] = y[1:p] \text{ のとき} \\ 0 & x[1:p] \neq y[1:p] \text{ のとき} \end{cases}$$

と定義すると，上の考え方に基づく $k_p(s,t)$ の計算は

$$k_p(s,t) = \sum_{i=1}^{|s|-p+1} \sum_{j=1}^{|t|-p+1} h_p(s[i:|s|], t[j:|t|])$$

と表すことができる．文字の比較演算を1ステップと数えることにすると，その計算量は $O(p|s||t|)$ である．n 個からなるストリングデータに対するグラム行列の計算には，この $\frac{1}{2}n(n-1)$ 倍の計算量を要することになり，ストリングの長さやデータ数が大きいと困難を生じる．

実は上で述べた直接的な計算よりはるかに効率的なアルゴリズムが存在する．これは**接尾辞木** (suffix tree) の効率的な構成法を用いるもので，$k_p(s,t)$ は $O(p(|s|+|t|))$ の計算量で計算できる．これは $|s|, |t|$ に関して線形の計算量であり，上の直接的計算を本質的に改良している．この計算アルゴリズムの核と

なる接尾辞木とは，あるストリング s のすべての接尾辞を木構造によって効率的に表す方法であり，その構成に要する演算量とメモリーは $O(|s|)$ で済む．このアルゴリズムの詳細は本書では省略するので，興味のある読者は Gusfield (1997) をみていただきたい．

7.1.3 全部分列カーネル

p-スペクトラムカーネルでは連続した部分列を特徴ベクトルとして用いたが，応用によっては不連続な部分列も考慮したほうがよい．例えば DNA の系列データでは，系列の一部分が欠損したり他の系列が挿入されたりしても，似た系列として扱うほうが適切なことが多い．そこで，ギャップを許した部分列の出現回数を特徴ベクトルとした**全部分列カーネル** (all subsequence kernel) を以下のように定義しよう．$s, u \in \Sigma^*$ をアルファベット Σ によるストリングとし，自然数の増加有限列全体が $\mathcal{N} = \{[i_1, i_2, \ldots, i_\ell] \mid i_k \in \mathbb{N} \, (1 \leq k \leq \ell), \ell \in \mathbb{N} \cup \{0\}, i_1 < i_2 < \cdots < i_\ell\}$ とおく．$\ell \leq |s|$ とするとき，長さ ℓ の列 $\mathbf{i} = [i_1, i_2, \ldots, i_\ell] \in \mathcal{N}$ に対し，長さ ℓ のストリング $s[\mathbf{i}]$ を

$$s[\mathbf{i}] = s_{i_1} s_{i_2} \ldots s_{i_\ell}$$

により定義する．$s[\mathbf{i}]$ はギャップを許した s の部分列である．例えば，$s =$ "statistics" に対し $\mathbf{i} = [2\ 3\ 9]$ とすると $s[\mathbf{i}] =$ tac となる．

$$\phi_u^{all}(s) = \left|\{\mathbf{i} \in \mathcal{N} \mid s[\mathbf{i}] = u\}\right| \qquad (u \in \Sigma^*)$$

によって，$(\mathbb{N} \cup \{0\})^\infty$ を特徴空間とする特徴ベクトル $\phi^{all}(s)$ を定義する．これを用いて $s, t \in \Sigma^*$ に対する全部分列カーネルを

$$k_{all}(s, t) = \sum_{u \in \Sigma^*} \phi_u^{all}(s) \phi_u^{all}(t)$$

により定義する．

全部分列カーネルは 2 つのストリングのギャップを許した部分列のマッチングを計算している．例えば

$$s = \text{ATGACTAC} \qquad t = \text{CATGCGATT}$$

に対し，$u =$ ATGCA はカーネルの計算のなかで 1 カウントの貢献をする．また $s =$ ATG, $t =$ AGC とすると，表 7.3 にあるようにどちらかの (ギャップを許す)

表 7.3 s =ATG, t =AGC に対する全部分列特徴写像. ε は空ストリングを表す.

	ε	A	T	G	C	AT	AG	AC	TG	GC	ATG	AGC
$\Phi(s)$	1	1	1	1	0	1	1	0	1	0	1	0
$\Phi(t)$	1	1	0	1	1	0	1	1	0	1	0	1

部分列となるストリングは空ストリングも含めて 12 個あり, 共通するものをカウントすると $k_{all}(s,t) = 4$ となる.

上の例からもわかるように, ストリングの共通部分列を直接すべて列挙するための計算量は非常に大きい. これに対し効率的な計算として再帰的なアルゴリズムが知られている. まず空ストリング ε はすべてのストリングに含まれているとみなすので, $k(s,\varepsilon) = k(\varepsilon,t) = 1$ である. 次に $k(s,t)$ がすでに求められていると仮定して, $a \in \Sigma$ に対する $k(sa,t)$ の計算を考えよう. sa と t が共通部分列 u を持つのは, s と t が u を含む場合と, sa の末尾の a を含む部分列と t の部分列が u に一致する場合の 2 通りに分かれるが, 後者は $u = va$ としたとき t のある接頭辞と s が v を共通部分列として持つことと同値なので

$$k(sa,t) = k(s,t) + \sum_{\substack{1 \leq j \leq |t| \\ j:t[j]=a}} k(s,t[1,j-1])$$

と表すことができる. この計算過程を模式的に表したものが図 7.1(a) である. $k(sa,t)$ を計算する際には, 過去に計算した $k(s,t[1,j])$ $(j = 1, 2, \ldots, |t|)$ を用いるので, トータルの計算量は $O(|s||t|^2)$ になる. しかし再帰のたびに $|t|$ 回の足し算を行うのは効率的ではなく, さらに t に関しても再帰的計算を行うことが可能である. そのために, 上の再帰式の右辺第 2 項を

$$\tilde{k}(sa,t) = \sum_{\substack{1 \leq j \leq |t| \\ j:t[j]=a}} k(s,t[1,j-1])$$

とおき, $\tilde{k}(sa,tb)$ を考えると, $1 \leq j \leq |t|$ の場合と $j = |tb|$ の場合に分けて

$$\tilde{k}(sa,tb) = \sum_{\substack{1 \leq j \leq |t| \\ j:t[j]=a}} k(sa,t) + \delta_{ab}k(s,t) = \tilde{k}(sa,t) + \delta_{ab}k(s,t)$$

が成り立つ. したがって以下の再帰式が成り立つ.

$$\begin{cases} k(sa,t) = k(s,t) + \tilde{k}(sa,t) & (s \text{ に関する再帰式}) \\ \tilde{k}(sa,tb) = \tilde{k}(sa,t) + \delta_{ab}k(s,t) & (t \text{ に関する再帰式}) \end{cases} \quad (7.1)$$

7.1 ストリングカーネル 125

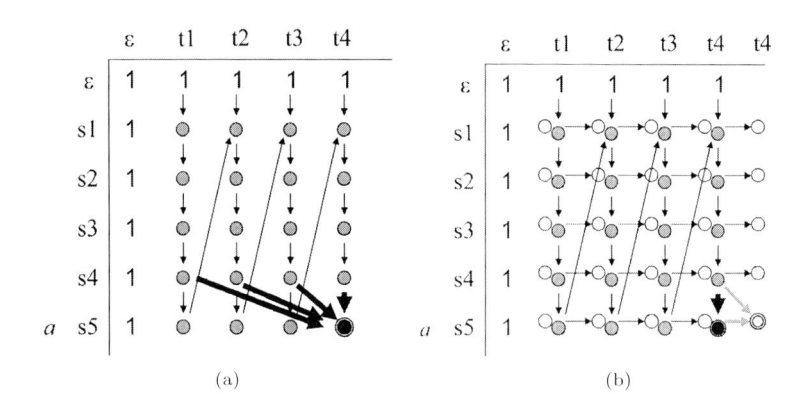

図 7.1 全部分列カーネルの再帰計算．(a) s のみに対する再帰計算の過程．細い矢印の順に計算が行われる．(b) s, t に対する再帰計算の過程．黒丸は k を，白丸は $\tilde{k}$ を表す．計算の順序は (a) の場合と同様である．

計算過程の様子を図 7.1(b) に示した．このように 2 重の再帰アルゴリズムを用いると計算量は $O(|s||t|)$ で済む．しかし p-スペクトラムカーネルと異なり $|s|$ と $|t|$ の積の計算量が必要である．

7.1.4 ギャップ重みつき部分列カーネル

全部分列カーネルでは，部分列中のギャップの有無で区別をつけなかったが，ギャップが多くある場合には部分列としての役割を割り引いたほうが妥当なことも多い．そこで，以下のようにギャップの個数によって重みをつけた部分列により特徴写像を定義する．以下では長さ p の共通部分列に基づくカーネルを考える．

$s[\mathbf{i}]$ などは全部分列カーネルの説明と同じ意味で用いることにし，$0 < \lambda \leq 1$ を定数とする．ストリング $s \in \Sigma^*$ に対して特徴ベクトル $\phi^{p,\lambda}(s) \in \mathbb{R}^{m^p}$ を

$$\phi_u^{p,\lambda}(s) = \sum_{\mathbf{i}:s[\mathbf{i}]=u} \lambda^{\|s[\mathbf{i}]\|} \qquad (u \in \Sigma^p)$$

と定義する．ここで $\mathbf{i} = (i_1, \ldots, i_\ell)$ のとき $\|s[\mathbf{i}]\| = i_\ell - i_1 + 1$ とする．例えば，$s = $ CTGACTG に対して $u = $ CAT とすると，$s[1\,4\,6] = u$ であるので $\phi_u^{3,\lambda}(s) = \lambda^6$ となる．ギャップ重みつき部分列カーネルは

$$k_w(s, t) = \sum_{u \in \Sigma^p} \phi_u^{p,\lambda}(s)\phi_u^{p,\lambda}(t)$$

表 7.4 ギャップ重みつき部分列カーネルの特徴ベクトルの例

	AT	AG	AC	TG	TC	GC	GT	CT
$\Phi(s)$	λ^2	λ^3	λ^4	λ^2	λ^3	λ^2	0	0
$\Phi(t)$	λ^4	λ^2	λ^3	λ^4	0	λ^2	λ^3	λ^2

と定義される.例として $s =$ ATGC, $t =$ AGCT に対して $p = 2$ の場合,その特徴ベクトルは表 7.4 のようになり,$k_w(s, t) = \lambda^4 + \lambda^5 + 2\lambda^6 + \lambda^7$ となる.

ギャップ重みつき部分列カーネルに対しても,全部分列カーネルと同様の再帰アルゴリズムが知られており,その計算量は $O(p|s||t|)$ となるが,本書では詳細は省略する.詳しい説明やその応用については Lodhi et al. (2002) や Rousu and Shawe-Taylor (2004) をみていただきたい.

7.1.5 実 験 例

ストリングデータに対してカーネル PCA を施した結果を図 7.2 に示した.英単語 13 個からなるデータに対し,長さ 4 のギャップ重みつき部分列カーネル[*1)]を用いたカーネル PCA の結果を,2 個の主成分によってプロットした.似たスペルの単語が近くに集まっていることがわかる.

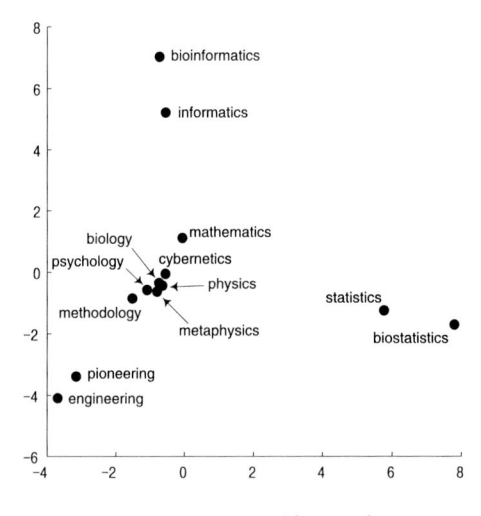

図 7.2 ストリングデータに対するカーネル PCA.

[*1)] ソフトウェアは http://www.kernel-methods.net/ の Matlab コードを利用した.

7.2 ツリーやグラフに対するカーネル

木構造やネットワーク構造を持つデータを扱うニーズも増えており，そういったデータに対する正定値カーネルも定義されている．例えば，自然言語処理のおいては，文の文法構造を木構造で表すことが一般的であり，また進化系統樹は異なる生物種の進化の様子を木構造として表している．またバイオインフォマティクスの分野では，遺伝子間の制御や代謝などの相互作用をネットワークとして表すことが多い．このような木構造やネットワーク構造は，一般にはグラフとして記述することができる．

7.2.1 グラフに関する用語

まずグラフ理論の一般的な用語を準備しよう．グラフ $G = (V, E)$ とは有限集合 V と $E = \{(a,b) \mid a, b \in V, a \neq b\}$ の組のことである．V の要素をノード (頂点)，E の要素をエッジ (辺，枝) と呼ぶ．ここでは無向グラフを考え，$(a,b) = (b,a)$ と考える．グラフ G のノード $a \in V$ の近傍とは $\{b \in V \mid (a,b) \in E\}$ で定まる V の部分集合のことである．近傍の個数 $|\{b \in V \mid (a,b) \in E\}|$ をノード a の次数という．グラフ $G = (V, E)$ に対し，$W \subset V, F \subset E \cap (W \times W)$ で定まるグラフ $H = (W, F)$ を G の部分グラフという．

グラフ $G = (V, E)$ の2つのノード a, b に対し，a と b を結ぶパス (道) とは，$c_0 c_1 c_2 \ldots c_n$ で，$(c_{i-1}, c_i) \in E$ $(i = 1, \ldots, n)$，$c_0 = a, c_n = b$，かつ $c_0 = c_n$ なる場合を除いて c_i はすべて異なるものをいう．グラフ $T = (V, E)$ がツリー (木) であるとは，相異なる任意の $a, b \in V$ に対して a と b を結ぶパスがただひとつ存在することをいう．ツリーを考えるときに，あるノードをルート (根) と定め，ルートノードから各ノードに至るパスの長さによって階層的な構造を考える場合がある．また，ツリーの中で次数が 1 のノードをリーフ (葉) と呼ぶ．$a \in V$ に対して，ルート側の近傍ノードを a の親，リーフ側の近傍ノードを a の子という．図 7.3 にグラフとツリーの例を示した．

グラフ構造を持つデータを表現する際には，ラベルつきグラフを考えることも多い．ラベルつきグラフ (V, E, ϕ_V, ϕ_E) とは，$G = (V, E)$ が無向グラフであって，ノードおよびエッジに対してそれぞれ有限集合 A_V, A_E への写像

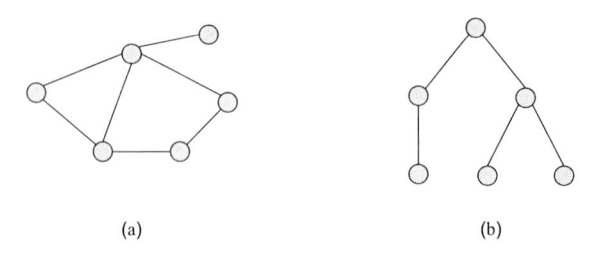

図 7.3　(a) グラフの例．(b) ツリーの例．

$\phi_V : V \to A_V, \phi_E : E \to A_E$ が与えられているものをいう．このとき $\phi_V(a)$, $\phi_E(e)$ はそれぞれノード a とエッジ e のラベルである．A_V, A_E がともに 1 個の元からなる場合にはラベルのない無向グラフと同一視できる．ラベルつきグラフに対しては，部分グラフもラベルつきで考える．

グラフ構造で与えられるデータの例として，以下では Collins and Duffy (2001) で提案された構文解析木に対する正定値カーネルと，Kashima et al. (2003) で提案された，有機化合物をラベルつきグラフとみなして定義する正定値カーネルについて紹介する．

7.2.2　構文木に対する正定値カーネル

まず，文の文法構造を表すための構文木に関して簡単に説明しておく．構文木はルートを持つラベルつきツリーであり，リーフ以外のノードのラベルは品詞などの文法単位を，リーフのラベルは単語を表し，リーフのラベルと文中の単語は一対一に対応している．エッジのラベルは子ノード間の順序を表す．図 7.4 に例を示した．ここで VP, NP, N, V, D はそれぞれ動詞句，名詞句，名詞，動詞，定冠詞を表し，リーフと前終端ノード (リーフの親) を除いて，ノードとその子全体のまとまりは生成規則を表している．本書ではすでに構文木が与えられたとしてそのカーネルについて考えることにし，構文木の詳細やその生成法に関して述べないので，長尾 (1996) など自然言語処理の教科書を参考にしていただきたい．

ツリーカーネルでは，構文木に含まれる任意の部分木の出現回数を特徴ベクトルとして用いる．構文木は生成規則を表すという特別な性質を持つため，あるノードの子を含むならばすべての子を含むような部分木のみを考える．例えば，図 7.4 で NP - D は部分木とみなさない．

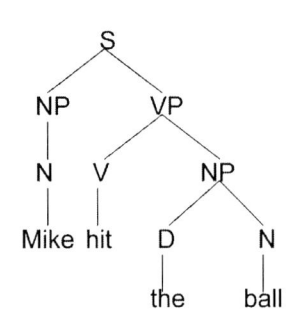

7.2 ツリーやグラフに対するカーネル

a) "Mike hit the ball" の構文木.

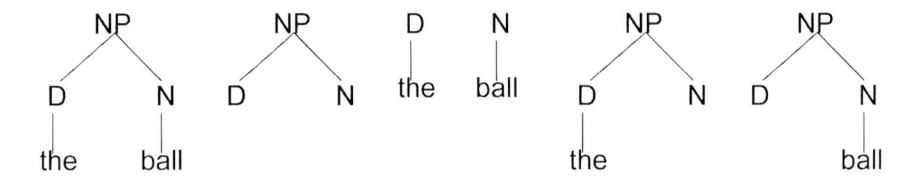

b) 上の構文木の部分木のなかで "the ball" の部分に関するもの.

図 **7.4** 構文木とその部分木の例.

構文木 T に対し，部分木 t の出現回数を $h_t(T)$ で表す．2 つの構文木 T_1, T_2 に対し，ツリーカーネル $K_{tree}(T_1, T_2)$ の値を

$$K_{tree}(T_1, T_2) = \sum_t h_t(T_1) h_t(T_2)$$

により定義する．t としては T_1 と T_2 の共通部分木を考えれば十分である．

いま $T = (V_T, E_T)$ のノード a と部分木 t に対し，

$$I_t(a) = \begin{cases} 1 & t \text{ が } a \text{ をルートに持つ部分木} \\ 0 & \text{その他} \end{cases}$$

により関数 $I_t(a)$ を定義すると，$h_t(T) = \sum_{a \in V_T} I_t(a)$ であるので，

$$K_{tree}(T_1, T_2) = \sum_{a_1 \in V_{T_1}} \sum_{a_2 \in V_{T_2}} \sum_t I_t(a_1) I_t(a_2) = \sum_{a_1 \in V_{T_1}} \sum_{a_2 \in V_{T_2}} C(a_1, a_2)$$

である．ここで $C(a_1, a_2) = \sum_t I_t(a_1) I_t(a_2)$ であるが，これは T_1, T_2 の部分木の中で，a_1 と a_2 をそれぞれルートとして持つ共通部分木の個数に一致する．

$C(a_1, a_2)$ は以下にみるように再帰的な計算が可能である．まず，a_1 と a_2 における生成規則が異なれば，それらをルートに持つ共通の部分木は存在しえない

ので，$C(a_1, a_2) = 0$ である．a_1 と a_2 における生成規則が等しい場合，次の2通りに分かれる．

(1) a_1 と a_2 が前終端ノードであれば $C(a_1, a_2) = 1$
(2) a_1 と a_2 が前終端ノードでなければ

$$C(a_1, a_2) = \prod_{i=1}^{|ch(a_1)|} \bigl(1 + C(ch(a_1, i), ch(a_2, i))\bigr)$$

ここで $ch(a, i)$ は a の i 番目の子ノードを表す．

(2) は次のように導かれる．まず，a_1 と a_2 の生成規則が等しいので，$(a_1, ch(a_1))$ と $(a_2, ch(a_2))$ は共通部分木である．部分木は子ノードをすべて持つという約束から，a_1, a_2 をそれぞれルートに持つ T_1, T_2 の共通部分木は，$b_1 = ch(a_1, i)$，$b_2 = ch(a_2, i)$ をリーフに持つか，b_1, b_2 をそれぞれルートに持つ共通部分木を含むかのどちらかであり，逆にそのような部分木はすべて $C(a_1, a_2)$ でカウントされる部分木である．上の再帰式の右辺を展開するとき，第 i 子ノードがリーフとなるときが1に相当し，第 i 子ノードの子孫に及ぶ部分木をとる場合が $C(ch(n_1, i), ch(n_2, i))$ に相当する．この再帰式からわかるように，$K_{tree}(T_1, T_2)$ の計算量は $O(|V_{T_1}||V_{T_2}|)$ である．

K_{tree} の値は，T_1, T_2 のノード数が大きいほど大きくなる傾向にあるため，部分木 t に対し $\mathrm{depth}(t)$ (ルートからリーフに至るパスの最大長) で重みをつけた

$$K_{tree,\lambda}(T_1, T_2) = \sum_t \lambda^{\mathrm{depth}(t)} h_t(T_1) h_t(T_2)$$

($0 < \lambda \leq 1$) を用いることが提案されている．$K_{tree,\lambda}$ に対しても同様の再帰式が容易に得られる．

Collins and Duffy (2001) は，文から構文木を生成するタスクに対し，文ごとに正しい構文木と間違った構文木を含む訓練データを用意してツリーカーネルを用いた SVM を学習することにより，従来の確率文脈自由文法 (PCFG) に基づく方法に比べて良好な結果が得られることを示している．

7.2.3 畳み込みカーネルと周辺化カーネル

構造化データに対する一般的なカーネル作成法として，畳み込みカーネルと周辺化カーネルについて述べておこう．

$\mathcal{X}, \mathcal{X}_1, \ldots, \mathcal{X}_D$ を集合とし，$\mathcal{X}_1, \ldots, \mathcal{X}_D$ が $\mathcal{X}$ の部分構造を表すことを，関

7.2 ツリーやグラフに対するカーネル

係 $R : \mathcal{X}_1 \times \cdots \mathcal{X}_D \times \mathcal{X} \to \{0,1\}$ で表す. すなわち, $(x_1,\ldots,x_D)$ が x の部分構造であることを $R(x_1,\ldots,x_D,x) = 1$ で定義する. 以下では, $R^{-1}(x) \equiv \{(x_1,\ldots,x_D) \in \mathcal{X}_1 \times \cdots \times \mathcal{X}_D \mid R(x_1,\ldots,x_D,x) = 1\}$ が有限集合であると仮定する. いま, 各部分構造 $\mathcal{X}_i$ $(i = 1,\ldots,D)$ に正定値カーネル $k_i(x_i, y_i)$ が与えられているとき, $\mathcal{X}$ 上の正定値カーネル k を

$$k_{conv}(x,y) = \sum_{(x_i)_{i=1}^D \in R^{-1}(x)} \sum_{(y_i)_{i=1}^D \in R^{-1}(y)} \prod_{i=1}^D k_i(x_i, y_i)$$

により定義し, **畳み込みカーネル** (convolution kernel, Haussler (1999)) と呼ぶ.

p-スペクトラムカーネルやツリーカーネルは畳み込みカーネルの例となっている. 実際, ストリングの集合 $\mathcal{X} = \Sigma^*$ に対し, $\mathcal{X}_1 = \mathcal{X}_3 = \Sigma^*$, $\mathcal{X}_2 = \Sigma^p$ とし, $x = x_1 x_2 x_3$ のときに限り $R(x_1, x_2, x_3, x) = 1$ となるよう関係 R を定め, $\mathcal{X}_1, \mathcal{X}_2, \mathcal{X}_3$ に対する正定値カーネルを $k_1 = k_3 = 1$ (常に値1), また

$$k_2(x_2, y_2) = \begin{cases} 1 & x_2 = y_2 \text{ の場合} \\ 0 & \text{それ以外} \end{cases}$$

と定義する. $R^{-1}(x)$ は x_2 が長さ p の x の部分列となるような x の分割 $x = x_1 x_2 x_3$ 全体となるので, x および y が長さ p の部分列 s をそれぞれ n_1, n_2 回含めば, 畳み込みカーネルに $n_1 n_2$ だけ寄与する. これは p-スペクトラムカーネルの定義と一致する.

また, ルートを持つラベルつきツリーでリーフ以外のすべてのノードが D 個の子を持つもの全体を $\mathcal{X}$ とするとき, $\mathcal{X}_1 = \cdots = \mathcal{X}_D = \mathcal{X}$ として, $R(x_1,\ldots,x_D,x) = 1$ となるのは, $x_1,\ldots,x_D$ がツリー $x \in \mathcal{X}$ のルートの子をルートとする部分木の場合と定めると, $\mathcal{X}_1,\ldots,\mathcal{X}_D$ に同一の正定値カーネル k が与えられているとき, 畳み込みカーネル

$$k(x,y) = \prod_{i=1}^D k(x_i, y_i)$$

は再帰的な定義式と考えることができる. ただし, x または y が空のツリーであるときは $k(x,y) = 1$ とし, ルートと D 個の子のみからなるツリー x,y に対しては x と y がラベルつきツリーとして等しいときに限り $k(x,y) = 1$ でそれ以外は 0 と定義する. なお, 次数が D 以下の場合にはダミーの子を作成して特別なラベルをつけることにより, 次数 D の場合に変換することができる. この畳み込み

表 7.5 DNA 系列データの例. 1,2 で隠れた状態 (エクソン／イントロン) を表す.

$z:$	1 1 1 1 1 1	…	1 1 1 2 2 2	…	2 2 2 1 1 1 1 1 1
$x:$	A T G A A G	…	G T G G T A	…	C A G A C A T C C

カーネルが 7.2.2 項のツリーカーネルに等しいことは容易に確認できる.

次に周辺化カーネルについて説明しよう. このカーネルは, 隠れ Markov モデルのように, 観測可能な変数のほかに観測できない隠れ変数があり, その統計的なモデルが存在する場合に有用である. いま, 変数 $(x,z) \in \mathcal{X} \times \mathcal{Z}$ において x は観測可能な変数, z は観測不可能な隠れ変数とし, 条件付確率 $p(z|x)$ を既知とする. また $\mathcal{X} \times \mathcal{Z}$ 上に正定値カーネル $k((x_1,z_1),(x_2,z_2))$ が与えられているとする. このとき $\mathcal{X}$ 上の正定値カーネルを

$$k_m(x_1,x_2) = \sum_{z_1 \in \mathcal{Z}} \sum_{z_2 \in \mathcal{Z}} p(z_1|x_1)p(z_2|x_2)k((x_1,z_1),(x_2,z_2))$$

により定義し, **周辺化カーネル** (marginalized kernel, Tsuda et al. (2002)) と呼ぶ. z が連続変数の場合, 和は積分に置き換えられる.

例えば DNA の塩基配列は, 翻訳されてタンパク質になるエクソン部分と翻訳に用いられないイントロン部分とに分かれ, エクソン部かイントロン部かによって塩基配列の系列データとしての統計的特性に違いがある. しかしながら, ある配列がエクソン／イントロンのどちらに属するかは完全にわかっているわけではない. 表 7.5 に DNA の系列データの例を示した. そこで, {A,T,G,C} の塩基配列を観測可能な変数, エクソン／イントロンのラベルを隠れ変数として, DNA の系列データを隠れ Markov モデルでモデル化すると, $p(x,z)$ が推定可能である. ここではその詳細に立ち入らず, 同時分布 $p(x,z)$ が得られていると仮定して周辺化カーネルの例を示そう.

$\mathcal{X} \times \mathcal{Z}$ 上の正定値カーネルとしては, DNA の系列データ S における $(a,i) \in \{A,T,G,C\} \times \{1,2\}$ の出現回数を $C_{ai}(S)$ とおくとき, 例えば

$$k(S_1,S_2) = \frac{1}{|S_1||S_2|} \sum_{a \in \{A,T,G,C\}} \sum_{i=1,2} C_{ai}(S_1)C_{ai}(S_2)$$

を用いることができる. このとき周辺化カーネルは

$$k_m(x_1,x_2) = \sum_{z_1} \sum_{z_2} p(z_1|x_1)p(z_2|x_2)k(S_1,S_2)$$

と計算される. 次項で周辺化カーネルの例をさらに示す.

7.2.4 グラフカーネル

周辺化カーネルの一つの例として,ラベルつきグラフ上の正定値カーネルを定義しよう.ノードとエッジのラベル集合 (有限集合) L_n, L_e を固定し,L_n, L_e をラベルに持つラベルつきグラフ全体を $\mathcal{G}$ で表す.また,$L_n \cup L_e$ をアルファベットに持つストリング全体 $(L_n \cup L_e)^*$ を $\mathcal{Z}$ で表す.$G = (V, E, h_V, h_E) \in \mathcal{G}$ が与えられたときの $s \in \mathcal{Z}$ の条件付確率 $p(s|G)$ を,以下のように定める.ここで h_V, h_E はラベルを与える写像である.まず,G のパス $\pi = (v_1, e_{12}, v_2, e_{23}, \ldots, e_{n-1,n}, v_n)$ $(v_i \in V, e_{i,i+1} \in E)$ に対し,π が定めるラベル系列を $H_G(\pi) = h_V(v_1) h_E(e_{12}) h_V(v_2) h_E(e_{23}) \cdots h_E(e_{n-1,n}) h_V(v_n)$ と書く.$s \in \mathcal{Z}$ に対し,G のパス $\pi = (v_1, e_{12}, v_2, e_{23}, \ldots, e_{n-1,n}, v_n)$ があって $s = H_G(\pi)$ となるとき,

$$p(s|G) = p(v_1) p(v_2|v_1) \cdots p(v_n|v_{n-1})$$

により定義する.ここで,$p(v_1) = 1/|V|$, $p(v_i|v_{i-1}) = 1/deg(i-1)$ (deg は次数を表す) とする.これは,s をグラフ G 上のランダムウォークとみなしたときの確率に他ならない.このようなパスがない場合には $p(s|G) = 0$ とする.

$(G_1, s_1), (G_2, s_2) \in \mathcal{G} \times \mathcal{Z}$ に対し,$k((G_1, s_1), (G_2, s_2))$ を $s_1 = s_2$ ならば 1,そうでないなら 0 と定義する.このとき周辺化カーネルは

$$k_m(G_1, G_2) = \sum_{\pi_1} \sum_{\pi_2} p(H_{G_1}(\pi_1)|G_1) p(H_{G_2}(\pi_2)|G_2)$$

となる.ここで π_i $(i = 1, 2)$ はそれぞれ G_i のパスを動く.この周辺化カーネルは,2 つのグラフに共通のラベル系列を与えるパスがどれぐらい存在するかを類似度として用いている.Kashima et al. (2003) では,有機化合物の化学式をラベルつきグラフとみなし,ここで述べたグラフカーネルを化合物の性質の判別を行う問題に適用している.

7.3 Fisher カーネル

Fisher カーネル (Jaakkola and Haussler, 1998) は,これまで述べたカーネルとやや趣を異にし,データを生成する確率モデルに基づいて定義される.

いま,データ X を生じる分布がモデル (確率密度関数の族) $\{p(X|\theta) \mid \theta \in \Theta\}$

に含まれると仮定する．X が $p(X|\theta_0)$ に従うとき，その Fisher スコアは

$$s(X|\theta_0) = \frac{\partial}{\partial \theta} \log p(X|\theta)|_{\theta=\theta_0}$$

により定義される．X_1, X_2 を $p(X|\theta_0)$ に従って生じた 2 つのデータとするとき，Fisher カーネルを

$$k_{Fisher}(X_1, X_2) = s(X_1|\theta_0)^T I(\theta_0)^{-1} s(X_2|\theta_0)$$

により定義する．ここで $I(\theta_0)$ はモデル $\{p(X|\theta) \mid \theta \in \Theta\}$ の θ_0 における Fisher 情報行列

$$I_{ij}(\theta_0) = \int s_i(x|\theta_0) s_j(x|\theta_0) p(x|\theta_0) dx$$

であり，狭義の正定値性を仮定する．

Fisher カーネルが正定値であることは，Fisher 情報行列の正定値性からあきらかである．また，Fisher カーネルはモデルのパラメータ変換に関して不変である．この事実は簡単に示されるので読者自ら確認してほしい．

実際にデータを用いて Fisher カーネルを計算する際には，真のパラメータ θ_0 を知ることはできないので，何らかの推定量 $\widehat{\theta}$ によって代用する．Jaakkola and Haussler (1998) では，DNA 系列データに対し，隠れ Markov モデルを確率モデルとして Fisher カーネルを用いた例が述べられている．また，Elkan (2005) では，文書を表現する特徴量として最も標準的な TF-IDF と Fisher カーネルとの関係が述べられている．

7 章のまとめと文献

本章では，ストリングやグラフの構造を持つデータに対し，その構造を反映した正定値カーネルに関して述べた．p-スペクトラムカーネルやツリーカーネルなど，共通の部分構造がどれぐらいあるかを類似度の基準として用いるカーネルが多い．これらの多くは一般に畳み込みカーネルとして定式化することが可能である．また，Fisher カーネルや周辺化カーネルなど，データの確率分布から定義されるものもある．

共通の部分構造に基づく正定値カーネルの計算には多くの計算量を要することが多く，その効率的計算手法が重要である．本章で述べたように p-スペクト

ラムカーネル $k(s,t)$ の計算には,接尾辞木を利用した計算量 $O(|s|+|t|)$ の効率的アルゴリズムが知られている点が興味深い.この事実を初めて指摘したのは Vishwanathan and Smola (2003) である.本文中にも述べたが Gusfield (1997) には接尾辞木のアルゴリズムに関して非常に丁寧な解説がある.

構造化データが現れる応用の代表例は,自然言語処理と生物・遺伝情報処理である.カーネル法の後者への応用に関しては Schölkopf et al. (2004) にさまざまな論文が集められている.また,構造化データに対するカーネルをコンパクトにまとめた成書として Gärtner (2008) もある.

chapter 8

平均による確率分布の特徴づけ

3章では，カーネル法のさまざまな方法は，再生核ヒルベルト空間上に変換されたデータに既存の線形のデータ解析手法を適用するという原理で構成されていることを述べた．近年になって，もっと基本的な平均や分散といった統計量を再生核ヒルベルト空間上で考えることによって，分布の同一性や独立性といった古典的な統計的概念を扱えることがあきらかとなり，それに基づいた統計的手法が開発されてきた．本章と次章ではその方法論を解説する．まず本章では再生核ヒルベルト空間における平均を定義しその基本的な性質を述べる．

なお本章ではヒルベルト空間はすべて可分と仮定する．

8.1 再生核ヒルベルト空間における平均

$(\mathcal{X}, \mathcal{B}_\mathcal{X})$ を可測空間とする．$\mathcal{X}$ 上のカーネル k が $\mathcal{X} \times \mathcal{X}$ 上の可測関数であるとき可測なカーネルという．

命題 8.1 可測空間 $(\mathcal{X}, \mathcal{B}_\mathcal{X})$ 上の可測な正定値カーネル k に対し，対応する再生核ヒルベルト空間 $\mathcal{H}$ に属する関数はすべて可測関数である．

証明 f を $\mathcal{H}$ に属する任意の関数とする．$\mathcal{H}_0 = \{g \in \mathcal{H} \mid c_1, \ldots, c_n \in \mathbb{C}, x_1, \ldots, x_n \in \mathcal{X}$ があって $g = \sum_{i=1}^n c_i k(\cdot, x_i)\}$ とおくと，任意の $g \in \mathcal{H}_0$ は可測関数である．定理 2.11 により $\mathcal{H}_0$ は $\mathcal{H}$ で稠密であるため，ある $g_n \in \mathcal{H}_0$ $(n \in \mathbb{N})$ があって $\mathcal{H}$ で $g_n \to f$ である．$\mathcal{H}$ における収束は各点収束を意味するので (系 2.10)，f は可測関数の各点収束先であり，可測関数である． □

以降，可測空間 $(\mathcal{X}, \mathcal{B}_\mathcal{X})$ 上の可測な正定値カーネル k に対応する再生核ヒルベルト空間を $\mathcal{H}_k$ とする．また，ヒルベルト空間は Borel 集合族によって可測集合と考える．いま，X を $\mathcal{X}$ に値をとる確率変数，すなわち，確率空間 $(\Omega, \mathcal{B}, P)$ があって $X: \Omega \to \mathcal{X}$ は可測写像とする．このときカーネル法の特徴写像

$$\Phi: \mathcal{X} \to \mathcal{H}_k, \quad x \mapsto k(\cdot, x)$$

は可測である．実際，$\mathcal{H}_k$ の任意の開球 $U_f(\delta) = \{h \in \mathcal{H}_k \mid \|h - f\|_{\mathcal{H}_k} < \delta\}$ に対し，$\Phi^{-1}(U_f(\delta)) = \{x \in \mathcal{X} \mid \|k(\cdot, x) - f\|_{\mathcal{H}_k} < \delta\}$ であるが，この条件は $k(x,x) - 2\mathrm{Re}f(x) < \delta^2 - \|f\|_{\mathcal{H}_k}^2$ と同値である．$k(x,x) - 2\mathrm{Re}f(x)$ は可測関数であるのでこの集合は可測集合である．

したがって $\Phi(X)$ は再生核ヒルベルト空間 $\mathcal{H}_k$ に値をとる確率変数である．この確率変数の平均や分散を考察していきたい．そこでまず一般のヒルベルト空間に値をとる確率変数の平均に関して簡単にまとめておく．

8.1.1 ヒルベルト空間に値をとる確率変数

$\mathcal{H}$ をヒルベルト空間とし，F を $\mathcal{H}$ に値をとる確率変数とする．F の平均を考えるためには，実数値や複素数値の関数の積分論を拡張して $\mathcal{H}$ に値をとる可測関数の積分論を展開することも可能であるが，ここではより簡単な方法として Riesz の補題を用いた平均の構成を行う[*1]．

$\mathcal{H}$ に値をとる確率変数 F に対し，実数値確率変数 $\|F\|$ が

$$E\|F\| < \infty$$

を満たすと仮定する．このとき $\mathcal{H}$ 上の線形汎関数 ϕ_F を

$$\phi_F(f) = E[\langle f, F \rangle] \qquad (f \in \mathcal{H})$$

により定義する．実際，Cauchy-Schwarz の不等式から $E|\langle f, F \rangle| \leq \|f\| E\|F\| < \infty$ であるので，$\langle f, F \rangle$ は可積分，かつ ϕ_F の連続性がわかる．したがって Riesz の補題 (定理 A.5) により，ある $m_F \in \mathcal{H}$ があって任意の $f \in \mathcal{H}$ に対し $\langle f, m_F \rangle = \phi_F(f)$ が成り立つ．すなわち

$$E[\langle f, F \rangle] = \langle f, m_F \rangle \qquad (\forall f \in \mathcal{H}) \tag{8.1}$$

[*1] 一般に Banach 空間に値をとる確率変数 X が $E\|X\| < \infty$ を満たすとき，その平均 $E[X]$ を構成できる (Vakhania et al., 1987)．ヒルベルト空間の場合は，ここで構成する平均と一致する．

が成立する．この $m_F \in \mathcal{H}$ を F の**平均**と呼び，$E[F]$ で表す．このとき
$$E[\langle f, F \rangle] = \langle f, E[F] \rangle \qquad (\forall f \in \mathcal{H})$$
であるので，形式的に平均操作と内積が交換可能となる．

8.1.2 再生核ヒルベルト空間における平均

$(\mathcal{X}, \mathcal{B})$ を可測空間，X を $\mathcal{X}$ に値をとる確率変数とし，$\mathcal{X}$ 上の可測な正定値カーネルを持つ再生核ヒルベルト空間 $(\mathcal{H}_k, k)$ を考える．以下では，確率変数と再生核ヒルベルト空間に対し
$$E[\sqrt{k(X,X)}] < \infty$$
を仮定する．

特徴写像 $\Phi(x) = k(\cdot, x)$ に対し $\|\Phi(X)\|^2 = k(X,X)$ に注意すると，仮定から $E\|\Phi(X)\| < \infty$ なので，前項で示したことにより $\Phi(X)$ の平均 m_X^k が存在する．これを X の $\mathcal{H}_k$ における**平均**と呼ぶ．式 (8.1) から
$$\langle f, m_X^k \rangle = E[\langle f, \Phi(X) \rangle] = E[f(X)] \qquad (\forall f \in \mathcal{H}_k) \tag{8.2}$$
であるので，任意の $f \in \mathcal{H}_k$ に対して期待値 $E[f(X)]$ が f と m_X^k との内積で計算される．これは再生性の期待値版と考えられる．

平均 m_X^k の関数としての陽な表示を求めよう．m_X^k は $\mathcal{H}_k$ の元なので，再生性により，任意の $y \in \mathcal{X}$ に対して
$$m_X^k(y) = \langle m_X^k, k(\cdot, y) \rangle = E[k(X,y)] \tag{8.3}$$
である．すなわち，平均 m_X^k はカーネル関数の期待値として与えられる．

2 章で述べたように，$\mathbb{R}$ 上の d 次の多項式カーネル $k(x,y) = (xy+c)^d$ $(c > 0)$ が定める再生核ヒルベルト空間 $\mathcal{H}_k$ はベクトル空間として d 次以下の多項式全体と一致する．したがって，式 (8.1) で $f(x) = x^r$ とおくと，$\mathbb{R}$ 上の確率変数 X に対し，その r 次モーメント $\mu_r = E[X^r]$ $(0 \leq r \leq d)$ が
$$\mu_r = \langle x^r, m_X^k \rangle_{\mathcal{H}_k}$$
により計算される．この例からわかるように，平均 m_X^k は X の分布の高次モーメントの情報を持っている．

平均に関して以降でよく用いる関係式を示しておこう．

補題 8.2 $(\mathcal{X}, \mathcal{B})$ を可測空間，$\mathcal{H}_k$ を $\mathcal{X}$ 上の可測な正定値カーネル k による再生核ヒルベルト空間，X と Y を $\mathcal{X}$ に値をとる確率変数とするとき，

$$\langle m_X^k, m_Y^k \rangle = E[k(Y, X)]$$

が成り立つ．ここで期待値は，X と Y が独立とした場合の分布による．特に

$$\|m_X^k\|^2 = E[k(X, \tilde{X})]$$

ただし，$\tilde{X}$ は X と独立で同一の分布に従う確率変数とする．

証明 m_Y^k に式 (8.2) の関係式を用いると $\langle m_X^k, m_Y^k \rangle = E[\langle m_X^k, k(\cdot, Y) \rangle]$ であるが，再び式 (8.2) より $\langle m_X^k, k(\cdot, Y) \rangle_{\mathcal{H}_k} = \overline{\langle k(\cdot, Y), m_X^k \rangle} = \overline{E_X[k(X, Y)]}$ (E_X は X に関する期待値を表す) となる．したがって第 1 の等式を得る．第 2 の等式はこれからあきらかである． □

8.1.3 平均と標本平均

次に再生核ヒルベルト空間における平均の推定量を考えよう．再生核ヒルベルト空間は一般に無限次元の関数空間であるが，以下でみるように，その上で定義された統計量の推定量が容易に構成でき，その統計的性質も比較的容易に調べられる点が長所である．

$(\mathcal{X}, \mathcal{B}, P)$ を確率空間，$X, X_1, \ldots, X_n$ を P に従う i.i.d. サンプルとし，k を $\mathcal{X}$ 上の可測な正定値カーネルとする．このとき m_X^k の推定量 $\widehat{m}_{(n)}^k$ を

$$\widehat{m}_{(n)}^k = \frac{1}{n} \sum_{i=1}^n k(\cdot, X_i) = \frac{1}{n} \sum_{i=1}^n \Phi(X_i) \tag{8.4}$$

により定義する．これが $m_X^k = E[k(\cdot, X)] = E[\Phi(X)]$ の不偏推定量であることはすぐにわかるが，さらに次のような漸近的性質が導かれる．

定理 8.3 上の仮定のもと，

$$E \|\widehat{m}_{(n)}^k - m_X^k\|_{\mathcal{H}_k}^2 = \frac{1}{n} \{ E[k(X, X)] - E[k(X, \tilde{X})] \}$$

($\tilde{X}$ は X と独立で同一の分布 P に従う確率変数) が成り立つ．特に

$$\|\widehat{m}_{(n)}^k - m_X^k\|_{\mathcal{H}_k} = O_p(n^{-1/2}) \qquad (n \to \infty).$$

証明 $\langle k(\cdot, X_i), m_X^k \rangle_{\mathcal{H}_k} = E_X[k(X, X_i)]$ および補題 8.2 を用いると,

$$\|\widehat{m}_{(n)}^k - m_X^k\|_{\mathcal{H}_k}^2 = \left\|\frac{1}{n}\sum_{i=1}^n k(\cdot, X_i) - m_X^k\right\|_{\mathcal{H}_k}^2$$

$$= \frac{1}{n^2}\sum_{i=1}^n\sum_{j=1}^n k(X_j, X_i) - \frac{1}{n}\sum_{i=1}^n E_X[k(X, X_i)]$$

$$- \frac{1}{n}\sum_{i=1}^n E_X[k(X_i, X)] + E[k(X, \tilde{X})]$$

が成り立つ.これから第 1 の主張は容易である.第 2 の主張は Chebychev の不等式から従う. □

定理 8.3 の系として,$\mathcal{H}_k$ の単位球に対する一様な大数の法則が得られる.

系 8.4 定理 8.3 と同じ仮定のもと

$$\sup_{f \in \mathcal{H}_k, \|f\|_{\mathcal{H}_k} \leq 1} \left|\frac{1}{n}\sum_{i=1}^n f(X_i) - E[f(X)]\right| = O_p(n^{-1/2}) \qquad (n \to \infty)$$

が成り立つ.

証明

$$\sup_{f \in \mathcal{H}_k, \|f\|_{\mathcal{H}_k} \leq 1} \left|\frac{1}{n}\sum_{i=1}^n f(X_i) - E[f(X)]\right| = \sup_{f \in \mathcal{H}_k, \|f\|_{\mathcal{H}_k} \leq 1} \left|\langle f, m_{(n)}^k - m_X^k \rangle_{\mathcal{H}_k}\right|$$

$$= \|m_{(n)}^k - m_X^k\|_{\mathcal{H}_k}$$

であるから,定理 8.3 により直ちに従う. □

次に中心極限定理に関して考えよう.$E[k(X, X)] < \infty$ を仮定すると,任意の $f \in \mathcal{H}_k$ に対し $E[f(X)^2] = E|\langle f, k(\cdot, X)\rangle_{\mathcal{H}_k}|^2 \leq \|f\|_{\mathcal{H}_k}^2 E\|k(\cdot, X)\|_{\mathcal{H}_k}^2 = \|f\|_{\mathcal{H}_k}^2 E[k(X, X)] < \infty$ により,$f(X)$ は有限の分散 $V(f)$ を持つ.したがって中心極限定理

$$\sqrt{n}\left(\frac{1}{n}\sum_{i=1}^n f(X_i) - E[f(X)]\right) \Longrightarrow N(0, V(f)) \qquad (n \to \infty)$$

が成り立つ.これを内積によって書き換えると

$$\langle f, \sqrt{n}(m_{(n)}^k - m_X^k)\rangle_{\mathcal{H}_k} \Longrightarrow N(0, V(f)) \qquad (n \to \infty)$$

であるが,このことは $\mathcal{H}_k$ 上の確率変数 $\sqrt{n}(m_{(n)}^k - m_X^k)$ が何らかのガウス確率変数に収束すること示唆している.実際,次の定理が成り立つ.

定理 8.5 $E[k(X,X)] < \infty$ を仮定する．$G_n = \sqrt{n}(m_{(n)}^k - m_X^k)$ は $n \to \infty$ のとき，$\mathcal{H}_k$ に値をとる確率変数として，$\mathcal{H}_k$ 上のガウス確率変数 G に法則収束する．ここで G は平均 0，共分散関数 $R(f,g) = \text{Cov}[f(X), g(X)]$ により定まる．

上の定理の証明は本書では省略する．例えば Berlinet and Thomas-Agnan (2004, Sec.9.1) をみていただきたい．

8.2 確率分布を特徴づける正定値カーネル

8.1.2 項でみたように，確率変数を再生核ヒルベルト空間に写像するとその平均は元の確率変数の高次モーメントの情報を含んでいる．直感的にいうと，確率変数に対してすべてのモーメントが表現できればその分布は決まるので，十分広いクラスの関数を含むような再生核ヒルベルト空間における平均を考えれば，確率変数を一意的に定めることが期待できる．本節ではこのような正定値カーネルのクラスを議論する．このクラスは，正定値カーネルを用いた統計的推論において重要な役割を果たす．

$(\mathcal{X}, \mathcal{B}_\mathcal{X})$ を可測空間，$\mathcal{P}$ をその上の確率測度全体とする．$\mathcal{X}$ 上の有界かつ可測な正定値カーネル k が**特性的** (characteristic) であるとは，写像

$$\mathcal{P} \to \mathcal{H}_k, \quad P \mapsto m_P^k$$

が単写であることをいう．ここで m_P^k は分布 P を持つ $\mathcal{X}$ 上の確率変数の $\mathcal{H}_k$ における平均を表す．正定値カーネルが特性的であるとき，それが定める再生核ヒルベルト空間は特性的であるという．分布 P を持つ確率変数 X に対して $f(X)$ の期待値を $E_{X \sim P}[f(X)]$ で表すことにすると，上の定義は

$$E_{X \sim P}[f(X)] = E_{X \sim Q}[f(X)] \quad (\forall f \in \mathcal{H}_k) \implies P = Q$$

と同値であり，特性的な正定値カーネルは，再生核ヒルベルト空間における平均によって $\mathcal{P}$ の確率分布を一意に定める．

$\{k(\cdot, y) \mid y \in \mathcal{X}\}$ の線形結合が $\mathcal{H}_k$ で稠密であることより，条件 $m_P^k = m_Q^k$ は，任意の $y \in \mathcal{X}$ に対し $E_{X \sim P}[k(X,y)] = E_{X \sim Q}[k(X,y)]$ が成り立つことと同値である．したがって特性的な正定値カーネルは

$$E_{X\sim P}[k(X,y)] = E_{X\sim Q}[k(X,y)] \quad (\forall y \in \mathcal{X}) \iff P = Q \qquad (8.5)$$

を成立させる正定値カーネルである．

後で示すように，ガウス RBF カーネル $k_\sigma^G(x,y) = \exp\{-\|x-y\|^2/(2\sigma^2)\}$ ($\sigma > 0$) やラプラスカーネル $k_\lambda^L(x,y) = \exp(-\lambda \sum_{i=1}^m |x_i - y_i|)$ ($\lambda > 0$) は $\mathbb{R}^m$ 上の特性的なカーネルの例である．

式 (8.5) からわかるように，特性的な正定値カーネルは，$\mathbb{R}^m$ 上の確率分布 P に対する特性関数 $E_{X\sim P}[e^{\sqrt{-1}u^T X}]$ と類似性を持つ．特性関数が確率分布 P を一意に定めることはよく知られているが，特性的なカーネルは特性関数のこの性質を取り出して定義されている．ただし $e^{\sqrt{-1}u^T X}$ は $\mathbb{R}^n$ 上の正定値カーネルではないことを注意しておく．

次の事実は，特性的な再生核ヒルベルト空間が L^2 の意味で十分広い空間であることを示している．

補題 8.6 上の記法のもと，正定値カーネル k が特性的であるための必要十分条件は，任意の確率分布 $P \in \mathcal{P}$ に対し $\mathcal{H}_k + \mathbb{R}$ が $L^2(P)$ で稠密なことである．ここで，$\mathcal{H}_k + \mathbb{R}$ は再生核ヒルベルト空間としての直和を意味する．

証明　まず十分性を示す．$P, Q \in \mathcal{P}$ に対し，$P \neq Q$ かつ $m_P^k = m_Q^k$ として矛盾を導く．$P - Q$ の全変動を $|P - Q|$ で表すとき，仮定から $\mathcal{H}_k + \mathbb{R}$ は $L^2(|P-Q|)$ で稠密なので，$\mathcal{X}$ の任意の可測集合 A と任意の $\varepsilon > 0$ に対し，$\varphi \in \mathcal{H}_k + \mathbb{R}$ があって

$$\int |\varphi(x) - I_A(x)| d(|P-Q|)(x) < \varepsilon$$

が成り立つ．ここで I_A は A の定義関数である．このとき

$$\left| (E_{X\sim P}[\varphi(X)] - P(A)) - (E_{X\sim Q}[\varphi(X)] - Q(A)) \right| < \varepsilon$$

である．$m_P^k = m_Q^k$ により $E_{X\sim P}[\varphi(X)] = E_{X\sim Q}[\varphi(X)]$ なので，$|P(A)-Q(A)| < \varepsilon$ であるが，$\varepsilon > 0$ は任意なので $P(A) = Q(A)$ となり $P \neq Q$ に反する．

次に必要性を示す．ある $P \in \mathcal{P}$ があって $\mathcal{H}_k + \mathbb{R}$ が $L^2(P)$ で稠密でないと仮定する．このとき，0 でない $f \in L^2(P)$ を $\mathcal{H}_k + \mathbb{R}$ の直交補空間からとると，

$$\int f\varphi dP = 0 \quad (\forall \varphi \in \mathcal{H}_k), \qquad \int f dP = 0$$

が成立する．$c = 1/\|f\|_{L^1(P)}$ とおき，2 つの確率 Q_1, Q_2 を

により定義する．$f \neq 0$ により $Q_1 \neq Q_2$ であるが，一方任意の $\varphi \in \mathcal{H}_k$ に対し

$$Q_1(E) \equiv c\int_E |f|dP, \qquad Q_2(E) \equiv c\int_E (|f| - f)dP$$

$$E_{X \sim Q_1}[\varphi(X)] - E_{X \sim Q_2}[\varphi(X)] = c\int f\varphi dP = 0$$

により $m_{Q_1}^k = m_{Q_2}^k$ である．したがって k は特性的でない． □

$\mathbb{R}^n$ 上の平行移動不変な正定値カーネルに関して，6.2 節で Bochner の定理を述べた．このクラスの正定値カーネルに対しては特性的であるための条件を簡潔に述べることが可能である．この際に重要なのは，平行移動不変な正定値カーネル $k(x, y) = \phi(x - y)$ に対し，確率 P の $\mathcal{H}_k$ における平均 m_P^k が

$$m_P^k(x) = \int k(x, y)dP(y) = \int \phi(x - y)dP(y) = (\phi * P)(x)$$

と，ϕ と P の畳み込みとして表現できる点である．したがって，特性的であることは，

$$\phi * P = \phi * Q \implies P = Q$$

と同値である．ここで畳み込みの Fourier 変換が Fourier 変換の積で与えられることを用いると，厳密性に多少目を瞑れば，上の条件はさらに

$$\widehat{\phi}\widehat{P} = \widehat{\phi}\widehat{Q} \implies P = Q$$

と書き直せる[*2)]．この条件は $\widehat{\phi}$ が全空間で正であれば成立することが予想されるが，実際以下にみるように，上の議論は厳密化することが可能である．

定理 8.7 ϕ を $\mathbb{R}^n$ 上の連続な複素数値正定値関数とし，Λ を Bochner の定理の表示

$$\phi(x) = \int e^{\sqrt{-1}\omega^T x}d\Lambda(\omega)$$

を与える有限非負 Borel 測度とする．このとき，$\mathrm{Supp}(\Lambda) = \mathbb{R}^n$ であれば[*3)]，$\phi(x - y)$ は特性的な正定値カーネルである．

[*2)] 一般に有界な測度 μ の Fourier 変換は $\widehat{\mu}(\omega) = \int e^{-\sqrt{-1}x^T\omega}d\mu(x)$ により定義される．優収束定理から $\widehat{\mu}$ の連続性がすぐにわかる．

[*3)] 非負測度の台の定義は 6.3.3 項を参照．

証明 定理の直前の議論により，有限な実測度 μ が $\mu * \phi = 0$ を満たすとき，$\mu = 0$ を示せばよい．Fubini の定理を用いると

$$\int (\mu * \phi)(x) d\mu(x) = \int \int \phi(x-y) d\mu(y) d\mu(x)$$
$$= \int \int \int e^{\sqrt{-1}(x-y)^T \omega} \Lambda(\omega) d\mu(y) d\mu(x)$$
$$= \int \int e^{\sqrt{-1} x^T \omega} d\mu(x) \int e^{-\sqrt{-1} y^T \omega} d\mu(y) d\Lambda(\omega) = \int |\widehat{\mu}(\omega)|^2 d\Lambda(\omega)$$

である．ここで，$\mu * \phi = 0$ より

$$\int |\widehat{\mu}(\omega)|^2 d\Lambda(\omega) = 0$$

を得るが，$\widehat{\mu}$ が $\mathbb{R}^n$ 上連続であることと，$\mathrm{Supp}(\Lambda) = \mathbb{R}^n$ であることから，$\widehat{\mu} = 0$ が結論される．Fourier 変換の一意性により $\mu = 0$ を得る． □

特に ϕ が実数値の正値関数の場合は，上の条件は必要十分である．

定理 8.8 ϕ を $\mathbb{R}^n$ 上の連続な実正値関数とし，Λ を Bochner の定理の表示

$$\phi(x) = \int e^{\sqrt{-1}\omega^T x} d\Lambda(\omega)$$

を与える有限非負測度とする．このとき，$\phi(x-y)$ が特性的な正定値カーネルであるための必要十分条件は $\mathrm{Supp}(\Lambda) = \mathbb{R}^n$ である．

証明 以下では集合 $A \subset \mathbb{R}^n$ に対して $-A = \{-a \in \mathbb{R}^n \mid a \in A\}$，$A - A = \{a - b \in \mathbb{R}^n \mid a, b \in A\}$ と表す．

定理 8.7 より必要性のみ示せばよい．$k(x,y) = \phi(x-y)$ が特性的であるとき，$\mathrm{Supp}(\Lambda) \neq \mathbb{R}^n$ と仮定して矛盾を導こう．そのために，2 つの異なる確率分布の Fourier 変換の差として表される関数 h で，$\mathrm{Supp}(h) \cap \mathrm{Supp}(\Lambda) = \emptyset$ となるものを構成する．

まず ϕ が実関数であることから，任意の Borel 集合 E に対して $\Lambda(-E) = \Lambda(E)$ が成り立つ．実際，$\tilde{\Lambda}(E) = \Lambda(-E)$ とおくと，$\int e^{\sqrt{-1}\omega^T x} d\tilde{\Lambda}(\omega) = \int e^{-\sqrt{-1}\omega^T x} d\Lambda(\omega) = \overline{\phi(x)} = \phi(x)$ なので，Bochner の定理の一意性から $\tilde{\Lambda} = \Lambda$ を得る．よって $\mathbb{R}^n \setminus \mathrm{Supp}(\Lambda)$ は原点対称な空でない開集合である．

$\omega_0 \in \mathbb{R}^n \setminus \mathrm{Supp}(\Lambda)$ $(\omega_0 \neq 0)$ を固定すると，原点のある開近傍 W があって，$\pm \omega_0 \notin W - W$ かつ $\mathrm{cl}(W - W) \pm \omega_0 \subset \mathbb{R}^n \setminus \mathrm{Supp}(\Lambda)$ とできる．このような W を固定し，$g = I_W * I_{-W}$ と定める．ここで I_W は集合 W の定義関数である．関数 g

は連続で，$\mathrm{Supp}(g) \subset \mathrm{cl}(W-W)$，さらに g は $\mathbb{R}^n$ 上の正値関数である．正値性は

$$\sum_{i,j} c_i \overline{c_j} g(\omega_i - \omega_j) = \sum_{i,j} c_i \overline{c_j} \int I_W(\omega_i - \omega_j - \gamma) I_{-W}(\gamma) d\gamma$$
$$= \sum_{i,j} c_i \overline{c_j} \int I_W(\omega_i - \gamma) I_{-W}(\gamma - \omega_j) d\gamma = \int \left|\sum_i c_i I_W(\omega_i - \gamma)\right|^2 d\gamma \geq 0$$

よりわかる．したがって Bochner の定理により，ある有界な非負 Borel 測度 μ があって

$$g(\omega) = \int e^{\sqrt{-1}\omega^T x} d\mu(x)$$

が成り立つ．$h(\omega) = g(\omega - \omega_0) + g(\omega + \omega_0)$ と定めると，

$$h(\omega) = \int e^{\sqrt{-1}\omega^T x} 2\cos(\omega_0^T x) d\mu(x)$$

を得る．$\mathrm{Supp}(g) \subset \mathrm{cl}(W-W)$ と $\mathrm{cl}(W-W) \pm \omega_0 \subset \mathbb{R}^n \backslash \mathrm{Supp}(\Lambda)$ により，$\mathrm{Supp}(h) \cap \mathrm{Supp}(\Lambda) = \emptyset$ が成り立つ．また $\pm\omega_0 \notin W-W$ より $h(0) = 0$ であるから，

$$\nu(E) = \int_E 2\cos(\omega_0^T x) d\mu(x)$$

により実の符号付測度 ν を定義すると，$\nu(\mathbb{R}^n) = 0$ が成立する．g は 0 でないことから ν は零測度ではない．そこで，$c = |\nu|(\mathbb{R}^n)$ とおき[*4)]，2 つ異なる測度 μ_1, μ_2 を

$$\mu_1 = \frac{1}{c}|\nu|, \qquad \mu_2 = \frac{1}{c}\{|\nu| - \nu\}$$

により定義する．$\nu(\mathbb{R}^n) = 0$ により μ_1, μ_2 はともに確率測度である．このとき Fubini の定理を用いると，$\mathrm{Supp}(h) \cap \mathrm{Supp}(\Lambda) = \emptyset$ により

$$c((\mu_1 - \mu_2) * \phi)(x) = \int \phi(x-y) 2\cos(\omega_0^T y) d\mu(y)$$
$$= \int 2\cos(\omega_0^T y) \int e^{\sqrt{-1}(x-y)^T \omega} d\Lambda(\omega) d\mu(y)$$
$$= \int e^{\sqrt{-1}x^T \omega} h(\omega) d\Lambda(\omega) = 0$$

となる．これは $k(x,y)$ が特性的であることに矛盾する． □

定理 8.7, 8.8 を用いると，平行移動不変な実正定値カーネルに対し，特性的であるという性質が積に関して閉じていることがわかる．

[*4)] $|\nu|$ は ν の全変動を表す．

系 8.9 $\phi_1(x-y)$ と $\phi_2(x-y)$ を $\mathbb{R}^n$ 上の連続かつ平行移動不変な正定値カーネルで, $\phi_1(x-y)$ が実数値かつ特性的とする. このとき, 積 $(\phi_1\phi_2)(x-y)$ は特性的である.

証明 ϕ_1 と ϕ_2 に対して Bochner の定理から定まる $\mathbb{R}^n$ 上の非負測度をそれぞれ Λ_1, Λ_2 とする. すると定理 8.8 から $\mathrm{Supp}(\Lambda_1) = \mathbb{R}^n$ である. このとき $\mathrm{Supp}(\Lambda_1 * \Lambda_2) = \mathbb{R}^n$ となるが, $\Lambda_1 * \Lambda_2$ は Bochner の定理によって正値関数 $\phi_1\phi_2$ を与えるので, 定理 8.7 から $\phi_1\phi_2$ は特性的なカーネルを与える. □

定理 8.7 を用いると, さまざまな平行移動不変な正定値カーネルが特性的であることがわかる. $\phi_\sigma^G(x,y) = \exp\{-\|x\|^2/(2\sigma^2)\}$ $(\sigma > 0)$ と $\phi_\lambda^L(x) = \exp(-\lambda\sum_{i=1}^m |x_i|)$ $(\lambda > 0)$ の Fourier 変換は, それぞれ正の定数倍を除いて $\exp\{-\sigma^2\|\omega\|^2/2\}$ および $\prod_{i=1}^m 1/(\lambda+\omega_i^2)$ となり, $\mathbb{R}^m$ 上の特性的なカーネルである. 一方, sinc 関数 $\mathrm{sinc}(x) = \sin(x)/x$ の Fourier 変換は (正の定数倍を除いて) 区間の定義関数 $I_{[-1,1]}(\omega)$ であるため, 正定値関数であるが特性的ではない. これらの例からわかるように, 特性的なカーネルの Fourier 変換はすべての周波数成分を扱うことができる. 一方, 特性的でないカーネルは, ある周波数領域を表すことができないため, その周波数成分のみ異なる密度関数を持つ確率を区別できない.

$2n+1$ 次のスプライン関数 $B_{2n+1}(x)$ は, 区間 $[-\frac{1}{2}, \frac{1}{2}]$ の定義関数 $I_{[-1/2, 1/2]}(x)$ の $2n+1$ 回の畳み込みで定義される. この Fourier 変換は正の定数倍を除いて $\mathrm{sinc}^{2n+2}(\omega/2)$ であり $B_{2n+1}(x)$ は正値関数である. $\mathrm{sinc}^{2n+2}(\omega/2)$ は無限個の離散的なゼロ点を持っているが, サポートは全空間であるので, $B_{2n+1}(x-y)$ は特性的な正定値カーネルである.

位相空間上の有界連続な正定値カーネルに対しては普遍性という概念もよく用いられ (Steinwart, 2001), 再生核ヒルベルト空間による関数近似を議論する際に有用である. k をコンパクト位相空間 $\mathcal{X}$ 上の有界かつ連続な正定値カーネルとする. k が**普遍** (universal) であるとは, k が定める再生核ヒルベルト空間が, $\mathcal{X}$ 上の連続関数全体に $\|f\|_\infty = \sup_{x\in\mathcal{X}} |f(x)|$ というノルムを入れて定義される Banach 空間の中で稠密であることをいう. ガウス RBF カーネルやラプラスカーネルなどが, $\mathbb{R}^m$ 上の任意のコンパクト集合上で普遍であることが知られている.

命題 8.10 コンパクト距離空間上の普遍な正定値カーネルは特性的である.

証明 P, Q をコンパクト距離空間上の確率分布とするとき, 任意の有界連続関数 f に関して $E_{X \sim P}[f(X)] = E_{X \sim Q}[f(X)]$ ならば $P = Q$ であることが知られている (Dudley, 2002, Theorem 9.3.2) ので, 主張は容易に従う. □

8.3 2標本問題への応用

特性的な正定値カーネル k を用いると, 平均 m_X^k によって確率分布が識別可能であるので, 2標本の均一性検定に正定値カーネルが適用できる. 以下では Gretton et al. (2007) に従ってその方法を紹介する.

2標本の均一性検定とは, 2つのサンプル $(X_1, \ldots, X_\ell)$ と $(Y_1, \ldots, Y_n)$ を発生させた分布が同じかどうかを判定する問題である. 以下では $X_1, \ldots, X_\ell$ と $Y_1, \ldots, Y_n$ は可測空間 $(\mathcal{X}, \mathcal{B})$ に値をとり, それぞれ独立に確率分布 P および Q に従う i.i.d. サンプルと仮定する. $P = Q$ を帰無仮説, $P \neq Q$ を対立仮説として検定を行うことを考える.

k を $\mathcal{X}$ 上の ($\mathcal{B}$ に対して) 特性的な実正定値カーネルとし, $X \sim P, Y \sim Q$ なる独立な変数 X, Y に対して $E[k(X,Y)^2] < \infty$ を満たすとする. P および Q による $\mathcal{H}_k$ における平均を m_P^k, m_Q^k とするとき, これらの距離の2乗

$$M^2(P, Q) \equiv \|m_P^k - m_Q^k\|_{\mathcal{H}_k}^2$$

が 0 か否かによって, $P = Q$ であるかどうかを判定することができる. m_P^k および m_Q^k の推定量は, 式 (8.4) と同様

$$\widehat{m}_P = \frac{1}{\ell} \sum_{i=1}^{\ell} k(\cdot, X_i), \qquad \widehat{m}_Q = \frac{1}{n} \sum_{i=1}^{n} k(\cdot, Y_i) \tag{8.6}$$

で与えられるので, 検定統計量として

$$\begin{aligned}\widehat{M}_{\ell,n} &= \|\widehat{m}_P - \widehat{m}_Q\|_{\mathcal{H}_k}^2 \\ &= \frac{1}{\ell^2} \sum_{a,b=1}^{\ell} k(X_a, X_b) + \frac{1}{n^2} \sum_{c,d=1}^{n} k(Y_c, Y_d) - \frac{2}{\ell n} \sum_{a=1}^{\ell} \sum_{c=1}^{n} k(X_a, Y_c)\end{aligned}$$

を用いることが可能である. また, これを不偏化して

$$U_{\ell,n} = \frac{1}{\ell(\ell-1)} \sum_{a=1}^{\ell} \sum_{b \neq a} k(X_a, X_b) + \frac{1}{n(n-1)} \sum_{c=1}^{n} \sum_{d \neq c} k(Y_c, Y_d)$$
$$- \frac{2}{\ell n} \sum_{a=1}^{\ell} \sum_{c=1}^{n} k(X_a, Y_c)$$

を用いてもよい．$U_{\ell,n}$ は

$$h(x_1, x_2; y_1, y_2) = k(x_1, x_2) + k(y_1, y_2)$$
$$- \frac{1}{2}\{k(x_1, y_1) + k(x_1, y_2) + k(x_2, y_1) + k(x_2, y_2)\}$$

というカーネルによる 2 標本 U-統計量[*5]になることが確認できる．以下では $U_{\ell,n}$ を用いた検定を考える．

仮説検定を行うためには帰無仮説 $P = Q$ のもとで検定統計量 $U_{\ell,n}$ の分布を知る必要がある．いま，総データ数を $N = \ell + n$ とおき，

$$\frac{\ell}{N} \to \gamma, \qquad \frac{n}{N} \to 1 - \gamma \qquad (N \to \infty)$$

を仮定する．N を無限大としたときの漸近分布は以下のように与えられる．

定理 8.11　$P = Q$ の帰無仮説のもと，

$$NU_{\ell,n} \Rightarrow \sum_{i=1}^{\infty} \lambda_i \left(Z_i^2 - \frac{1}{\gamma(1-\gamma)} \right) \qquad (n \to \infty) \tag{8.7}$$

と法則収束する．ここで，Z_i は平均 0 分散 $1/\gamma(1-\gamma)$ の正規分布 $N(0, \frac{1}{\gamma(1-\gamma)})$ に従う独立な確率変数であり，$\{\lambda_i\}_{i=1}^{\infty}$ は

$$\tilde{k}(x,y) = k(x,y) - E[k(x,X)] - E[k(X,y)] + E[k(X,\tilde{X})] \tag{8.8}$$

($\tilde{X}, X$ は独立に P に従う確率変数) を積分核に持つ $L^2(P)$ 上の積分作用素の非零固有値を重複度だけ並べたもの，すなわち，ある単位ベクトル $\phi_i \in L^2(P)$ に対して

$$\int \tilde{k}(x,y)\phi_i(y)dP(y) = \lambda_i \phi_i(x) \tag{8.9}$$

を満たす非負実数 λ_i を重複度だけ並べたものとなる．

[*5]　U-統計量については，例えば van der Vaart (1998, Chap.12) 参照．

8.3 2標本問題への応用

略証 本書では略証のみ示す．より詳しくは van der Vaart (1998, Chap.12.3) を参考にしていただきたい．まず，$U_{\ell,n}$ の定義において k を $\tilde{k}$ に置き換えてもよいことに注意する．$\tilde{k}$ は正定値カーネルなので，Mercer の定理 (定理 6.13) により，$L^2(\mathcal{X} \times \mathcal{X}, P \times P)$ において

$$\tilde{k}(x,y) = \sum_{i=1}^{\infty} \lambda_i \phi_i(x)\phi_i(y)$$

が成立する．ここで $E[\tilde{k}(x,X)] = 0$ に注意すると，式 (8.9) は 0 を固有値に持ち，正の固有値に対応する単位固有ベクトル ϕ_i は $E[\phi_i(X)] = 0$, $E[\phi_i(X)^2] = 1$ を満たす．$U_{\ell,n}$ に上の展開を用いると

$$\begin{aligned} NU_{\ell,n} &= \frac{N}{\ell-1}\sum_{i=1}^{\infty}\lambda_i\Big\{\Big(\frac{1}{\sqrt{\ell}}\sum_{a=1}^{\ell}\phi_i(X_a)\Big)^2 - \frac{1}{\ell}\sum_{a=1}^{\ell}\phi_i(X_a)^2\Big\} \\ &+ \frac{N}{n-1}\sum_{i=1}^{\infty}\lambda_i\Big\{\Big(\frac{1}{\sqrt{n}}\sum_{c=1}^{n}\phi_i(Y_c)\Big)^2 - \frac{1}{n}\sum_{c=1}^{n}\phi_i(Y_c)^2\Big\} \\ &- \frac{2N}{\sqrt{\ell n}}\sum_{i=1}^{\infty}\lambda_i \frac{\sum_{a=1}^{\ell}\phi_i(X_a)}{\sqrt{\ell}}\frac{\sum_{c=1}^{n}\phi_i(Y_c)}{\sqrt{n}} \end{aligned}$$

となる．ここで $\sum_{a=1}^{\ell}\phi_i(X_a)/\sqrt{\ell}$ と $\sum_{c=1}^{n}\phi_i(Y_c)/\sqrt{n}$ は中心極限定理によりそれぞれ標準正規分布に従う確率変数 V_i, W_i に収束するが，$E[\phi_i(X)\phi_j(X)] = E[\phi_i(Y)\phi_j(Y)] = 0$ $(i \neq j)$, $E[\phi_i(X)\phi_j(Y)] = 0$ に注意すると，V_i, W_i $(i \in \mathbb{N})$ はすべて独立である．したがって，$N \to \infty$ のとき

$$\begin{aligned} NU_{\ell,n} &\Longrightarrow \frac{1}{\gamma}\sum_{i=1}^{\infty}\lambda_i(V_i^2-1) + \frac{1}{1-\gamma}\sum_{i=1}^{\infty}\lambda_i(W_i^2-1) - \frac{2}{\sqrt{\gamma(1-\gamma)}}\sum_{i=1}^{\infty}\lambda_iV_iW_i \\ &= \sum_{i=1}^{\infty}\lambda_i\Big\{\Big(\frac{1}{\sqrt{\gamma}}V_i - \frac{1}{\sqrt{1-\gamma}}W_i\Big)^2 - 2\Big\} \end{aligned}$$

と法則収束する．$Z_i = \frac{1}{\sqrt{\gamma}}V_i - \frac{1}{\sqrt{1-\gamma}}W_i$ とおけば定理の主張を得る． □

一方 k が特性的な場合，対立仮説 $P \neq Q$ のもとでは $M^2(P,Q) \neq 0$ であり，次の定理のように $\sqrt{N}(U_{\ell,n} - M^2(P,Q))$ は正の分散を持つ正規分布に法則収束する．特に $NU_{\ell,n}$ による検定は一致性を持つ．

定理 8.12 $P \neq Q$ の対立仮説のもと

$$\sqrt{N}\big(U_{\ell,n} - M^2(P,Q)\big) \quad \Rightarrow \quad N(0,\sigma^2) \qquad (N \to \infty) \tag{8.10}$$

と法則収束する．ここで

$$\sigma^2 = 4\left(\frac{\mathrm{Var}\big[E[k(X,\tilde{X})-k(X,Y)|X]\big]}{\gamma} + \frac{\mathrm{Var}\big[E[k(Y,\tilde{Y})-k(X,Y)|Y]\big]}{1-\gamma}\right)$$

$(X,\tilde{X}$ と $Y,\tilde{Y}$ はそれぞれ P,Q に従う独立な確率変数) で与えられる.

証明 非退化な2標本 U-統計量に関する漸近理論の一般論に当てはめればよいので,ここでは省略する.例えば van der Vaart (1998, Theorem 12.6) 参照. □

以上により,漸近的な帰無分布を検定に用いる際には,λ_i ($i=1,2,\ldots$) が決定できれば棄却域を決定することができる.ここでは詳細を省略するが,式(8.8) の積分核は中心化された正定値カーネルに一致していることから,固有値 λ_i の一致推定量が,式(3.4) で定義される中心化グラム行列 $\tilde{K}$ の固有値によって与えられることがわかる (Gretton et al., 2009). そこで,$\tilde{K}$ の固有値 $\hat{\lambda}_1,\ldots,\hat{\lambda}_{n-1}$ を求め (中心化によって必ず0を固有値に持つので正の固有値は高々 $n-1$ 個である),カイ2乗分布に従う $n-1$ 個の独立なサンプルを発生させることによって,式(8.7) の極限分布の α-%点の近似値を計算機シミュレーションにより求めることができる.

以下では計算機実験として,P を正規分布 $N(0,1/3)$,Q_a を区間 $[-1,1]$ 上の一様分布と $N(0,1/3)$ との混合分布

$$Q_a:\quad a\sqrt{\frac{3}{2\pi}}e^{-\frac{3}{2}x^2} + (1-a)\frac{1}{2}I_{[-1,1]}(x)$$

とし,a を変化させて,$\hat{M}^2(P,Q)$ による検定を行った結果を表8.1に示す.P と Q_a は平均と分散が常に一致するため,2次モーメントまでの情報ではこれらを識別できない.正定値カーネルはガウス RBF カーネルを用い,分散に相当するパラメータ σ には,データ間の距離の中央値を用いた.棄却域は上で述べた方法によって求めた.また比較のために,分布の均一性に対するノンパラメトリック検定の標準的方法である Kolmogorov-Smirnov 検定を同じサンプルに行った結果も合わせて示している.この例では,カーネル法による2標本検定は,Kolmogorov-Smirnov 検定に遜色ない検出力を持っていることがわかる.

表 8.1 正定値カーネルによる方法と Kolmogorov-Smirnov 検定による均一性検定の結果. 有意水準を $\alpha = 5\%$, データ数を $N = 200, 500, 1000$ とし，500 回の実験のうち帰無仮説が受容された割合を示した.

$N \backslash a$	$\hat{M}(P,Q)$					Kolmogorov-Smirnov				
	1	0.75	0.5	0.25	0	1	0.75	0.5	0.25	0
200	0.966	0.898	0.788	0.964	0.882	0.962	0.910	0.730	0.956	0.940
500	0.990	0.868	0.544	0.118	0.038	0.990	0.752	0.382	0.112	0.124
1000	0.986	0.976	0.704	0.088	0	0.954	0.950	0.796	0.316	0.002

8 章のまとめ

カーネル法の原理は，与えられた確率変数を再生核ヒルベルト空間に写像してからデータ解析を行うことであったが，本章では，写像された確率変数の最も基本的な統計量である「平均」を考えることによって，もとの確率変数の分布の性質が議論できることを説明した．その際，再生核ヒルベルト空間上での平均によってもとの確率変数の分布が一意に特徴づけられるという性質が重要である．この性質を持つ正定値カーネルのことを特性的と呼んだ．特性的な正定値カーネルによる平均は，確率分布を一意に定めるという性質において，特性関数の代わりとなる．このとき，特性的な正定値カーネルはユークリッド空間に限らず一般の可測集合上に定義可能であるため，より一般的な議論が可能となる．また，再生性によってさまざまな量の推定値が容易に構成できる点も長所である.

本章では，再生核ヒルベルト空間における 2 つの分布の平均の 2 乗距離を用いて，分布の均一性検定が可能であることを説明した．2 サンプルによるこの 2 乗距離の推定量は，バイアス補正によって U-統計量に帰着され，検定統計量の性質を導くことが可能である.

chapter 9

正定値カーネルによる依存性・独立性

本章では，確率変数の独立性や条件付独立性を正定値カーネルによって扱う方法について述べる．確率変数を再生核ヒルベルト空間に写像しその分散を考えることによって高次の統計量を扱うのが基本的なアイデアである．本章では特に断らない限り正定値カーネルは実数値とする．

9.1 再生核ヒルベルト空間上の共分散作用素

まず再生核ヒルベルト空間における共分散作用素を定義する．これは $\mathbb{R}^n$ に値をとる確率ベクトルに対する通常の共分散行列の一般化である．

$(\mathcal{X}, \mathcal{B}_\mathcal{X})$, $(\mathcal{Y}, \mathcal{B}_\mathcal{Y})$ を可測空間，(X, Y) を $\mathcal{X} \times \mathcal{Y}$ に値をとる確率変数とする．(X, Y) の分布を P_{XY}，X, Y の周辺分布を P_X, P_Y とおく．また，$(\mathcal{H}_\mathcal{X}, k_\mathcal{X})$，$(\mathcal{H}_\mathcal{Y}, k_\mathcal{Y})$ をそれぞれ $\mathcal{X}, \mathcal{Y}$ 上の可測な正定値カーネルと対応する再生核ヒルベルト空間とする．本章で議論する確率変数と正定値カーネルは，常に仮定

(2 乗可積分条件) $\qquad E[k_\mathcal{X}(X,X)] < \infty, \quad E[k_\mathcal{Y}(Y,Y)] < \infty$

を満たすとする．この仮定は正定値カーネルが有界であれば常に満たされる．

共分散を構成するために 2.2.1 項で導入したテンソル積 $\mathcal{H}_1 \otimes \mathcal{H}_2$ を用いる．2 乗可積分条件により，正定値カーネルの積 $k_\mathcal{X} k_\mathcal{Y}$ に関して

$$E\|k_\mathcal{X}(\cdot, X) k_\mathcal{Y}(\cdot, Y)\|_{\mathcal{H}_\mathcal{X} \otimes \mathcal{H}_\mathcal{Y}} = E\big[\|k_\mathcal{X}(\cdot, X)\|_{\mathcal{H}_\mathcal{X}} \|k_\mathcal{Y}(\cdot, Y)\|_{\mathcal{H}_\mathcal{Y}}\big]$$
$$= E\big[\sqrt{k_\mathcal{X}(X,X) k_\mathcal{Y}(Y,Y)}\big] \leq \sqrt{E[k_\mathcal{X}(X,X)] E[k_\mathcal{Y}(Y,Y)]} \quad (9.1)$$

(最後の不等式は Cauchy-Schwarz による) は有限なので，前章の議論により (X, Y)

の $\mathcal{H}_\mathcal{X} \otimes \mathcal{H}_\mathcal{Y}$ における平均を定義することができる．これを m_{XY} で表す[*1]．

一方，X, Y のそれぞれに対して $\mathcal{H}_\mathcal{X}, \mathcal{H}_\mathcal{Y}$ における平均を m_X, m_Y とおくとき，$m_X m_Y \in \mathcal{H}_\mathcal{X} \otimes \mathcal{H}_\mathcal{Y}$ は $P_X \otimes P_Y$ (周辺分布がそれぞれ P_X, P_Y に等しく独立な分布) を分布に持つ $\mathcal{X} \times \mathcal{Y}$ 上の確率変数の $\mathcal{H}_\mathcal{X} \otimes \mathcal{H}_\mathcal{Y}$ における平均に一致する．このことは，任意の $f \in \mathcal{H}_\mathcal{X}, g \in \mathcal{H}_\mathcal{Y}$ に対し

$$\langle fg, m_X m_Y \rangle_{\mathcal{H}_\mathcal{X} \otimes \mathcal{H}_\mathcal{Y}} = \langle f, m_X \rangle_{\mathcal{H}_\mathcal{X}} \langle g, m_Y \rangle_{\mathcal{H}_\mathcal{Y}} = E[f(X)]E[g(Y)]$$

が成り立つことと，$\mathcal{H}_1 \hat{\otimes} \mathcal{H}_2$ が $\mathcal{H}_1 \otimes \mathcal{H}_2$ で稠密であることから確認できる．そこで，テンソル積 $\mathcal{H}_1 \otimes \mathcal{H}_2$ の元

$$m_{XY} - m_X m_Y \tag{9.2}$$

を (X, Y) の $\mathcal{H}_\mathcal{X} \otimes \mathcal{H}_\mathcal{Y}$ における**共分散**と定義しよう．

一般にテンソル積 $\mathcal{H}_1 \otimes \mathcal{H}_2$ の元 h は，$\mathcal{H}_1$ から $\mathcal{H}_2$ への線形写像とみなせる．実際，$A_h : \mathcal{H}_1 \to \mathcal{H}_2$ を

$$\langle A_h f, g \rangle_{\mathcal{H}_2} = \langle h, fg \rangle_{\mathcal{H}_1 \otimes \mathcal{H}_2} \qquad (\forall f \in \mathcal{H}_1, g \in \mathcal{H}_2) \tag{9.3}$$

により定めればよい．

そこで，共分散 $m_{XY} - m_X m_Y \in \mathcal{H}_\mathcal{X} \otimes \mathcal{H}_\mathcal{Y}$ に対応する $\mathcal{H}_\mathcal{X}$ から $\mathcal{H}_\mathcal{Y}$ への線形作用素を**相互共分散作用素**と呼び，Σ_{YX} で表す[*2]．もちろん Σ_{YX} は正定値カーネルないしは再生核ヒルベルト空間に依存しているが，記法を簡単にするため陽に表さないことにする．共分散の定義と式 (9.3) により，任意の $f \in \mathcal{H}_\mathcal{X}, g \in \mathcal{H}_\mathcal{Y}$ に対して

$$\langle \Sigma_{YX} f, g \rangle_{\mathcal{H}_\mathcal{Y}} = E[f(X)g(Y)] - E[f(X)]E[g(Y)] = \mathrm{Cov}[f(X), g(Y)] \tag{9.4}$$

が成り立つ．作用素 Σ_{YX} は式 (9.4) によって一意的に定まるので，これを定義とすることも可能である．特に $Y = X$ の場合，Σ_{XX} は正値な自己共役作用素 (付録 A.5 節参照) であり，**共分散作用素**と呼ぶ．

式 (9.4) は，再生核ヒルベルト空間内の任意の関数 f, g によって変換された確率変数 $f(X), g(Y)$ の共分散が，再生核ヒルベルト空間の線形作用素と内積に

[*1] 8 章とは異なり，記法を簡単にするため，本章では RKHS における平均を表す際に正定値カーネル k を陽に記さないが，平均はすべて正定値カーネルに依存している．

[*2] 相互共分散作用素の一般的な理論は Baker (1973) に詳しい．

よって与えられることを示している．したがって，作用素 Σ_{YX} には (X,Y) のさまざまな高次統計量の情報が含まれていると考えられる．

相互共分散作用素は，$\mathbb{R}^m, \mathbb{R}^n$ に値をとる通常の確率ベクトル X, Y の共分散行列 V_{YX} の拡張である．実際，共分散行列を線形写像とみなすと，

$$(b, V_{YX}a) = \mathrm{Cov}[a^T X, b^T Y] \qquad (a \in \mathbb{R}^m, b \in \mathbb{R}^n) \tag{9.5}$$

(ここで $(\cdot, \cdot)$ は $\mathbb{R}^n$ のユークリッド内積) となるが，これは式 (9.4) の特別な場合である．$\mathbb{R}^m$ および $\mathbb{R}^n$ 上の正定値カーネルとして線形カーネル $k_{\mathcal{X}}(x_1, x_2) = x_1^T x_2$, $k_{\mathcal{Y}}(y_1, y_2) = y_1^T y_2$ をとると，式 (9.4) は

$$\langle k_{\mathcal{Y}}(\cdot, b), \Sigma_{YX} k_{\mathcal{X}}(\cdot, a) \rangle = \mathrm{Cov}[a^T X, b^T Y]$$

を意味する．一方，2.2.2項で述べたように線形カーネルに対する再生核ヒルベルト空間はユークリッド空間と内積空間として同型であり，その対応は $k(\cdot, a) \mapsto a$ ($a \in \mathbb{R}^n$) により与えられる．この対応によって，Σ_{YX} は行列 V_{YX} の定義する線形写像に一致することがわかる．

9.2　共分散作用素による独立性の特徴づけ

2つの1次元確率変数 X, Y の関係をみるために共分散や相関を用いることは基本的であるが，これでは線形な関係しか考慮できない．8章でみたように再生核ヒルベルト空間への特徴写像 $\Phi_{\mathcal{X}}(X), \Phi_{\mathcal{Y}}(Y)$ は高次の情報を含むため，これらの共分散を考えれば，もとの確率変数の高次の依存性を調べられる．以下ではこの考えに基づいて，再生核ヒルベルト空間上の相互共分散作用素を用いて確率変数の独立性や依存性を扱う方法を述べる．

まず確率変数の独立性を復習しておこう．$(\Omega, \mathcal{B}, P)$ を確率空間とし，$X: \Omega \to \mathcal{X}$ と $Y: \Omega \to \mathcal{Y}$ をそれぞれ可測空間 $(\mathcal{X}, \mathcal{B}_{\mathcal{X}}), (\mathcal{Y}, \mathcal{B}_{\mathcal{Y}})$ に値をとる確率変数とする．このとき，X と Y が**独立**であるとは，

$$\mathrm{Pr}((X, Y) \in E \times F) = \mathrm{Pr}(X \in E) \mathrm{Pr}(Y \in F) \qquad (\forall E \in \mathcal{B}_{\mathcal{X}}, F \in \mathcal{B}_{\mathcal{Y}})$$

が成り立つことをいう．実数値の確率変数に対してさまざまな独立性の特徴づけが知られている．2次元確率ベクトル (X, Y) の分布関数は

$$F_{XY}(x, y) = \mathrm{Pr}(X \leq x, Y \leq y) = E[H_x(X) H_y(Y)]$$

で定義された．ここで $H_x(t)$ は $t \leq x$ ならば 1 を，そうでなければ 0 をとる関数である．また，X, Y それぞれの周辺分布関数を $F_X(x) = \Pr(X \leq x)$，$F_Y(y) = \Pr(Y \leq y)$ で表す．以下の 2 つの事実は基本的である．

定理 9.1 (i) X, Y を実数値の確率変数とするとき，X と Y の独立性は，
$$F_{X,Y}(x, y) = F_X(x) F_Y(y) \qquad (\forall x, y \in \mathbb{R})$$
が成り立つことと同値である．

(ii) X, Y をそれぞれ n および m 次元の確率ベクトルとし，$\phi_{XY}, \phi_X, \phi_Y$ をそれぞれ (X, Y) の同時分布の特性関数，および X, Y の周辺分布の特性関数とする．このとき X と Y が独立であることと，
$$\phi_{XY}(u, v) = \phi_X(u) \phi_Y(v) \qquad (\forall u \in \mathbb{R}^n, v \in \mathbb{R}^m)$$
が成り立つことは同値である．

特性的な正定値カーネルによる相互共分散作用素は以下のように確率変数の独立性を特徴づける．以下では X と Y が独立であることを $X \perp\!\!\!\perp Y$ で表す[*3]．

定理 9.2 $(\mathcal{X}, \mathcal{B}_\mathcal{X}), (\mathcal{Y}, \mathcal{B}_\mathcal{Y})$ を可測空間，(X, Y) を $\mathcal{X} \times \mathcal{Y}$ 上の確率変数，$(\mathcal{H}_\mathcal{X}, k_\mathcal{X}), (\mathcal{H}_\mathcal{Y}, k_\mathcal{Y})$ をそれぞれ可測な正定値カーネルにより定まる $\mathcal{X}, \mathcal{Y}$ 上の再生核ヒルベルト空間とし，2 乗可積分条件を仮定する．このとき，積 $k_\mathcal{X} k_\mathcal{Y}$ が $\mathcal{X} \times \mathcal{Y}$ 上特性的であるならば，
$$X \perp\!\!\!\perp Y \quad \Longleftrightarrow \quad \Sigma_{XY} = O \quad (\text{零作用素}) \tag{9.6}$$
の同値関係が成り立つ．

証明 相互共分散作用素の定義により $\Sigma_{YX} = O$ と $m_{XY} = m_X m_Y$ は同値であるので，定理の同値性は $k_\mathcal{X} k_\mathcal{Y}$ が特性的なことから従う． □

上の定理の特徴づけを言い換えると，
$X \perp\!\!\!\perp Y$
$\Longleftrightarrow E[k_\mathcal{X}(x, X) k_\mathcal{Y}(y, Y)] = E[k_\mathcal{X}(x, X)] E[k_\mathcal{Y}(y, Y)] \quad (\forall x \in \mathcal{X}, y \in \mathcal{Y})$

[*3] $X \perp\!\!\!\perp Y$ は Dawid の記号と呼ばれる．

である．これは定理 9.1 の特徴づけと類似性を持っている．分布関数と特性関数を用いた特徴づけでは，それぞれ $H_x(u)$ と $e^{\sqrt{-1}x^T u}$ (Fourier カーネル) を一種のテスト関数として P_{XY} と $P_X \otimes P_Y$ を比較しているのに対し，定理 9.2 では $k_{\mathcal{X}}(x,X)k_{\mathcal{Y}}(y,Y)$ という正定値カーネル関数をテスト関数として比較を行っている．これらのアプローチを比べると，分布関数や特性関数が通常の確率ベクトルに対してのみ定義できるのに対し，カーネル法による特徴づけは，任意の可測空間に値をとる確率変数に適用可能である．また，カーネル法一般にいえるが，正定値カーネルの再生性のおかげで，以下にみるように推定量の構成や解析が容易である．

有限サンプル $(X_1,Y_1),\ldots,(X_n,Y_n)$ が与えられた場合の相互共分散作用素の推定量を構成しよう．相互共分散作用素は平均を用いて定義されたので，平均の推定量をそのまま用いることができる．そこで，**標本相互共分散作用素**を

$$\widehat{\Sigma}_{YX}^{(n)} f = \frac{1}{n}\sum_{i=1}^n \bigl(k_{\mathcal{Y}}(\cdot,Y_i)-\widehat{m}_Y\bigr)\bigl\langle (k_{\mathcal{X}}(\cdot,X_i)-\widehat{m}_X), f\bigr\rangle_{\mathcal{H}_{\mathcal{X}}} \qquad (f \in \mathcal{H}_{\mathcal{X}}) \quad (9.7)$$

により定義する．ここで

$$\widehat{m}_X = \frac{1}{n}\sum_{i=1}^n k_{\mathcal{X}}(\cdot,X_i), \qquad \widehat{m}_Y = \frac{1}{n}\sum_{i=1}^n k_{\mathcal{Y}}(\cdot,Y_i)$$

である．簡単のため $\tilde{k}_{\mathcal{X}}^i = k_{\mathcal{X}}(\cdot,X_i) - \widehat{m}_X$, $\tilde{k}_{\mathcal{Y}}^i = k_{\mathcal{Y}}(\cdot,Y_i) - \widehat{m}_Y$ という記法を導入すると，$\widehat{\Sigma}_{YX}^{(n)}$ は

$$\widehat{\Sigma}_{YX}^{(n)} = \frac{1}{n}\sum_{i=1}^n \tilde{k}_{\mathcal{Y}}^i\langle \tilde{k}_{\mathcal{X}}^i,\cdot\rangle_{\mathcal{H}_{\mathcal{X}}}$$

と書ける．$\sum_{i=1}^n \tilde{k}_{\mathcal{X}}^i = 0$ であるので，$\{\tilde{k}_{\mathcal{X}}^i\}_{i=1}^n, \{\tilde{k}_{\mathcal{Y}}^i\}_{i=1}^n$ の張る部分空間をそれぞれ V_X, W_Y とすると，これらは高々 $n-1$ 次元の部分空間である．$\widehat{\Sigma}_{YX}^{(n)}$ は $\mathcal{H}_{\mathcal{X}}$ から $\mathcal{H}_{\mathcal{Y}}$ への作用素であるが，上の表現からあきらかなように，$V_X^{\perp} \subset \mathcal{N}(\widehat{\Sigma}_{YX}^{(n)})$ かつ $\mathcal{R}(\widehat{\Sigma}_{YX}^{(n)}) \subset W_Y$ であり，特にそのランクは高々 $n-1$ である．

$\widehat{\Sigma}_{YX}^{(n)}$ を V_X および W_Y に制約した有限次元作用素をグラム行列を使って表現してみよう．簡単な計算により

$$\widehat{\Sigma}_{YX}^{(n)} \tilde{k}_{\mathcal{X}}^i = \frac{1}{n}\sum_{j=1}^n \tilde{k}_{\mathcal{Y}}^j\langle \tilde{k}_{\mathcal{X}}^j,\tilde{k}_{\mathcal{X}}^i\rangle_{\mathcal{H}_{\mathcal{X}}} = \frac{1}{n}\sum_{j=1}^n \tilde{K}_{ji}^X \tilde{k}_{\mathcal{Y}}^j$$

を得る．ここで $\tilde{K}^X$ は 3.1 節で定義した中心化グラム行列である．$\{\tilde{k}_{\mathcal{X}}^i\}_{i=1}^n, \{\tilde{k}_{\mathcal{Y}}^i\}_{i=1}^n$ は線形独立ではないため正確には基底とはいえないが，この冗長基底を用いると $\widehat{\Sigma}_{YX}^{(n)}$ の行列表示が $\frac{1}{n}\tilde{K}^X$ により得られることがわかる．

9.3 正定値カーネルによる依存性の尺度

定理 9.2 に基づいて，相互共分散作用素がどれぐらい零作用素に近いかを X と Y の独立性あるいは依存性の尺度として用いることが可能である．このとき Σ_{YX} の Hilbert-Schmidt ノルムを用いると推定量の構成が容易である．補題 A.10 で示したように，式 (9.2) の表現に基づくと $\|\Sigma_{YX}\|_{HS}^2 = \|m_{XY} - m_X m_Y\|_{\mathcal{H}_{\mathcal{X}} \otimes \mathcal{H}_{\mathcal{Y}}}^2$ である．この事実から，補題 8.2 を用いると以下の前半の表示が得られる．

定理 9.3 2 乗可積分性条件のもと Σ_{YX} は Hilbert-Schmidt 作用素であり，

$$\|\Sigma_{YX}\|_{HS}^2 = E[k_{\mathcal{X}}(X, \tilde{X}) k_{\mathcal{Y}}(Y, \tilde{Y})] - 2E\big[E[k_{\mathcal{X}}(X, \tilde{X})|X] E[k_{\mathcal{Y}}(Y, \tilde{Y})|Y]\big]$$
$$+ E[k_{\mathcal{X}}(X, \tilde{X})] E[k_{\mathcal{Y}}(Y, \tilde{Y})]$$

(ただし，$(\tilde{X}, \tilde{Y})$ と (X, Y) は独立で同一の分布に従う) が成り立つ．また，Σ_{XX} のトレース (付録 A.6 参照) は有限で

$$\mathrm{Tr}[\Sigma_{XX}] = E[k_{\mathcal{X}}(X, X)] - E[k_{\mathcal{X}}(X, \tilde{X})]$$

が成り立つ．

定理の第 1 式で，第 1,2,3 項はそれぞれ $P_{XY} \otimes P_{\tilde{X}\tilde{Y}}$, $P_{XY} \otimes P_{\tilde{X}} \otimes P_{\tilde{Y}}$, $P_X \otimes P_Y \otimes P_{\tilde{X}} \otimes P_{\tilde{Y}}$ による期待値である．

証明 後半のみ示す．$\{\varphi_i\}_{i=1}^J$ ($J \in \mathbb{N} \cup \{\infty\}$) を $\mathcal{H}_{\mathcal{X}}$ の完全正規直交系とするとき，定義により $\mathrm{Tr}[\Sigma_{XX}] = \sum_{i=1}^J E\big[\langle \varphi_i, k_{\mathcal{X}}(\cdot, X) \rangle_{\mathcal{H}_{\mathcal{X}}}^2\big] - \sum_{i=1}^J \langle \varphi_i, m_X \rangle_{\mathcal{H}_{\mathcal{X}}}^2$ であるが，第 1 項は $E\big[\sum_{i=1}^J \langle \varphi_i, k_{\mathcal{X}}(\cdot, X) \rangle_{\mathcal{H}_{\mathcal{X}}}^2\big] = E\|k(\cdot, X)\|_{\mathcal{H}_{\mathcal{X}}}^2$ に等しく，第 2 項は $\|m_X\|_{\mathcal{H}_{\mathcal{X}}}^2$ に一致するため，定理の表示を得る． □

有限サンプル $(X_1, Y_1), \ldots, (X_n, Y_n)$ が与えられたとき，$\widehat{\Sigma}_{YX}^{(n)}$ の Hilbert-Schmidt ノルムは以下のように与えられる．

$$\|\widehat{\Sigma}_{YX}^{(n)}\|_{HS}^2$$
$$= \frac{1}{n^2}\sum_{i,j=1}^{n} k_{\mathcal{X}}(X_i,X_j)k_{\mathcal{Y}}(Y_i,Y_j) - \frac{2}{n^3}\sum_{i=1}^{n}\sum_{j=1}^{n} k_{\mathcal{X}}(X_i,X_j)\sum_{\ell=1}^{n} k_{\mathcal{Y}}(Y_i,Y_\ell)$$
$$+ \frac{1}{n^4}\sum_{i,j=1}^{n} k_{\mathcal{X}}(X_i,X_j)\sum_{\ell,r=1}^{n} k_{\mathcal{Y}}(Y_\ell,Y_r)$$
$$= \frac{1}{n^2}\mathrm{Tr}\big[\tilde{K}_X\tilde{K}_Y\big] = \frac{1}{n^2}\mathrm{Tr}\big[K_X Q_n K_Y Q_n\big]$$

ここで $\tilde{K}_X, \tilde{K}_Y$ は中心化グラム行列, $Q_n = I_n - \frac{1}{n}J_n$ (J_n はすべての成分が1である $n \times n$ 行列) であり, $(1,\ldots,1)^T$ の直交補空間への正射影行列である.

Σ_{YX} の定義式 (9.2) により, 標本平均と平均に関して 8.1.3 項で示した漸近的議論が, $\widehat{\Sigma}_{YX}^{(n)}$ と Σ_{YX} に対してそのまま成立する. 例えば,

$$\|\widehat{\Sigma}_{YX}^{(n)} - \Sigma_{YX}\|_{HS} = O_p(n^{-1/2}) \qquad (n \to \infty) \tag{9.8}$$

が得られる. 特に, 標本による独立性尺度 $\|\widehat{\Sigma}_{YX}^{(n)}\|_{HS}^2$ は $\|\Sigma_{YX}\|_{HS}^2$ に $n^{-1/2}$ のオーダーで確率収束する. さらに 8.3 節と同様にして, 特性的な正定値カーネルを用いて 2 つの確率変数の独立性を検定することが可能である.

以下では独立性検定の統計量として

$$T_n = n\|\widehat{\Sigma}_{YX}^{(n)}\|_{HS}^2$$

を用いた具体例を示す. X^1 と Y^1 のデータを図 9.1 で示したように作成する. ここで左図は X^1, Y^1 が独立になるように作成され, これを回転すると X^1 と Y^1 は独立でない. しかし相関は常に 0 である. さらに $X^2,\ldots,X^m, Y^2,\ldots,Y^m$ を X^1, Y^1 に独立なガウス性ノイズとして次元を m 次元に拡張したデータを作成した. このデータに対して, 上の T_n を用いた独立性の検定を行った. 棄却域は前章の 2 標本検定と同様にして決定することも可能であるが, 以下の実験では並べ替え検定を行った. 比較としてパワーダイバージェンス (Ku and Fine, 2005) による検定も行った. X と Y が値をとる領域をそれぞれ L 個のセル J_X, J_Y に分割するとき, パワーダイバージェンスは,

$$n\frac{2}{\lambda(\lambda+2)}\sum_{(ij)\in J_X \times J_Y}\hat{p}_{ij}\bigg\{\Big(\frac{\hat{p}_{ij}}{\hat{p}_i^X \hat{p}_j^Y}\Big)^\lambda - 1\bigg\}$$

で定義される. ここで $\hat{p}_{ij}$ は (X_ℓ, Y_ℓ) $(\ell = 1,\ldots,n)$ がセル $(ij) \in J_X \times J_Y$ に含まれる割合であり, $\hat{p}_i^X$ と $\hat{p}_j^Y$ は, 各変数がセル $i \in J_X$ および $j \in J_Y$ に含ま

9.3 正定値カーネルによる依存性の尺度

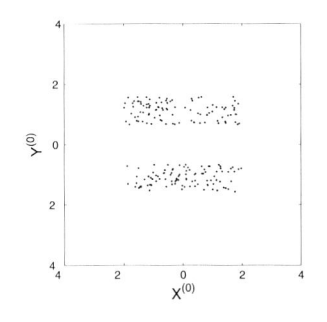

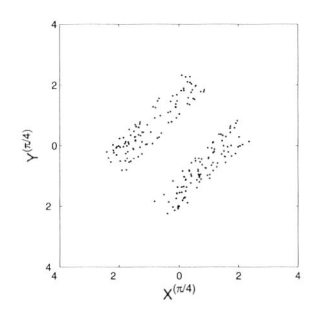

図 9.1 独立性・依存性の計算機実験に用いたデータの例. 左は独立, 右は $\pi/4$ だけ回転したもので, 無相関であるが独立ではない.

表 9.1 正定値カーネルによる方法とパワーダイバージェンスによる独立性検定の結果. X と Y ともに同じ次元を用いた. 有意水準を $\alpha = 5\%$, データ数を 100 とし, 100 回の実験のうち帰無仮説が受容された割合を示した. 並べ替え検定は 500 個のランダムな置換によった.

$$T_n = n\|\widehat{\Sigma}_{XY}^{(n)}\|_{HS}^2$$

次元 \ 角度	0	$\pi/12$	$\pi/6$	$\pi/4$
2	92	83	33	1
3	92	76	36	1
4	92	82	29	2

Power Divergence ($q = 3$)

次元 \ 角度	0	$\pi/12$	$\pi/6$	$\pi/4$
2	95	84	50	22
3	93	92	90	84
4	98	95	95	93

Power Divergence ($q = 4$)

次元 \ 角度	0	$\pi/12$	$\pi/6$	$\pi/4$
2	94	95	74	53
3	94	94	90	88
4	96	97	97	95

れる割合を表す. $\lambda = 0$ のとき相互情報量に, $\lambda = 2$ のとき χ^2-ダイバージェンスに一致する. この実験では $\lambda = 2/3$ とし, 各変数のセルは, 各次元ごとに最小値から最大値までの区間を q 等分することにより作成した. 帰無仮説のもとでパワーダイバージェンスはある自由度の χ^2 分布に法則収束することが知られているが, ここでは並べ替え検定によって棄却域を決定した. 表 9.1 をみると, カーネル法がより高い検出力を持っていることがわかる. 特に, セル分割によるパワーダイバージェンスは次元の増加による検出力の劣化が著しいが, カーネル法は次元による影響がより小さいことがわかる.

9.4 正定値カーネル法による条件付独立性の特徴づけ

条件付独立性の概念は，グラフィカルモデリングをはじめとする統計的モデリングには欠くことのできない重要な概念である．ここでは，正定値カーネルを用いて条件付独立性を議論する方法について述べる．そのためにまず，条件付共分散作用素を導入する．

9.4.1 条件付共分散作用素

まず，有限次元ガウス確率ベクトルの条件付共分散を復習しておこう．X, Y, Z を有限次元ガウス確率ベクトルとするとき，Z が与えられたもとでの X と Y の条件付共分散行列は

$$C_{YX|Z} = C_{YX} - C_{YZ}C_{ZZ}^{-1}C_{ZX} \tag{9.9}$$

によって定義された．ここで C_{YX} などは共分散行列を表し，C_{ZZ} は可逆と仮定する．9.4.2 項でみるように，ガウス確率変数に対しては，Z が与えられたもとで X と Y が条件付独立であることと $C_{YX|Z} = O$ とは同値である．

この考えを再生核ヒルベルト空間へ拡張すると，一般の確率変数の条件付独立性を特徴づけることが可能となる．そこで本節では条件付共分散作用素を定義しその基本的性質を述べる．以降，$(\mathcal{X}, \mathcal{B}_\mathcal{X}), (\mathcal{Y}, \mathcal{B}_\mathcal{Y}), (\mathcal{Z}, \mathcal{B}_\mathcal{Z})$ を可測空間，(X, Y, Z) を $\mathcal{X} \times \mathcal{Y} \times \mathcal{Z}$ に値をとる確率変数，$(\mathcal{H}_\mathcal{X}, k_\mathcal{X}), (\mathcal{H}_\mathcal{Y}, k_\mathcal{Y}), (\mathcal{H}_\mathcal{Z}, k_\mathcal{Z})$ をそれぞれ $\mathcal{X}, \mathcal{Y}, \mathcal{Z}$ 上の可測な正定値カーネルと対応する再生核ヒルベルト空間とする．正定値カーネルと確率変数はすべて 2 乗可積分条件を満たすとする．また，確率変数 X, Y, Z の周辺分布をそれぞれ P_X, P_Y, P_Z で表す．このとき，**条件付相互共分散作用素** $\Sigma_{YX|Z} : \mathcal{H}_\mathcal{X} \to \mathcal{H}_\mathcal{Y}$ を，

$$\Sigma_{YX|Z} = \Sigma_{YX} - \Sigma_{YZ}\Sigma_{ZZ}^{-1}\Sigma_{ZX} \tag{9.10}$$

により定義する．Σ_{ZZ} は逆作用素を持つとは限らないが，以下の分解を用いると厳密な定義が可能である．

命題 9.4 (Baker, 1973, Theorem 1) 相互共分散作用素 Σ_{YX} に対し，作用素ノルムが 1 以下の有界作用素 V_{YX} で，

$$\Sigma_{YX} = \Sigma_{YY}^{1/2} V_{YX} \Sigma_{XX}^{1/2},$$

かつ $\mathcal{R}(V_{YX}) \subset \overline{\mathcal{R}(\Sigma_{YY})}, \mathcal{N}(V_{YX})^\perp \subset \overline{\mathcal{R}(\Sigma_{XX})}$ となるものが一意に存在する．

上の分解で $\Sigma_{XX}^{1/2}$ などは，付録 A.6 節で定義した 1/2 乗である．この分解を用いると，式 (9.10) は正確には

$$\Sigma_{YX|Z} = \Sigma_{YX} - \Sigma_{YY}^{1/2} V_{YZ} V_{ZX} \Sigma_{XX}^{1/2} \tag{9.11}$$

として定義される．特に $Y=X$ の場合，$\Sigma_{YY|Z} = \Sigma_{YY} - \Sigma_{YZ}\Sigma_{ZZ}^{-1}\Sigma_{ZY}$ を単に**条件付共分散作用素**と呼ぶ．

命題 9.5 2 乗可積分条件のもと，$\Sigma_{YX|Z}$ は Hilbert-Schmidt 作用素である．また，$\Sigma_{YY|Z}$ は正値な自己共役作用素でそのトレースは有限である．

証明 前半については，Σ_{YX} は Hilbert-Schmidt 作用素なので，$\Sigma_{YY}^{1/2} V_{YZ} V_{ZX} \Sigma_{XX}^{1/2}$ が Hilbert-Schmidt 作用素であることをいえばよいが，定理 9.3 により Σ_{XX} のトレースは有限なので，$\Sigma_{XX}^{1/2}$ は Hilbert-Schmidt 作用素であり，定理 A.11 から $\Sigma_{YY}^{1/2} V_{YZ} V_{ZX} \Sigma_{XX}^{1/2}$ も Hilbert-Schmidt 作用素である．後半については，自己共役性はあきらかである．任意の $\phi \in \mathcal{H}_\mathcal{Y}$ に対して，$\|V_{ZY}\| \le 1$ を用いて

$$\langle \phi, \Sigma_{YY}^{1/2} V_{YZ} V_{ZY} \Sigma_{YY}^{1/2} \phi \rangle = \langle V_{ZY} \Sigma_{YY}^{1/2} \phi, V_{ZY} \Sigma_{YY}^{1/2} \phi \rangle$$
$$= \|V_{ZY} \Sigma_{YY}^{1/2} \phi\|^2 \le \|\Sigma_{YY}^{1/2} \phi\|^2 = \langle \phi, \Sigma_{YY} \phi \rangle$$

が成り立つので，$\Sigma_{YY|Z}$ は正値である．また，上の不等式から $\mathrm{Tr}[\Sigma_{YY}^{1/2} V_{YZ} V_{ZY} \Sigma_{YY}^{1/2}] \le \mathrm{Tr}[\Sigma_{YY}]$ となり $\mathrm{Tr}[\Sigma_{YY|Z}]$ は有限である． □

条件付相互共分散作用素は確率変数の条件付共分散と以下のように関係する．

定理 9.6 2 乗可積分条件が成り立ち，$k_\mathcal{Z}$ が特性的であるとき，

$$\langle g, \Sigma_{YX|Z} f \rangle_{\mathcal{H}_\mathcal{Y}} = E[\mathrm{Cov}[f(X), g(Y)|Z]] \qquad (\forall f \in \mathcal{H}_\mathcal{X}, g \in \mathcal{H}_\mathcal{Y})$$

が成立する．

証明 Σ_{ZZ} は自己共役な Hilbert-Schmidt 作用素なので，ある完全正規直交系

$\{\phi_i\}_{i=1}^N$ ($N \in \mathbb{N} \cup \{\infty\}$) と $\lambda_i \geq 0$ が存在して $\Sigma_{ZZ}\phi_i = \lambda_i \phi_i$ とできる (付録 A.6 参照). $I_0 = \{i \mid \lambda_i > 0\}$ とし, $i \in I_0$ に対して

$$\tilde{\phi}_i = \frac{1}{\sqrt{\lambda_i}}(\phi_i - E[\phi_i(Z)])$$

とおくと, $\lambda_i \delta_{ij} = \langle \phi_i, \Sigma_{ZZ}\phi_j \rangle_{\mathcal{H}_Z} = \sqrt{\lambda_i \lambda_j} E[\tilde{\phi}_i(Z)\tilde{\phi}_j(Z)]$ により, $\{\tilde{\phi}_i\}_{i \in I_0}$ は $L^2(P_Z)$ の正規直交系である. また, もし $i \notin I_0$ なる i があったとすると, $\mathrm{Var}[\phi_i(Z)] = \langle \Sigma_{ZZ}\phi_i, \phi_i \rangle_{\mathcal{H}_Z} = 0$ により, ϕ_i は P_Z に関して確率 1 で定数となる関数に限られる. 補題 8.6 より $\mathcal{H}_Z + \mathbb{R}$ は $L^2(P_Z)$ で稠密なので, $\{\tilde{\phi}_i\}_{i \in I_0} \cup \{1\}$ は $L^2(P_Z)$ の完全正規直交系となる.

定理を証明するためには

$$\langle g, \Sigma_{YY}^{1/2} V_{YZ} V_{ZX} \Sigma_{XX}^{1/2} f \rangle_{\mathcal{H}_\mathcal{Y}} = E\Big[E[(f(X) - E[f(X)])|Z] E[(g(Y) - E[g(Y)])|Z] \Big]$$

を示せばよいが, 命題 9.4 により $\mathcal{R}(V_{ZY})$ および $\mathcal{R}(V_{ZX})$ が $\mathcal{N}(\Sigma_{ZZ})$ と直交することに注意すると, Parseval の等式 (定理 A.6) により上式の左辺は

$$\sum_{i=1}^N \langle V_{ZY} \Sigma_{YY}^{1/2} g, \phi_i \rangle_{\mathcal{H}_Z} \langle \phi_i, V_{ZX} \Sigma_{XX}^{1/2} f \rangle_{\mathcal{H}_Z}$$
$$= \sum_{i \in I_0} \langle V_{ZY} \Sigma_{YY}^{1/2} g, \phi_i \rangle_{\mathcal{H}_Z} \langle \phi_i, V_{ZX} \Sigma_{XX}^{1/2} f \rangle_{\mathcal{H}_Z}$$
$$= \sum_{i \in I_0} \left\langle \Sigma_{ZY} g, \frac{\phi_i}{\sqrt{\lambda_i}} \right\rangle_{\mathcal{H}_Z} \left\langle \frac{\phi_i}{\sqrt{\lambda_i}}, \Sigma_{ZX} f \right\rangle_{\mathcal{H}_Z}$$
$$= \sum_{i \in I_0} E\Big[\tilde{\phi}_i(Z)(g(Y) - E[g(Y)]) \Big] E\Big[\tilde{\phi}_i(Z)(f(X) - E[f(X)]) \Big]$$

と書き直せる. ここで, $E[f(X) - E[f(X)]|Z]$ および $E[g(Y) - E[g(Y)]|Z]$ が $L^2(P_Z)$ に属することは簡単に示されるので, $\{\tilde{\phi}_i\}_{i \in I_0} \cup \{1\}$ が $L^2(P_Z)$ の完全正規直交系となることを用いると, 上式の末行はさらに

$$\Big(E[g(Y) - E[g(Y)]|Z], E[f(X) - E[f(X)]|Z] \Big)_{L^2(P_Z)}$$
$$- \Big(E[g(Y) - E[g(Y)]|Z], 1 \Big)_{L^2(P_Z)} \Big(1, E[f(X) - E[f(X)]|Z] \Big)_{L^2(P_Z)}$$

と表せる. 上式第 2 項が 0 になることから定理が証明される. □

次に, 条件付共分散作用素と回帰の平均 2 乗誤差との関係について述べる. そのためにガウス確率変数における線形回帰の平均 2 乗誤差に関して復習しておこう. (X, Y) を有限次元ガウス確率ベクトルとし, X を m 次元説明変数として ℓ 次元応答変数 Y を線形回帰により推定することを考える. ここでは確率変数を

$\tilde{X} = X - E[X]$, $\tilde{Y} = Y - E[Y]$ と中心化し,

$$\min_{A \in \mathbb{R}^{\ell \times m}} E \|\tilde{Y} - A\tilde{X}\|^2$$

を達成する $\widehat{A}$ によって

$$\hat{\tilde{Y}} = \widehat{A}\tilde{X}$$

という予測を行う. このとき簡単な計算により $\widehat{A} = C_{YX}C_{XX}^{-1}$ であり (C_{XX}^{-1} の存在は仮定する), $\tilde{Y}$ の予測の残差の分散共分散行列は

$$E(\tilde{Y} - \hat{\tilde{Y}})(\tilde{Y} - \hat{\tilde{Y}})^T = C_{YY} - C_{YX}C_{XX}^{-1}C_{XY}$$

により与えられる. 右辺は条件付共分散行列に他ならない. この事実の拡張が次の定理である.

定理 9.7 2乗可積分性を仮定し, $k_\mathcal{X}$ は特性的とする. このとき

$$\langle g, \Sigma_{YY|X} g \rangle_{\mathcal{H}_\mathcal{Y}} = \inf_{f \in \mathcal{H}_\mathcal{X}} E\big|\tilde{g}(Y) - \tilde{f}(X)\big|^2 \qquad (\forall g \in \mathcal{H}_\mathcal{Y})$$

が成り立つ. ただし $\tilde{f} = f - E[f(X)]$, $\tilde{g} = g - E[g(Y)]$ である.

証明 $\Sigma_{YX} = \Sigma_{YY}^{1/2} V_{YX} \Sigma_{XX}^{1/2}$ を命題 9.4 の分解とする. このとき,

$$E\big|\tilde{g}(Y) - \tilde{f}(X)\big|^2 = \mathrm{Var}[g(Y)] - 2\mathrm{Cov}[g(Y), f(X)] + \mathrm{Var}[f(X)]$$
$$= \langle g, \Sigma_{YY} g \rangle_{\mathcal{H}_\mathcal{Y}} - 2\langle \Sigma_{XY} g, f \rangle_{\mathcal{H}_\mathcal{X}} + \langle f, \Sigma_{XX} f \rangle_{\mathcal{H}_\mathcal{X}}$$
$$= \|\Sigma_{XX}^{1/2} f - V_{XY} \Sigma_{YY}^{1/2} g\|_{\mathcal{H}_\mathcal{X}}^2 + \langle g, \Sigma_{YY} g \rangle_{\mathcal{H}_\mathcal{Y}} - \|V_{XY} \Sigma_{YY}^{1/2} g\|_{\mathcal{H}_\mathcal{X}}^2$$
$$= \|\Sigma_{XX}^{1/2} f - V_{XY} \Sigma_{YY}^{1/2} g\|_{\mathcal{H}_\mathcal{X}}^2 + \langle g, \Sigma_{YY|X} g \rangle_{\mathcal{H}_\mathcal{Y}}$$

であるが, $\overline{\mathcal{R}(V_{XY})} = \overline{\mathcal{R}(\Sigma_{XX})} = \overline{\mathcal{R}(\Sigma_{XX}^{1/2})}$ であることから, 第1項はいくらでも小さい値をとりえる. これは定理の主張を意味する. □

9.4.2 条件付独立性の特徴づけ

本項では条件付 (相互) 共分散作用素を用いた条件付独立性の特徴づけを2通りの方法で行う. 以下では Dawid 記法に従い, Z が与えられたもとでの X と Y の条件付独立性を $X \perp\!\!\!\perp Y \mid Z$ で表す.

a. ガウス確率ベクトルの条件付独立性

正定値カーネルによる方法に入る前に，通常のガウス確率ベクトルに対する条件付独立性に関して復習しておこう．X, Y をガウス確率ベクトルとし，その同時分布の平均，分散共分散行列が

$$\begin{pmatrix} \mu_X \\ \mu_Y \end{pmatrix}, \qquad \begin{pmatrix} C_{XX} & C_{XY} \\ C_{YX} & C_{YY} \end{pmatrix}$$

で与えられているとする．このときよく知られているように，X が与えられたときの Y の条件付確率はまたガウス分布となり，その平均は

$$E[Y|X=x] = \mu_Y + C_{YX} C_{XX}^{-1}(x - \mu_X)$$

分散は

$$\mathrm{Var}[Y|X=x] = C_{YY} - C_{YX} C_{XX}^{-1} C_{XY} = C_{YY|X} \tag{9.12}$$

により与えられる．

次に (X, Y, Z) をガウス確率ベクトルとするとき，Z が与えられたときの (X, Y) の条件付分散共分散行列が

$$\begin{pmatrix} C_{XX|Z} & C_{XY|Z} \\ C_{YX|Z} & C_{YY|Z} \end{pmatrix}$$

で与えられることから，ガウス確率ベクトルに対する条件付独立性は

$$X \perp\!\!\!\perp Y \mid Z \iff C_{YX|Z} = O \tag{9.13}$$

により特徴づけられる．

また，$C_{XX|Z}$ を可逆とするとき，次のような特徴づけも可能である．

$$X \perp\!\!\!\perp Y \mid Z \iff C_{YY|(X,Z)} = C_{YY|Z} \tag{9.14}$$

ここで，$C_{YY|(X,Z)}$ は X, Z を与えたときの Y の条件付分散共分散行列である．第 2 の特徴づけは，式 (9.12) でさらに Z を条件に加えると $C_{YY|(X,Z)} = C_{YY|Z} - C_{YX|Z} C_{XX|Z}^{-1} C_{XY|Z}$ であることから，$C_{YY|(X,Z)} = C_{YY|Z}$ と $C_{YX|Z} = O$ が同値となることからわかる．

前節で述べた線形回帰の予測誤差と分散共分散行列の関係を思い出すと，$C_{YY|Z}$ は Y を Z によって線形予測したときの平均 2 乗誤差を，$C_{YY|(X,Z)}$ は X と Z を用いて Y を線形予測したときの平均 2 乗誤差を表す．一般には多くの情報を用いたほうが誤差は小さいが，第 2 の特徴づけは Z に X を追加しても Y の線形予測の誤差が改善しないことを意味している．

b. 条件付共分散作用素による特徴づけ

式 (9.14) による特徴づけは，以下のように一般の確率変数に拡張される．

定理 9.8 2 乗可積分条件を仮定し，$k_\mathcal{Z}$ および積 $k_\mathcal{X} k_\mathcal{Z}$ が特性的とするとき，$\mathcal{H}_\mathcal{Y}$ 上の自己共役作用素の半順序 (付録 A.5 節) に関して

$$\Sigma_{YY|Z} \geq \Sigma_{YY|(X,Z)} \tag{9.15}$$

が成立する．ここで $\Sigma_{YY|(X,Z)}$ は (X,Z) に積 $k_\mathcal{X} k_\mathcal{Z}$ を用いて定義された条件付共分散作用素である．さらに $k_\mathcal{Y}$ が特性的であるとき

$$X \perp\!\!\!\perp Y \mid Z \iff \Sigma_{YY|(X,Z)} = \Sigma_{YY|X}$$

の同値関係が成立する．

定理 9.7 より，式 (9.15) は，情報が部分的になれば Y の予測誤差が増加するという自然な事実を意味している．予測誤差が増加しなければ Z と (X,Z) は Y に関して同じだけの情報量を持つと解釈できるので，定理の同値性は自然で，かつ上で述べたガウス確率ベクトルの場合の拡張となっている．

証明 定理 9.6 により，任意の $g \in \mathcal{H}_\mathcal{Y}$ に対し

$$\langle g, (\Sigma_{YY|Z} - \Sigma_{YY|(X,Z)})g \rangle_{\mathcal{H}_\mathcal{Y}} = E\big[\mathrm{Var}[g(Y)|Z]\big] - E\big[\mathrm{Var}[g(Y)|X,Z]\big]$$

である．一方，後に述べる補題 9.9 を用いると

$$\mathrm{Var}[g(Y)|Z] = E\big[\mathrm{Var}[g(Y)|X,Z]\big|Z\big] + \mathrm{Var}\big[E[g(Y)|X,Z]\big|Z\big]$$

であるが，両辺の期待値をとることにより

$$E\big[\mathrm{Var}[g(Y)|Z]\big] - E\big[\mathrm{Var}[g(Y)|X,Z]\big] = E\big[\mathrm{Var}[E[g(Y)|X,Z]|Z]\big] \geq 0$$

が成り立ち，式 (9.15) を得る．等号成立は，任意の $y \in \mathcal{Y}$ とほとんどすべての (X,Z) に対して $E[k_\mathcal{Y}(y,Y)|X,Z] = E[k_\mathcal{Y}(y,Y)|Z]$ となる場合であるが，$k_\mathcal{Y}$ は特性的なので，これは (X,Z) が与えられたときの Y の条件付確率と Z が与えられたときの Y の条件付確率が一致することを意味する．よって後半の同値性を得る． □

次の補題は基本的であり応用が広い．

補題 9.9 X, Y を実数値の確率変数とするとき次式が成立する.

$$\mathrm{Var}[Y] = E[\mathrm{Var}[Y|X]] + \mathrm{Var}[E[Y|X]].$$

証明 右辺を展開すると

$$E\big[E[Y^2|X] - E[Y|X]^2\big] + E\big[E[Y|X]^2 - E[Y]^2\big] = E[Y^2] - E[Y]^2$$

であることから示される. □

c. 条件付相互共分散作用素による特徴づけ

次に式 (9.13) の特徴づけを一般の確率変数へ拡張する. ガウス確率ベクトルの場合と異なり, 一般には $\Sigma_{YX|Z} = O$ と $X \perp\!\!\!\perp Y | Z$ は同値とは限らない. これは次のことから推察できる. ガウス確率変数の場合には $\mathrm{Cov}[Y, X|Z]$ が Z の値に依存せずに $C_{YX|Z}$ に一致するのに対し, 一般に $\mathrm{Cov}[Y, X|Z]$ は Z に依存した値を持つ. 一方, 定理 9.6 からわかるように, $\langle g, \Sigma_{YX|Z} f \rangle$ は, Z に関する期待値をとった量しか表せない. したがって Z を固定したときの X と Y の独立性を議論することができない. そこでまず, 条件付相互共分散作用素 $\Sigma_{YX|Z}$ が零作用素であることの意味を明確にしておこう.

いま, 確率変数 (X, Y, Z) を用いて, $\mathcal{X} \times \mathcal{Y}$ 上の確率分布 $E_Z[P_{X|Z} \otimes P_{Y|Z}]$ を, 任意の $A \in \mathcal{B}_\mathcal{X}, B \in \mathcal{B}_\mathcal{Y}$ に対して

$$E_Z[P_{X|Z} \otimes P_{Y|Z}](A \times B) = E\big[E[\chi_A(X)|Z] E[\chi_B(Y)|Z]\big]$$

を満たすように定める. このとき, 以下の定理が成り立つ.

定理 9.10 2 乗可積分性を仮定し, $k_\mathcal{Z}$ および積 $k_\mathcal{X} k_\mathcal{Y}$ は特性的とする. このとき

$$\Sigma_{YX|Z} = O \quad \Longleftrightarrow \quad P_{YX} = E_Z[P_{Y|Z} \otimes P_{X|Z}] \qquad (9.16)$$

の同値関係が成立する.

証明 定理 9.6 からすぐに示される. □

上の定理は, $\Sigma_{YX|Z} = O$ が $X \perp\!\!\!\perp Y | Z$ よりも弱い条件であることを示している. これは, 上述のように $\Sigma_{YX|Z}$ が Z に関する期待値しか表現できないことに

9.4 正定値カーネル法による条件付独立性の特徴づけ

起因する．この問題に対処するために，X を (X, Z) に置き換え，Z を条件づけの変数としてだけでなく，作用素の働く空間の変数として扱うというトリックを用いる．

定理 9.11 2乗可積分性を仮定し，$k_{\mathcal{Z}}$ は特性的とする．また，$W = (X, Z)$ とし，$\mathcal{X} \times \mathcal{Z}$ 上の正定値カーネルとして $k_{\mathcal{W}} = k_{\mathcal{X}} k_{\mathcal{Z}}$ を用いる．このとき積 $k_{\mathcal{W}} k_{\mathcal{Y}}$ が $(\mathcal{X} \times \mathcal{Z}) \times \mathcal{Y}$ 上特性的ならば

$$\Sigma_{YW|Z} = O \quad \iff \quad X \perp\!\!\!\perp Y \mid Z \tag{9.17}$$

の同値関係が成立する．

証明 一般に，任意の可測集合 $A \in \mathcal{B}_{\mathcal{X}}, B \in \mathcal{B}_{\mathcal{Y}}, C \in \mathcal{B}_{\mathcal{Z}}$ に対し，

$$E\Big[E[\chi_{A \times C}(X,Z)|Z]\, E[\chi_B(Y)|Z]\Big] - E\Big[\chi_{A \times C}(X,Z)\chi_B(Y)\Big]$$
$$= E\Big[E[\chi_A(X)|Z]\chi_C(Z)E[\chi_B(Y)|Z]\Big] - E\Big[E[\chi_A(X)\chi_B(Y)|Z]\chi_C(Z)\Big]$$
$$= \int_C \Big\{P_{X|Z}(A|z)P_{Y|Z}(B|z) - P_{XY|Z}(A \times B|z)\Big\} dP_Z(z)$$

が成り立つ．定理 9.10 により，$\Sigma_{YW|Z} = O$ という条件は，上式第 1 行，したがって上式末行の積分が 0 であることと同値である．これは $P_{X|Z}(A|z)P_{Y|Z}(B|z) - P_{XY|Z}(A \times B|z) = 0$ が P_z に関して確率 1 で成り立つこと，すなわち $X \perp\!\!\!\perp Y \mid Z$ と同値である． □

条件付独立性は X と Y に関して対称な性質なので，上の定理で (X, Z) のかわりに (Y, Z) を用いてもよく，また $(X, Z), (Y, Z)$ をともに用いてもよい．

d. 条件付相互共分散作用素の推定量

次に，i.i.d. サンプル $(X_1, Y_1, Z_1), \ldots, (X_n, Y_n, Z_n)$ に対して，条件付相互共分散作用素 $\Sigma_{YX|Z}$ の推定量を考えよう．相互共分散作用素の推定量はすでに得ているのでそれを用いて構成すればよいが，Σ_{ZZ}^{-1} の部分に注意を要する．

$\widehat{\Sigma}_{ZZ}^{(n)}$ はランクが高々 $n-1$ であり逆作用素を持たないので，正則化を用い

$$(\widehat{\Sigma}_{ZZ}^{(n)} + \varepsilon_n I)^{-1}$$

($\varepsilon_n > 0$) を推定量として用いる．ここで ε_n は正則化のための正定数で $n \to \infty$ のときに $\varepsilon_n \to 0$ となるように定める．これを用いて，条件付相互共分散作用素

の推定量 $\widehat{\Sigma}_{YX|Z}^{(n)}$ を

$$\widehat{\Sigma}_{YX|Z}^{(n)} := \widehat{\Sigma}_{YX}^{(n)} - \widehat{\Sigma}_{YZ}^{(n)}(\widehat{\Sigma}_{ZZ}^{(n)} + \varepsilon_n I)^{-1}\widehat{\Sigma}_{ZX}^{(n)} \tag{9.18}$$

により定める．

$\widehat{\Sigma}_{YX|Z}^{(n)}$ をグラム行列で表現しておこう．相互共分散作用素のときと同様に

$$\tilde{k}_{\mathcal{X}}^i = k_{\mathcal{X}}(\cdot, X_i) - \widehat{m}_X, \quad \tilde{k}_{\mathcal{Y}}^i = k_{\mathcal{Y}}(\cdot, Y_i) - \widehat{m}_Y, \quad \tilde{k}_{\mathcal{Z}}^i = k_{\mathcal{Z}}(\cdot, Z_i) - \widehat{m}_Z$$

を導入すると

$$\widehat{\Sigma}_{YX}^{(n)}\tilde{k}_{\mathcal{X}}^i = \frac{1}{n}\sum_{j=1}^n \tilde{K}_{ij}^X \tilde{k}_{\mathcal{Y}}^j, \qquad \widehat{\Sigma}_{ZX}^{(n)}\tilde{k}_{\mathcal{X}}^i = \frac{1}{n}\sum_{j=1}^n \tilde{K}_{ij}^X \tilde{k}_{\mathcal{Z}}^j$$

$$(\widehat{\Sigma}_{ZZ}^{(n)} + \varepsilon_n I)\tilde{k}_{\mathcal{Z}}^i = \sum_{j=1}^n \left(\frac{1}{n}\tilde{K}_{ij}^Z + \varepsilon_n \delta_{ij}\right)\tilde{k}_{\mathcal{Z}}^j$$

などを用いて，

$$\widehat{\Sigma}_{YX|Z}^{(n)}\tilde{k}_{\mathcal{X}}^i = \frac{1}{n}\sum_{j=1}^n \left(\tilde{K}^X - \tilde{K}^Z(\tilde{K}^Z + n\varepsilon_n I_n)^{-1}\tilde{K}^X\right)_{ij}\tilde{k}_{\mathcal{Y}}^j$$

を得る．したがって $\{\tilde{k}_{\mathcal{X}}^i\}_{i=1}^n, \{\tilde{k}_{\mathcal{Y}}^i\}_{i=1}^n$ という冗長基底を用いると，$\widehat{\Sigma}_{YX|Z}^{(n)}$ は

$$\frac{1}{n}\{\tilde{K}^X - \tilde{K}^Z(\tilde{K}^Z + n\varepsilon_n I_n)^{-1}\tilde{K}^X\}$$

という行列表示を持つ．これを用いると $\widehat{\Sigma}_{YX|Z}^{(n)}$ の Hilbert-Schmidt ノルムのグラム行列表示が

$$\|\widehat{\Sigma}_{YX|Z}^{(n)}\|_{HS}^2 = \frac{1}{n^2}\mathrm{Tr}\bigl[\tilde{K}^Y\tilde{K}^X - 2\tilde{K}^Y\tilde{K}^Z(\tilde{K}^Z + n\varepsilon_n I_n)^{-1}\tilde{K}^Z\tilde{K}^X$$
$$+ \tilde{K}^Z(\tilde{K}^Z + n\varepsilon_n I_n)^{-1}\tilde{K}^Y\tilde{K}^Z(\tilde{K}^Z + n\varepsilon_n I_n)^{-1}\tilde{K}^Z\tilde{K}^X\bigr] \tag{9.19}$$

のように得られる．

以降，Z に関する条件付独立性を議論する際には，$\ddot{X} = (X, Z), \ddot{Y} = (Y, Z)$ と表記することにする．定理9.11より，$\|\Sigma_{Y\ddot{X}|Z}\|_{HS}^2$ および $\|\widehat{\Sigma}_{Y\ddot{X}|Z}^{(n)}\|_{HS}^2$ を条件付独立性の尺度として用いることが可能である．さらに対称性を重視して，$\|\Sigma_{\ddot{X}\ddot{Y}|Z}\|_{HS}^2$, $\|\widehat{\Sigma}_{\ddot{X}\ddot{Y}|Z}^{(n)}\|_{HS}^2$ を用いることもできる．下の定理により，データ数が大きくなるとき $\|\widehat{\Sigma}_{YX|Z}^{(n)}\|_{HS}^2$ は $\|\Sigma_{YX|Z}\|_{HS}^2$ に収束する．

定理 9.12 2乗可積分性を仮定する．正則化定数 ε_n が $\varepsilon_n \to 0$ かつ $\varepsilon_n^2 n \to \infty$

9.4 正定値カーネル法による条件付独立性の特徴づけ

$(n \to \infty)$ を満たすとき

$$\|\widehat{\Sigma}_{YX|Z}^{(n)} - \Sigma_{YX|Z}\|_{HS} \to 0 \qquad (n \to \infty)$$

と確率収束する.

証明 証明には次の 2 つを示せばよい.

$$\|\widehat{\Sigma}_{YX|Z}^{(n)} - \{\Sigma_{YX} - \Sigma_{YZ}(\Sigma_{ZZ} + \varepsilon_n I)^{-1}\Sigma_{ZX}\}\|_{HS} = O_p(n^{-1/2}\varepsilon_n^{-1}), \qquad (9.20)$$

$$\|\Sigma_{YZ}\Sigma_{ZZ}^{-1}\Sigma_{ZX} - \Sigma_{YZ}(\Sigma_{ZZ} + \varepsilon_n I)^{-1}\Sigma_{ZX}\|_{HS} \to 0 \qquad (n \to \infty). \qquad (9.21)$$

まず式 (9.20) を示そう.

$$\|\widehat{\Sigma}_{YX|Z}^{(n)} - \{\Sigma_{YX} - \Sigma_{YZ}(\Sigma_{ZZ} + \varepsilon_n I)^{-1}\Sigma_{ZX}\}\|_{HS}$$
$$\leq \|\widehat{\Sigma}_{YX}^{(n)} - \Sigma_{YX}\|_{HS} + \|\widehat{\Sigma}_{YZ}^{(n)}(\widehat{\Sigma}_{ZZ}^{(n)} + \varepsilon_n I)^{-1}\widehat{\Sigma}_{ZX}^{(n)} - \Sigma_{YZ}(\Sigma_{ZZ} + \varepsilon_n I)^{-1}\Sigma_{ZX}\|_{HS}$$

であるが, 右辺第 1 項は式 (9.8) でみたように $O_p(n^{-1/2})$ である. 第 2 項はさらに上から

$$\|(\widehat{\Sigma}_{YZ}^{(n)} - \Sigma_{YZ})(\widehat{\Sigma}_{ZZ}^{(n)} + \varepsilon_n I)^{-1}\widehat{\Sigma}_{ZX}^{(n)}\|_{HS}$$
$$+ \|\Sigma_{YZ}\{(\widehat{\Sigma}_{ZZ}^{(n)} + \varepsilon_n I)^{-1} - (\Sigma_{ZZ} + \varepsilon_n I)^{-1}\}\widehat{\Sigma}_{ZX}^{(n)}\|_{HS}$$
$$+ \|\Sigma_{YZ}(\Sigma_{ZZ} + \varepsilon_n I)^{-1}(\widehat{\Sigma}_{ZX}^{(n)} - \Sigma_{ZX})\|_{HS}$$
$$\leq \varepsilon_n^{-1}\|\widehat{\Sigma}_{YZ}^{(n)} - \Sigma_{YZ}\|_{HS}\|\widehat{\Sigma}_{ZX}^{(n)}\| + \|\Sigma_{YZ}\{(\widehat{\Sigma}_{ZZ}^{(n)} + \varepsilon_n I)^{-1} - (\Sigma_{ZZ} + \varepsilon_n I)^{-1}\}\widehat{\Sigma}_{ZX}^{(n)}\|_{HS}$$
$$+ \varepsilon_n^{-1}\|\Sigma_{YZ}\|\|\widehat{\Sigma}_{ZX}^{(n)} - \Sigma_{ZX}\|_{HS}$$

と評価される. ここで定理 A.11 (付録) を用いた. 末行第 1,3 項は $O_p(\varepsilon_n^{-1}n^{-1/2})$ なので, 第 2 項が $O_p(\varepsilon_n^{-1}n^{-1/2})$ であることを示せばよい. 一般に $A(B^{-1} - C^{-1})D = -AB^{-1}(B-C)C^{-1}D$ であることに注意すると, この項は, 上から

$$\|\Sigma_{YZ}(\Sigma_{ZZ} + \varepsilon_n I)^{-1}(\Sigma_{ZZ} - \widehat{\Sigma}_{ZZ}^{(n)})(\widehat{\Sigma}_{ZZ}^{(n)} + \varepsilon_n I)^{-1}\widehat{\Sigma}_{ZX}^{(n)}\|_{HS}$$
$$\leq \|\Sigma_{YY}^{1/2}V_{YZ}\|\|\Sigma_{ZZ}^{1/2}(\Sigma_{ZZ} + \varepsilon_n I)^{-1}\|\|\Sigma_{ZZ} - \widehat{\Sigma}_{ZZ}^{(n)}\|_{HS}$$
$$\times \|(\widehat{\Sigma}_{ZZ}^{(n)} + \varepsilon_n I)^{-1}\widehat{\Sigma}_{ZZ}^{(n)1/2}\|\|\widehat{V}_{ZX}\widehat{\Sigma}_{XX}^{(n)1/2}\|$$

($\Sigma_{YZ} = \Sigma_{YY}^{1/2}V_{YX}\Sigma_{ZZ}^{1/2}$ および $\widehat{\Sigma}_{ZX}^{(n)} = \widehat{\Sigma}_{ZZ}^{(n)1/2}\widehat{V}_{ZX}\widehat{\Sigma}_{XX}^{(n)1/2}$ は補題 9.4 の分解) と評価されるが, $\|\Sigma_{ZZ}^{1/2}(\Sigma_{ZZ} + \varepsilon_n I)^{-1/2}\| \leq 1, \|(\widehat{\Sigma}_{ZZ}^{(n)} + \varepsilon_n I)^{-1/2}\widehat{\Sigma}_{ZZ}^{(n)1/2}\| \leq 1$ を用いると, $O_p(n^{-1/2}\varepsilon_n^{-1})$ がわかる.

次に式 (9.21) を示そう. この左辺の作用素は $\varepsilon_n \Sigma_{YY}^{1/2} V_{YZ}(\Sigma_{ZZ} + \varepsilon_n I)^{-1} V_{ZX} \Sigma_{XX}^{1/2}$

と書き直せるので，その Hilbert-Schmidt ノルムの 2 乗は

$$\sum_{i=1}^{\infty} \varepsilon_n^2 \|\Sigma_{YY}^{1/2} V_{YZ} (\Sigma_{ZZ} + \varepsilon_n I)^{-1} V_{ZX} \Sigma_{XX}^{1/2} \psi_i\|_{\mathcal{H}_\mathcal{Y}}^2$$

と表される．ここで $\{\psi_i\}_{i=1}^{\infty}$ は $\mathcal{H}_\mathcal{X}$ の正規直交基底である．和の中の各項は $\varepsilon_n \searrow 0$ のとき単調増加なので，任意の $\psi \in \mathcal{H}_\mathcal{Y}$ に対して

$$\lim_{n \to \infty} \varepsilon_n \|\Sigma_{YY}^{1/2} V_{YZ} (\Sigma_{ZZ} + \varepsilon_n I)^{-1} V_{ZX} \Sigma_{XX}^{1/2} \psi\|_{\mathcal{H}_\mathcal{Y}} = 0$$

を示せば，単調収束定理から式 (9.21) を得る．このためには任意の $\phi \in \mathcal{H}_\mathcal{X}$ に対し

$$\lim_{\varepsilon \to 0} \varepsilon (\Sigma_{ZZ} + \varepsilon I)^{-1} V_{ZX} \phi = 0 \tag{9.22}$$

を示せば十分である．$\mathcal{R}(V_{ZX}) \subset \overline{\mathcal{R}(\Sigma_{ZZ})}$ により，任意の $\delta > 0$ に対して $h \in \mathcal{H}_\mathcal{Z}$ があって $\|V_{ZX}\phi - \Sigma_{ZZ}h\|_{\mathcal{H}_\mathcal{Z}} < \delta$ とできる．すると

$$\|\varepsilon(\Sigma_{ZZ} + \varepsilon I)^{-1} V_{ZX} \phi\|_{\mathcal{H}_\mathcal{Z}}$$
$$\leq \|\varepsilon(\Sigma_{ZZ} + \varepsilon I)^{-1} \Sigma_{ZZ} h\|_{\mathcal{H}_\mathcal{Z}} + \|\varepsilon(\Sigma_{ZZ} + \varepsilon I)^{-1} (V_{ZX}\phi - \Sigma_{ZZ}h)\|_{\mathcal{H}_\mathcal{Z}}$$
$$\leq \varepsilon \|h\|_{\mathcal{H}_\mathcal{X}} + \delta$$

が成り立つ．$\delta > 0$ は任意なので式 (9.22) が成り立ち，定理が証明された． □

9.5 条件付独立性尺度の応用

本章で紹介した独立性・条件付独立性の尺度は，統計的な問題に多くの応用を持っている．以下では，これらを条件付独立性検定，因果推論，および回帰における次元削減ないしは特徴抽出に応用した例に関して簡単に述べる．その他にも $\|\Sigma_{YX}\|_{HS}^2$ を変数選択に用いた応用などさまざまな方法が提案されている[*4)]．

9.5.1 条件付独立性の検定

連続値をとる一般の確率変数に対する条件付独立性の検定は，特に多次元のデータの場合に必ずしも容易ではなく，セル分割やガウス性の仮定などによる方法が用いられることが多い．これに対し，9.4.2 項 d. で述べたことから，$\|\widehat{\Sigma}_{Y\ddot{X}|Z}^{(n)}\|_{HS}^2$ を条件付独立性の検定統計量として用いることができる．しかしながら独立性検

[*4)] 例えばチュートリアル (http://alex.smola.org/icml2008/) などを参照．

定に用いた $\|\widehat{\Sigma}_{YX}^{(n)}\|_{HS}^2$ と異なり，帰無仮説のもとでの検定統計量の分布は今のところ知られていない．並べ替え検定を行うことは可能であるが，並べ替えによって条件付独立なサンプルを発生させるためには，条件変数 Z が同一の値をとるサンプル (X_i, Y_i) を並べ替える必要がある．しかし，条件変数 Z が連続値の場合は，ある決まった Z に対して多数の (X_i, Y_i) が存在することを期待するのは難しいので，近い Z の値を持つサンプルをグループ化して，その中で並べ替えをするなどの工夫が必要となる．

9.5.2 因果推論への応用

実験を伴わないデータから変数間の統計的な因果関係を推論する問題は，さまざまな分野で重要な課題であるとともに，困難な課題のひとつでもある．因果性推論のための一つのアプローチとして，有向グラフの矢印の向きを因果の向きと考え，真の確率分布が有向非巡回グラフで記述される確率分布に従うと仮定して，データからそのグラフを推定する方法がある (Pearl, 2000; Spirtes et al., 2001)．このアプローチでは，グラフの構造を推定するために，変数の部分集合に対する条件付独立性の判定を利用する．従来よく用いられる因果推論の方法では，連続変数に対する条件付独立性の検定には，変数の離散化を行うか，ガウス性を仮定して χ^2 検定を行う方法が主であった．Sun et al. (2007) では，上で述べた Hilbert-Schmidt ノルムによる条件付独立性検定を行い，変数間の因果関係の推論を行う方法を提案している．

9.5.3 カーネル次元削減法

近年では，画像，テキスト，遺伝子発現データなど高次元データを扱う必要性が高く，データの説明や可視化，予測・決定の精度向上のためのノイズ削減，計算量の軽減などさまざまな目的のために次元削減は重要な方法となっている．ここでは m 次元説明変数 X を用いて従属変数 Y を説明する回帰の問題において，Y に関する情報を保持するような X の低次元部分空間への射影をみつける次元削減の問題を考える．

r 次元部分空間への射影を表す $m \times r$ 行列を B ($B^T B = I_r$) とする．回帰において Y を説明するのに十分な部分空間の条件は

$$Y \perp\!\!\!\perp X \,|\, U \qquad (U = B^T X) \tag{9.23}$$

という条件付独立性で与えるのが自然である．上式を満たす B の列ベクトルが張る部分空間のことを**有効部分空間**と呼ぶことにする．ここでは，次元削減の問題を，与えられた有限サンプルから有効部分空間を推定する問題として定式化する．以降では有効部分空間の次元 r は既知として話を進める．

条件付独立性をはかるため，前項までに導入した正定値カーネルの方法が適用可能である．いま，B の列ベクトルに直交する $m-r$ 本の正規直交ベクトルを並べた行列を C とおく．このとき (B, C) は m 次元直交行列となる．$V = C^T X$ で表すことにして，定理 9.8 に基づいて $\Sigma_{YY|(U,V)} = \Sigma_{YY|X}$ と $\Sigma_{YY|U}$ を比較することにより，射影行列 B の推定関数として

$$\min_{B : B^T B = I_r} \mathrm{Tr}\bigl[\widehat{\Sigma}_{YY|B^T X}^{(n)}\bigr]$$

を用いることができる．ただし，$\widehat{\Sigma}_{YY|B^T X}^{(n)}$ を定義する際には，Y, $\mathbb{R}^d$ に対して特性的な正定値カーネル k_Y, k_d, を用意し，$B^T X_i$ に対して $k_d(B^T X_i, B^T X_j)$ を用いる．

上の推定関数を中心化グラム行列を用いて表示し，B に関係する項だけを用いて書くと，結局

$$\max_{B : B^T B = I_r} \mathrm{Tr}\left[\widehat{G}_Y \bigl(\widehat{G}_{B^T X} + n\varepsilon_n I_n\bigr)^{-1}\right] \tag{9.24}$$

となる．この基準により部分空間を求める方法を**カーネル次元削減法** (Fukumizu et al., 2004, 2009) と呼ぶ．上式で与えられる推定量は $\varepsilon_n \to 0$, $n\varepsilon_n^3 \to \infty$ のもとで一致性を持つことが証明されている．カーネル次元削減法を実行するためには，上記の推定関数の最適化を行う必要があるが，この関数は非凸であり，勾配法などによる非線形最適化手法が必要となる．

カーネル次元削減法の導出には，周辺分布，条件付分布および可測集合に関する条件をほとんど必要としないので，離散変数などを含んだ幅広い状況に応用可能である．回帰問題での次元削減に対する方法には，従来法として Sliced Inverse Regression (SIR, Li, 1991) や Principal Hessian Directions (pHd, Li, 1992) などの手法が有名であるが，これらには，X の分布の楕円性が必要であったり，Y が2値の場合には1次元部分空間しかみつけられないなどの強い制約が存在する．また，CCA や PLS 回帰なども用いられることがあるが，これらはモデルに

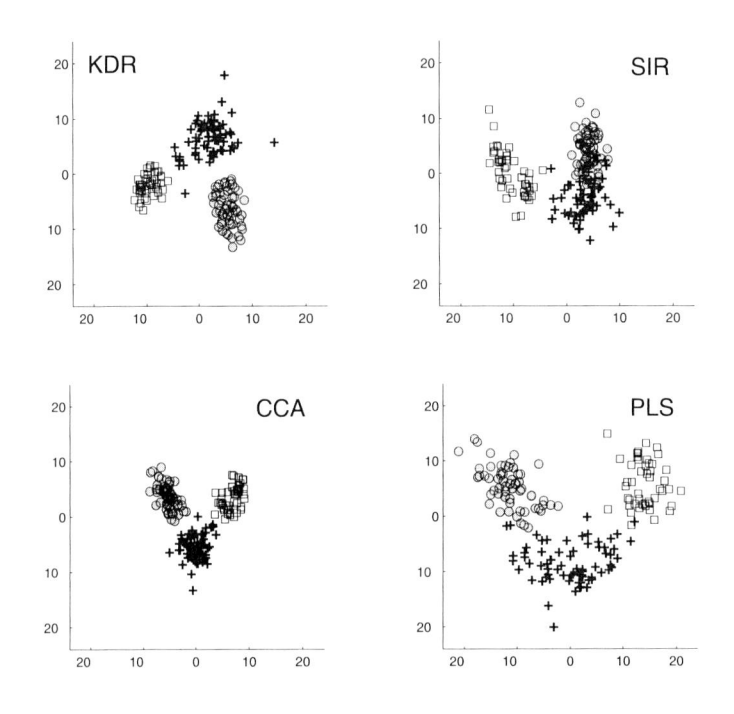

図 9.2 Wine データの 2 次元射影. +, ●, □ が 3 クラスに対応.

強い制約がある.

データ可視化の能力をみる目的で，3.1.2 項で用いた Wine データにカーネル次元削減法を用いた例を示す．このデータは 3 種類のワインに対する 13 次元の連続値属性を 178 サンプル集めたデータである．Y を 3 種のワインを識別するクラスラベルとする．クラスの情報をなるべく保持するように，各手法で 2 次元部分空間を求めた結果が図 9.2 である．KDR が 3 クラスを最もよく識別しており，2 次元部分空間で完全な識別が可能なことがわかる．CCA も 3 クラスを完全に分けているが，境界はそれほど明確ではない．SIR と PLS 回帰の結果では判別は不完全である.

9章のまとめと文献

本章では，正定値カーネルを用いたデータ解析の新しい流れとして，特徴写像によって再生核ヒルベルト空間に写像したデータの共分散や条件付共分散を考えることにより，もとのデータの独立性や条件付独立性を議論するための方法を紹介した．そのために重要な概念は，8章で導入した特性的な正定値カーネルであった．

特性的なカーネルと特性関数との類似性からわかるように，正定値カーネルを用いた独立性・条件付独立性の議論は，特性関数によって独立性・条件付独立性を扱う方法と類似的であり，ともに確率分布 P を積分変換 $\int k(x,x')dP(x')$ によって表現する．特性関数を用いる場合，$\mathbb{R}^m, \mathbb{R}^\ell$ に値をとる確率ベクトル X, Y の独立性を特徴づけるためには

$$E[e^{\sqrt{-1}(X^T\omega + Y^T\eta)}] - E[e^{\sqrt{-1}X^T\omega}]E[e^{\sqrt{-1}Y^T\eta}] = 0$$

を判定すればよいが，左辺は (ω, η) の関数であるため，何らかの関数空間のノルムを導入して，その値が 0 かどうかを判定する必要がある．例えば適当な測度 μ_m, μ_ℓ によって定義されるヒルベルト空間 $L^2(\mathbb{R}^{m+\ell}, \mu_m \times \mu_\ell)$ を用いて

$$\int \left|E[e^{\sqrt{-1}(X^T\omega+Y^T\eta)}] - E[e^{\sqrt{-1}X^T\omega}]E[e^{\sqrt{-1}Y^T\eta}]\right|^2 d\mu_m(\omega)d\mu_\ell(\eta)$$

によって判定することは可能であるが，この積分を有限サイズのデータから推定することは特別な場合を除いて容易ではない．

カーネル法では，再生核ヒルベルト空間の特別な性質のおかげで，推定量の構成やその性質の理論的解析が容易になっている．また，特性的な正定値カーネルが定義できれば，ユークリッド空間でなくとも，任意の測度空間に値をとる確率変数に適用が可能である．

前章と本章で述べた方法論は現在研究が発展中の分野であり，まとまって書かれた文献はあまりない．さらに詳しく知りたい読者は，本文中に示した原論文に当たっていただきたい．

chapter 10

カーネル法の周辺

本章では統計的手法のなかでカーネル法と密接に関連するものとして，関数データ解析，スプライン平滑化，ガウス過程のそれぞれについて，カーネル法との関連を中心に簡単に解説する．本章はこれまでと違い紹介的な記述をするので，厳密性にはあまりこだわらずに読んでいただきたい．

10.1 関数データ解析

関数データ解析とは，データ自体が関数として与えられる場合のデータ解析の総称である．以下ではカーネル法との関連について概要のみを述べる．

関数データ解析では $\{\phi_1(t), \ldots, \phi_N(t)\}$ ($t \in [a,b]$) という時系列データを想定するのが典型的である．カーネル法と同様に，ϕ_i を何らかの関数空間の中のデータとみて，それらに対して関数空間上の線形データ解析を施す．実際のデータは，連続時間のすべての値ではなく離散的な時刻に観測された値が与えられることが多い．また，観測する時刻も各 ϕ_i に依存してよく，$\{(t_j, y_i(t_j)) \mid i = 1, \ldots, N, j = 1, \ldots, m_i\}$ という形で与えられることが多い（図 10.1 参照）．例えば，N 人の子供の身長を一定の年数にわたって測定したデータを考えよう．各人の身長の計測時が必ずしも同じでないとすると，子供 i に関して日付 t_j にとったデータを $y_i(t_j)$ と表すことができる．このとき，各人の身長はひとつのカーブを描くので，関数データとみなすことができる．このような場合には，離散時刻で測定されたデータ $\{(t_j, y_i(t_j))\}$ を関数データ $\{\phi_i\}$ に変換してからデータ解析を

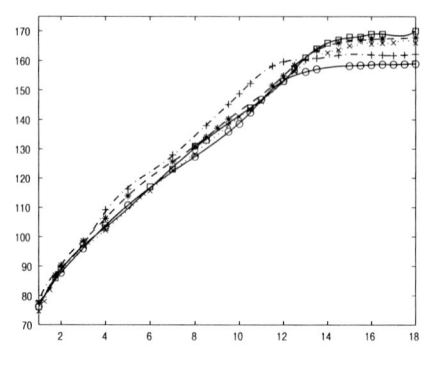

図 10.1 関数データの例.

行う.通常この変換には B-スプラインなどの平滑化手法[*1)]が用いられ,データ $\phi_i(t)$ は,決められた基底関数 $\theta_1(t),\ldots,\theta_L(t)$ を用いて

$$\phi_i(t) = \sum_{\ell=1}^{L} c_{i\ell}\theta_\ell(t) \qquad (i=1,\ldots,N) \tag{10.1}$$

と表現される.

関数データ $\{\phi_1,\ldots,\phi_N\}$ を扱う際には,多くの場合ヒルベルト空間 $L^2([a,b])$ を用いることが多い.データがヒルベルト空間内にあると考えて,1 章で述べたカーネル法の原理と同様,$L^2([a,b])$ 内で主成分分析や正準相関分析などを適用することが可能である.以下では主成分分析の例をみてみよう.

ヒルベルト空間 $L^2([a,b])$ 内での単位主成分方向 f は,

$$\max_{f \in L^2([a,b])} \widehat{\mathrm{Var}}\Big[\int_a^b \phi_i(t)f(t)dt\Big] \qquad \text{subject to} \qquad \int_a^b f(t)^2 dt = 1 \tag{10.2}$$

を満たす関数 f によって与えられる.ここで,各データ ϕ_i に式 (10.1) の形を仮定すると,カーネル法における Representer 定理 (定理 3.1) とまったく同じ議論により

$$f(t) = \sum_{j=1}^{L} \beta_j \theta_j(t)$$

の形で解を探せば十分であることがわかる.これを式 (10.2) に代入すると,

$$\max_{\beta} \beta^T V \beta \qquad \text{subject to} \qquad \beta^T R \beta = 1$$

[*1)] 10.2 節でスプライン平滑化を述べるが B-スプラインには触れないので,例えば Ramsay and Silverman (2006) をみていただきたい.

を解けばよい．ここで

$$V_{\ell m} = \frac{1}{N} \sum_{i,j,k=1}^{N} c_{ij} c_{ik} R_{j\ell} R_{km}, \qquad R_{j\ell} = \int_a^b \theta_j(t) \theta_\ell(t) dt$$

である．行列 R の計算には積分が必要であるが，これは数値積分によって行うか，基底関数として特殊なものを用いれば陽に求めることが可能な場合もある．最適な β は固有値問題の解として容易に求めることができる．

上のように $L^2([a,b])$ で解を求めると，得られる関数が必ずしも滑らかなものとは限らないため，しばしば滑らかさに関する正則化が行われる．例えば，主成分分析において $\int |f(t)|^2 dt = 1$ のかわりに

$$\int_a^b |f(t)|^2 dt + \lambda \int_a^b \left| \frac{df(t)}{dt} \right|^2 dt = 1$$

を制約として課すことが行われる．ここで $\lambda > 0$ は正則化定数である．この場合，関数として $f \in L^2([a,b])$ かつ $\frac{df}{dt} \in L^2([a,b])$ であるクラスを考えていることになるが，2.2.3 項で述べたようにこの関数クラスは Sobolev 空間であり，再生核ヒルベルト空間のひとつである．したがって関数データに対する PCA はカーネル主成分分析と類似性が高い．

しかしながら，式 (10.2) からわかるように，目的関数の分散は $L^2([a,b])$ の内積を使って定義されており，1.2 節で述べたカーネル主成分分析とは異なる．また，カーネル法では，任意のデータを正定値カーネルによって関数空間内のデータに変換する標準的方法が用意されているが，関数データ解析では，時刻の関数など 1 変数関数をデータとして想定し，それらは通常，平滑化などの操作によって得られる．

10.2 スプライン平滑化

10.2.1 3次スプライン

スプライン平滑化は，与えられたデータに対して滑らかな曲線をあてはめるための方法である．基本的な方法として 3 次スプライン (cubic spline) を説明しておこう．

$x_i, y_i\ (i=1,\ldots,n)$ を実数値のデータとし，$f(x_i)$ が y_i に近くなるような曲線 $f(x)$ を探す問題を考える．以下では簡単のため f を区間 $[0,1]$ 上の曲線として，

$$0 = x_1 < x_2 < x_3 < \cdots < x_n = 1$$

を仮定する．Y_i はノイズを含んで観測されていると想定し，3.4.2 項で述べた正則化と同様，なるべく滑らかな曲線を探すために

$$\min \sum_{i=1}^n (y_i - f(x_i))^2 + \lambda \int_0^1 |f''(x)|^2 dx \quad (10.3)$$

という最小化問題を考える．正則化項としては他の滑らかさの尺度も考えられるが，ここでは f の 2 階微分による項を用いる．式 (10.3) のようにデータを記述する滑らかな曲線を求める問題は**平滑化**と呼ばれる．

関数 f のとりうる関数空間として，以下の Sobolev 空間を考える．

$$H^2[0,1] \equiv \{f \in L^2[0,1] \mid f, f' \text{ は絶対連続で } f'' \in L^2[0,1]\}.$$

2.2.3 項で述べたように，$H^2[0,1]$ は

$$k(x,y) = 1 + xy + \int_0^1 (x-t)_+(y-t)_+ dt$$

を再生核に持つ再生核ヒルベルト空間である．

後で示すように，$H^2[0,1]$ において式 (10.3) を最小化する関数は，以下で定義される 3 次スプラインで与えられる．**3 次スプライン関数** $s(x)$ とは，以下の条件を満たす区分的 3 次多項式である．

(1) 区間 $[x_i, x_{i+1}]$ $(i=1,\ldots,n-1)$ への $s(x)$ の制限を $s_i(x)$ とおくとき，$s_i(x)$ は $[x_i, x_{i+1}]$ 上 3 次の多項式に一致する．

(2) $s(x)$ は $[0,1]$ 上 C^2 級である．すなわち，任意の $i=2,\ldots,n-1$ に対して $s_{i-1}(x_i) = s_i(x_i), s'_{i-1}(x_i) = s'_i(x_i), s''_{i-1}(x_i) = s''_i(x_i)$ が成り立つ．

3 次スプライン関数は，式 (10.3) のような平滑化の問題のほかに，与えられた点をすべて通るような滑らかな曲線を求める**補間**の問題，すなわち

$$\min_{f \in H^2[0,1]} \int_0^1 |f''(x)|^2 dx \quad \text{subject to } f(x_i) = y_i \quad (i=1,\ldots,n) \quad (10.4)$$

にも用いられる．実際，以下に示すように 3 次スプラインはこの補間問題の解を与える．

まず，$s(x_i) = y_i$ を満たす 3 次スプラインが存在することを確認しておこう．$s_i(x)$ は区間 $[x_i, x_{i+1}]$ 上で 3 次の多項式なので，これを $\beta_0 + \beta_1 x + \beta_2 x^2 + \beta_3 x^3$ と表すと，パラメータは $4(n-1)$ 個ある．制約条件は，$s_i(x_i) = y_i, s_i(x_{i+1}) = y_{i+1}$

($i = 1, \ldots, n-1$), $s'_{i-1}(x_i) = s'_i(x_i), s''_{i-1}(x_i) = s''_{i-1}(x_i)$ ($i = 2, \ldots, n-1$) により合計 $4n - 6$ 個であるので，これらをすべて満たす 3 次多項式 $s_i(x)$ が存在する．

このとき，3 次スプライン関数の自由度は 2 あるので，一意性を保証するとともに端点での曲線の挙動を制御するために

$$s''(0) = s''(1) = 0$$

という制約をおくことが多い．この制約を課した 3 次スプラインを特に **3 次自然スプライン** (natural cubic spline) という．上の議論から $s(x_i) = y_i$ を満たす 3 次自然スプラインは一意に定まる．さらに次の定理が成り立つ．

定理 10.1 $n \geq 3$ とする．$0 = x_1 < x_2 < \cdots < x_n = 1$ と $y_i \in \mathbb{R}$ ($i = 1, \ldots, n$) に対し，$s(x_i) = y_i$ を満たす 3 次自然スプラインは，式 (10.4) の補間問題の一意的な解である．

証明 $s(x_i) = y_i$ を満たす 3 次自然スプラインが一意に存在することはすでにみたので，$f \in H^2[0,1]$ が $f(x_i) = y_i$ ($i = 1, \ldots, n$) を満たすとき

$$\int_0^1 |s''(x)|^2 dx \leq \int_0^1 |f''(x)|^2 dx \tag{10.5}$$

であり，等号成立条件が $f = s$ であることをいえばよい．ここで

$$0 \leq \int_0^1 |f''(x) - s''(x)|^2 dx$$
$$= \int_0^1 |f''(x)|^2 dx - \int_0^1 |s''(x)|^2 dx - 2\int_0^1 (f''(x) - s''(x))s''(x) dx \tag{10.6}$$

であるので，右辺第 3 項が 0 であることを示せば式 (10.5) が示される．$s''(0) = s''(1) = 0$ に注意して部分積分を用いると

$$\int_0^1 (f''(x) - s''(x))s''(x) dx$$
$$= \left[(f'(x) - s'(x))s''(x)\right]_0^1 - \int_0^1 (f'(x) - s'(x))s'''(x) dx$$
$$= -\int_0^1 (f'(x) - s'(x))s'''(x) dx$$

であるが，$s'''(x)$ は各区間 $[x_i, x_{i+1}]$ で定数であるので，これを γ_i とおくと

$$\int_0^1 (f'(x) - s'(x))s'''(x)dx = \sum_{i=1}^{n-1} \gamma_i \int_{x_i}^{x_{i+1}} (f'(x) - s'(x))dx$$
$$= \sum_{i=1}^{n-1} \gamma_i \Big[f(x) - s(x)\Big]_{x_i}^{x_{i+1}} = 0$$

を得る．等号成立は式 (10.6) で等号が成立する場合であり，ほとんど至るところ $f''(x) = s''(x)$ なる場合であるが，$f(0) = y_0 = s(0), f(1) = y_1 = s(1)$ により $f = s$ に限られる． □

3 次自然スプラインは平滑化問題の解にもなっている．

定理 10.2 $n \geq 3$ とする．$0 = x_1 < x_2 < \cdots < x_n = 1$ と $y_i \in \mathbb{R}$ $(i = 1, \ldots, n)$ に対し，

$$\min_{f \in H^2[0,1]} L(f) \quad \text{ただし} \quad L(f) = \sum_{i=1}^n (y_i - f(x_i))^2 + \lambda \int_0^1 |f''(x)|^2 dx$$

$(\lambda > 0)$ の解は 3 次自然スプラインで与えられる．

証明 f_* を上の最小化問題の解としよう．定理 10.1 により $(x_1, f_*(x_1))$, $(x_2, f_*(x_2)), \ldots, (x_n, f_*(x_n))$ を補間する 3 次自然スプラインが存在するので，これを s とすると，定理 10.1 の証明中に示したように $\int_0^1 |s''(x)|^2 dx \leq \int_0^1 |f_*''(x)|^2 dx$ であるので，

$$L(f_*) = \sum_{i=1}^n (y_i - f_*(x_i))^2 + \lambda \int_0^1 |f_*''(x)|^2 dx \geq L(s)$$

となり，s の最適性が得られる．また，等号成立条件により $f_* = s$ を得る． □

3 次自然スプラインの具体的表示を与えておこう．まず $[x_1, x_2]$ 上 $s_1(x)$ と一致する 3 次多項式を $h_1(x) = \beta_{10} + \beta_{11}x + \beta_{12}x^2 + \beta_{13}x^3$ とおくと，$s''(0) = 0$ により $\beta_{12} = 0$ である．次に，$[x_2, x_3]$ 上 $s_2(x) - h_1(x)$ と一致する 3 次多項式を $h_2(x) = \beta_{20} + \beta_{21}(x - x_2) + \beta_{22}(x - x_2)^2 + \beta_{23}(x - x_2)^3$ とおくと $s_2(x_2) = s_1(x_2), s_2'(x_2) = s_1'(x_2), s_2''(x_2) = s_1''(x_2)$ の 3 条件により $\beta_{20} = \beta_{21} = \beta_{22} = 0$ を得る．したがって $h_2(x) = \beta_{23}(x - x_2)^3$ であり

$$s(x) = h_1(x) + h_2(x) = \beta_{10} + \beta_{11}x + \beta_{13}(x - x_1)^3 + \beta_{23}(x - x_2)_+^3$$

が区間 $[x_1, x_3]$ 上で成り立つ．ここで $(z)_+$ は $z \geq 0$ のとき z，$z < 0$ のとき 0 をとる関数である．この議論を続けることにより，

$$s(x) = \beta_0 + \beta_1 x + \sum_{i=1}^{n-1} \alpha_i (x-x_i)_+^3 \qquad \forall x \in [0,1]$$

という形を得る．最後に $s''(1) = 0$ により $\sum_{i=1}^{n-1} \alpha_i(1-x_i) = 0$ という制約を得る．これによって α_1 を消去すると，3次自然スプライン関数は

$$s(x) = \beta_0 + \beta_1 x + \sum_{i=2}^{n-1} \alpha_i \{(x-x_i)_+^3 - (1-x_i)x^3\} \qquad \forall x \in [0,1] \quad (10.7)$$

という一般形で表される．すなわち，基底関数 $1, x, (x-x_i)_+^3 - (1-x_i)x^3$ $(i=2,\ldots,n-1)$ の線形結合である．

10.2.2　スプライン平滑化と再生核ヒルベルト空間

平滑化スプラインの問題を再生核ヒルベルト空間 $H^2[0,1]$ の性質を使って書き直してみよう．2.2.3項で述べたように，実Sobolev空間 $H^2[0,1]$ の内積は

$$\langle f, g \rangle = f(0)g(0) + f'(0)g'(0) + \int_0^1 f''(t)g''(t)dt$$

で与えられ，その正定値カーネルは

$$k(x,y) = 1 + xy + \int_0^1 (x-t)_+ (y-t)_+ dt$$

であった．$H^2[0,1]$ の部分空間として，f'' がほとんど至るところ 0 に一致する f のなす空間を $\mathcal{H}_0$ とおく．$\mathcal{H}_0$ は 1 次関数の空間

$$\mathcal{H}_0 = \{f : [0,1] \to \mathbb{R} \mid f(x) = ax + b, a, b \in \mathbb{R}\}$$

である．$H^2[0,1]$ における $\mathcal{H}_0$ の直交補空間を $\mathcal{H}_1$ とおくと，$H^2[0,1]$ の内積の定義から

$$\mathcal{H}_1 = \{f \in H^2[0,1] \mid f(0) = f'(0) = 0\}$$

であることが容易に確認できる．式 (2.3) でみたように任意の $f \in H^2[0,1]$ は

$$f(x) = f(0) + f'(0)x + \int_0^1 (x-t)_+ f''(t)dt \qquad (10.8)$$

と Taylor 展開される．そこで

$$P_0 f = f(0) + f'(0)x, \qquad P_1 f = \int_0^1 (x-t)_+ f''(t)dt \qquad (10.9)$$

とおくと，P_0, P_1 はそれぞれ $\mathcal{H}_0, \mathcal{H}_1$ への直交射影に一致する．このとき，$k_0(\cdot, y) = P_0 k(\cdot, y)$，$k_1(\cdot, y) = P_1 k(\cdot, y)$ により k_0, k_1 を定義すると，これらはそれぞれ $\mathcal{H}_0, \mathcal{H}_1$ の再生核となることが容易に示される．具体的な表示は

$$k_0(x, y) = 1 + xy, \qquad k_1(x, y) = \int_0^1 (x-t)_+ (y-t)_+ dt \tag{10.10}$$

により与えられる．

以上の空間を用いて平滑化スプラインの問題を書き直そう．まず，$\mathcal{H}_1$ の内積から，任意の $f \in H^2[0,1]$ に対して

$$\|P_1 f\|_{\mathcal{H}_1}^2 = \int_0^1 |f''(x)|^2 dx$$

が得られる．これは平滑化スプラインの正則化項に他ならない．したがって，平滑化の問題 (10.3) は

$$\min_{f \in H^2[0,1]} \sum_{i=1}^n (y_i - f(x_i))^2 + \lambda \|P_1 f\|_{\mathcal{H}_1}^2 \tag{10.11}$$

と書き直される．これは 3.4.2 項で述べた再生核ヒルベルト空間のノルムによる正則化とよく似ているが，正則化項が f ではなく $P_1 f$ のノルムで定義されている点が異なる．Representer 定理 (定理 3.1) を用いると次の定理をえる．

定理 10.3 式 (10.11) の最小化問題の解は，ある $\beta_0 + \beta_1 x \in \mathcal{H}_0$ と $\alpha_i \in \mathbb{R}$ $(i = 1, \ldots, n)$ によって

$$f(x) = \beta_0 + \beta_1 x + \sum_{i=1}^n \alpha_i k_1(x, x_i) \tag{10.12}$$

により表される．

式 (10.12) の解は 3 次自然スプラインと一致するはずである．これを確認しよう．まず，式 (10.10) の積分を計算することにより $k_1(x, y)$ の具体形は

$$k_1(x, y) = \frac{1}{6}(x-y)_+^3 + \frac{x^2 y}{2} - \frac{x^3}{6} = \frac{1}{6}(y-x)_+^3 + \frac{y^2 x}{2} - \frac{y^3}{6}$$

と 2 通りの表現により与えられる．したがって定理 10.3 より，解は

$$f(x) = \beta_0 + \beta_1 x + \sum_{i=1}^{n-1} \alpha_i (x-x_i)_+^3 = \gamma_0 + \gamma_1 x + \sum_{i=2}^n \eta_i (x_i - x)_+^3$$

と 2 通りの表現を持つ．第 2 の表現から $f''(1) = 0$ がわかるので，第 1 の表現に $f''(1) = 6\sum_{i=1}^{n-1} \alpha_i(1-x_i) = 0$ の制約を課したものが解となる．これは式 (10.7) で与えた 3 次自然スプラインに他ならない．

ところで，式 (10.9) の $P_1 f$ の表示に現れた積分核 $G(x;t) = (x-t)_+$ は興味深い性質を持っている．$H^2[0,1]$ 上の 2 階の微分作用素 L を

$$Lf = f''$$

により定義すると，式 (10.9) により，任意の $f \in \mathcal{H}_1$ に対して

$$f(x) = \int_0^1 G(x;t)(Lf)(t)dt \tag{10.13}$$

が成り立つ．このことから，$h \in L^2[0,1]$ を用いて定義される微分方程式

$$Lf = h, \quad 境界条件： \quad f(0) = f'(0) = 0$$

の解は

$$f(x) = \int_0^1 G(x;t)h(t)dt$$

という h の積分変換によって与えられることがわかる．

式 (10.13) の左辺に L を作用させると，形式的に

$$f''(x) = \int_0^1 L_x G(x;t) f''(t) dt$$

となるので，

$$L_x G(x;t) = \delta(x-t)$$

($\delta(t)$ は Dirac のデルタ関数) と考えられる．このような積分核は **Green 関数** と呼ばれ，より一般の微分作用素と境界条件に対して存在し，微分方程式の解を与える積分核となることが知られている．また，$\mathcal{H}_1$ の正定値カーネル k_1 は Green 関数を用いると

$$k_1(x,y) = \int_0^1 G(x;t)G(y;t)dt$$

により与えられているが，この事実もより一般に成り立つ．

本節では $Lf = f''$ の L^2 ノルムによって定義された平滑化問題を扱ったが，さらに一般の微分作用素による平滑化に拡張可能である．

10.3 確率過程と再生核ヒルベルト空間

集合 $\mathcal{T}$ を添え字に持つ，有限な 2 次モーメントを持つ確率過程の生成する空間は，集合 $\mathcal{T}$ 上の再生核ヒルベルト空間と対応することが知られており，確率過程に基づく予測などの問題が再生核ヒルベルト空間上の関数最適化の問題に翻訳される．このようなアプローチは 1960 年代に Parzen らにより詳しく研究された(例えば Parzen (1961))．本節でその関係について簡単に触れたい．

10.3.1 確率過程の生成する空間

$(\Omega, \mathcal{B}, P)$ を確率空間，$\mathcal{T}$ を集合とする．$(X_t)_{t \in \mathcal{T}}$ を $\mathcal{T}$ を添え字に持つ複素数値確率過程，すなわち，任意の $t \in \mathcal{T}$ に対して $X_t : \Omega \to \mathbb{C}$ が複素数値確率変数であるとする．確率過程 $(X_t)_{t \in \mathcal{T}}$ が有限な 2 次モーメントを持つ，すなわち

$$E[|X_t|^2] < \infty \qquad (\forall t \in \mathcal{T})$$

が成り立つとき，簡単のため 2 次の確率過程と呼ぶことにする．$(X_t)_{t \in \mathcal{T}}$ が 2 次の確率過程のとき，$t, s \in \mathcal{T}$ に対して，平均および 2 次モーメントを

$$m(t) = E[X_t], \qquad R(t,s) = E[X_t \overline{X_s}]$$

で表す．$R(t,s)$ を**自己相関関数**と呼ぶ．

2 次モーメントが有限であることから，任意の $t \in \mathcal{T}$ に対して $X_t \in L^2(\Omega, P)$ である．そこで $L^2(\Omega, P)$ の閉部分空間を

$$\overline{\mathcal{L}}(X) \equiv \operatorname{cl} \operatorname{Span}\{X_t \in L^2(\Omega, P) \mid t \in \mathcal{T}\}$$

(Span は線形和全体，cl は $L^2(\Omega, P)$ における閉包) により定義し，$(X_t)_{t \in \mathcal{T}}$ の生成するヒルベルト空間と呼ぶ．

補題 10.4 自己相関関数 $R(t,s)$ は $\mathcal{T}$ 上の正定値カーネルである．

証明 任意の $\mathcal{T}$ の点 $t_1, \ldots, t_n$ と任意の複素数 $c_1, \ldots, c_n$ に対して

$$\sum_{i,j=1}^n c_i \overline{c_j} R(t_i, t_j) = \sum_{i,j=1}^n c_i \overline{c_j} E[X_{t_i} \overline{X_{t_j}}] = E\left[\left|\sum_{i=1}^n c_i X_{t_i}\right|^2\right] \geq 0$$

により示される． □

上の補題から，R によって $\mathcal{T}$ 上の再生核ヒルベルト空間 $\mathcal{H}_R$ が定まるが，実は以下の事実が成り立つ．

定理 10.5 $\overline{\mathcal{L}}(X)$ と $\mathcal{H}_R$ はヒルベルト空間として同型である．

証明 $H_0 = \mathrm{Span}\{R(\cdot, t) \mid t \in \mathcal{T}\}$ とおく．$\mathcal{L}(X) = \mathrm{Span}\{X_t \in L^2(\Omega, P)\}$ から H_0 への線形写像を

$$\Psi_0 : \sum_{i=1}^n a_i X_{t_i} \mapsto \sum_{i=1}^n a_i R(\cdot, t_i) \tag{10.14}$$

により定義する．Ψ_0 はあきらかに全射である．また $U = \sum_{i=1}^n a_i X_{t_i}, V = \sum_{j=1}^m b_j X_{s_j} \in \mathcal{L}(X)$ とするとき

$$\langle \Psi_0(U), \Psi_0(V) \rangle_{\mathcal{H}_R} = \sum_{i=1}^n \sum_{j=1}^m a_i \overline{b_j} R(t_i, s_j) = \sum_{i=1}^n \sum_{j=1}^m a_i \overline{b_j} E[X_{t_i} \overline{X_{s_j}}]$$

$$= E\left[\sum_{i=1}^n a_i X_{t_i} \overline{\sum_{j=1}^m b_j X_{s_j}}\right] = (U, V)_{\overline{\mathcal{L}}(X)}$$

であるので，Ψ_0 は内積空間の同型を与える．$\overline{\mathcal{L}}(X)$ および $\mathcal{H}_R$ はそれぞれ $\mathcal{L}(X)$ と H_0 の完備化なので，Ψ_0 の拡張により同型対応が得られる． □

上の証明から

$$\Psi : \overline{\mathcal{L}}(X) \to \mathcal{H}_R, \qquad \sum_i a_i X_{t_i} \mapsto \sum_i a_i R(\cdot, t_i)$$

が同型対応を与えるので，確率過程の推定や予測の問題が再生核ヒルベルト空間の言葉で表される．例えば，$U : \Omega \to \mathbb{R}$ を 2 次モーメントを持つ確率変数とするとき，自己相関関数 $R(t, s)$ を持つ確率過程 $(X_t)_{t \in \mathcal{T}}$ による U の最良線形予測は，

$$\min_{Z \in \overline{\mathcal{L}}(X)} E|Z - U|^2 \tag{10.15}$$

を達成する確率変数 Z_* として定義される．この予測問題は以下のように再生核ヒルベルト空間の言葉で表現される．

定理 10.6 $U : \Omega \to \mathbb{R}$ を 2 次モーメントを持つ確率変数，$(X_t)_{t \in \mathcal{T}}$ を自己相関関数 $R(t, s)$ を持つ 2 次の確率過程とする．

$$\rho_U(t) = E[UX_t]$$

とするとき，$\rho_U \in \mathcal{H}_R$ であり，$(X_t)_{t \in \mathcal{T}}$ による U の最良線形予測 Z_* は，

$$Z_* = \Psi^{-1}(\rho_U)$$

により与えられる．

証明 式 (10.15) を $\min_{Z \in \overline{\mathcal{L}}(X)} \|Z - U\|^2_{L^2(\Omega, P)}$ と書き直せばあきらかなように，最良線形予測 Z_* は $L^2(\Omega, P)$ における U の $\overline{\mathcal{L}}(X)$ への直交射影として与えられる．このとき任意の $t \in \mathcal{T}$ に対して

$$(Z_*, X_t)_{\overline{\mathcal{L}}(X)} = (U, X_t)_{L^2(\Omega, P)} = \rho_U(t)$$

が成り立つが，Ψ による同型対応により

$$(Z_*, X_t)_{\overline{\mathcal{L}}(X)} = \langle \Psi(Z_*), R(\cdot, t) \rangle_{\mathcal{H}_R} = \Psi(Z_*)(t)$$

なので，$\rho_U \in \mathcal{H}_R$ かつ $\Psi(Z_*) = \rho_U$ が成り立つ． □

特に $\mathcal{T}$ が閉区間 $[a, b]$ の場合，$\overline{\mathcal{L}}(X)$ は，重み関数 $w(t)$ を用いて

$$Z = \int_a^b w(t) X_t dt$$

と表される確率変数のクラスとなり[*2)]，上の定理は最良線形予測 Z_* が

$$\int_a^b R(t, s) w_*(s) ds = \rho_U(t)$$

を満たす w_* により与えられることを意味している．この方程式は**Wiener-Hopfの方程式**と呼ばれる．

定理10.6は任意の $t \in \mathcal{T}$ に対して X_t ないしは $\rho_U(t)$ を既知とした場合の予測であり，$\mathcal{T}$ が連続集合の場合は現実的に適用するのは難しい．そこで有限個の観測 $Y_{t_1}, \ldots, Y_{t_n}$ からの予測の場合を考えておこう．(X_t) を自己相関関数 $K(t, s)$ を持つ2次の確率過程とし，

$$Y_t = X_t + \varepsilon_t \tag{10.16}$$

により Y_t が得られるとする．ここで ε_t は X_t と独立なノイズを表し，

$$E[\varepsilon_t] = 0, \qquad E[\varepsilon_s \varepsilon_t] = \sigma^2 \delta(t, s)$$

[*2)] ここでは積分の意味について厳密に取り扱わない．形式的に有限和の極限と理解していただくとよい．

とする．$\delta(t,s)$ は $t=s$ ならば 1，$t \neq s$ ならば 0 をとる関数である．すると，(Y_t) の自己相関関数は

$$R(t,s) = K(t,s) + \sigma^2 \delta(t,s)$$

により与えられる．いま，$Y_{t_1}, \ldots, Y_{t_n}$ が観測されたとき，X_{t_0} ($t_0 \neq t_i$) の最良線形予測 Z_* は，定理 10.6 で $\mathcal{T} = \{t_1, \ldots, t_n\}$ とおいた場合に相当し，

$$\Psi(Z_*) = \rho_{X_{t_0}} \qquad (10.17)$$

により与えられる．ここで $\rho_{X_{t_0}}(t_i) = E[X_{t_0} Y_{t_i}] = K(t_0, t_i)$ ($i = 1, \ldots, n$) である．今の場合，$\overline{\mathcal{L}}(Y)$ は $Y_{t_1}, \ldots, Y_{t_n}$ の線形和で表される空間に他ならないので $Z_* = \sum_{j=1}^n \alpha_j Y_{t_j}$ と書ける．すると式 (10.17) は

$$\sum_{j=1}^n \alpha_j \big(K(t_i, t_j) + \sigma^2 \delta_{i,j} \big) = K(t_0, t_i) \qquad (i = 1, \ldots, n)$$

と書き直される．$n \times n$ 行列 $K = (K(t_i, t_j))$ と n 次元ベクトル $\mathbf{k} = (K(t_0, t_i))$ を用いると，$\alpha = (K + \sigma^2 I_n)^{-1} \mathbf{k}$ と求まるので，

$$Z_* = \mathbf{k}^T (K + \sigma^2 I_n)^{-1} \mathbf{Y} \qquad (10.18)$$

を得る．ここで $\mathbf{Y} = (Y_{t_1}, \ldots, Y_{t_n})^T$ である．

式 (10.18) の解は，カーネルリッジ回帰の解 (1.10) と本質的に同等である．実際，確率変数 Y_{t_i} を応答変数の観測値 Y_i に，ノイズ分散 σ^2 を正則化係数 λ に置き換えると，両者は完全に一致する．定理 10.6 はこれを抽象化したものと解釈できる．

以下ガウス過程の場合を議論する．確率過程 $(X_t)_{t \in \mathcal{T}}$ が**ガウス過程**であるとは，任意の有限部分集合 $\{t_1, \ldots, t_n\} \subset \mathcal{T}$ に対し，確率ベクトル $(X_{t_1}, \ldots, X_{t_n})$ の同時分布が n 次元ガウス分布であることをいう．ガウス過程 $(X_t)_{t \in \mathcal{T}}$ に対し，平均と共分散関数を

$$m(t) = E[X_t], \qquad C(t,s) = \mathrm{Cov}[X_t, X_s]$$

とするとき，確率ベクトル $(X_{t_1}, \ldots, X_{t_n})$ は平均を $\mathbf{m} = (m(t_1), \ldots, m(t_n))^T$，分散共分散行列を $\mathbf{C}_{ij} = C(t_i, t_j)$ とする正規分布 $N(\mathbf{m}, \mathbf{C})$ に従う．

確率過程がガウス過程の場合，その Bayes 推定と再生核ヒルベルト空間における最適化が関連する．いま式 (10.16) において，$(X_t)_{t \in \mathcal{T}}$ および $(\varepsilon_t)_{t \in \mathcal{T}}$ がともに

平均 0 のガウス過程であると仮定する．したがって $(Y_t)_{t \in \mathcal{T}}$ もガウス過程である．このとき，$\mathbf{Y} = (Y_{t_1}, \ldots, Y_{t_n})$ が与えられたときの X_{t_0} の事後確率 $P(X_{t_0}|\mathbf{Y})$ はガウス分布であり，その平均は 9.4.2.a 項でみたように

$$E[X_t|\mathbf{Y}] = C_{YX_{t_0}} C_{YY}^{-1} \mathbf{Y}$$

で与えられる．共分散関数を用いて表すと

$$E[X_t|\mathbf{Y}] = \mathbf{k}^T(K + \sigma^2 I_n)^{-1} \mathbf{Y}$$

となる．したがって，観測値 $\mathbf{Y}$ に基づく X_t の予測として事後平均 $E[X_t|\mathbf{Y}]$ を用いることにすると，これは前述の最良線形予測と一致し，さらに再生核ヒルベルト空間 $\mathcal{H}_R$ のノルムによる正則化を用いたカーネルリッジ回帰 (式 (1.10)) と一致する．

10.3.2　Bochner の定理と Wiener-Khinchin の定理

ここでは $\mathbb{R}$ を添え字に持つ複素数値確率過程 $(X_t)_{t \in \mathbb{R}}$ を考える．2 次の確率過程 $(X_t)_{t \in \mathbb{R}}$ が**弱定常**であるとは，平均 $E[X_t]$ が t に依存せず，2 次モーメント $E[X_s \overline{X_t}]$ が $s - t$ の関数であることをいう．このとき自己相関関数は

$$C(u) = C(t, t+u) = E[X_{t+u} \overline{X_t}]$$

により表される．以下では弱定常過程のことを単に定常過程と呼ぶことにする．

確率過程の自己相関関数は正定値であるが，特に弱定常過程の自己相関関数は平行移動不変な正定値カーネル (ないしは正定値関数) である．6.2 節で述べた Bochner の定理より，弱定常過程の自己相関関数が連続であれば，ある非負の Borel 測度 Λ によって

$$E[X_{t+u} \overline{X_t}] = \int e^{\sqrt{-1} u \omega} d\Lambda(\omega) \tag{10.19}$$

と表される．以下で Λ の (X_t) による表示を与えよう．

そのために，確率過程 $(X_t)_{t \in \mathbb{R}}$ が**エルゴード性**を満たすと仮定する．エルゴード性は，分布による期待値 $E[X_{t+u} \overline{X_t}]$ (空間平均と呼ばれる) が時間平均

$$\lim_{T \to \infty} \frac{1}{2T} \int_{-T}^{T} X_{t+u} \overline{X_t} dt$$

と一致することを主張する．ここで $T > 0$ に対し $X(t;T) = X_t I_{[-T,T]}(t)$

$(I_{[-T,T]}(t)$ は区間 $[-T,T]$ の定義関数) と定め,$X(t;T)$ の Fourier 変換を $\widehat{X}(\omega;T)$ とするとき,

$$X(t;T) = \frac{1}{\sqrt{2\pi}} \int_{-\infty}^{\infty} e^{\sqrt{-1}t\omega} \widehat{X}(\omega;T) d\omega$$

と表される.また,X_t のパワースペクトル密度 $P(\omega)$ を

$$P(\omega) = \lim_{T \to \infty} P(\omega;T), \qquad P(\omega;T) = \frac{|\widehat{X}(\omega;T)|^2}{2T}$$

により定義する.$P(\omega)$ は X_t の区間 $[-T,T]$ 上での Fourier 変換 $\widehat{X}(\omega;T)$ の 2 乗密度の極限である.このとき

$$\begin{aligned} P(\omega;T) &= \frac{1}{2T} \frac{1}{2\pi} \int_{-\infty}^{\infty} \int_{-\infty}^{\infty} \overline{X(t;T)} X(t';T) e^{\sqrt{-1}\omega t} e^{-\sqrt{-1}\omega t'} dt dt' \\ &= \frac{1}{2\pi} \int_{-\infty}^{\infty} e^{-\sqrt{-1}u\omega} \frac{1}{2T} \int_{-\infty}^{\infty} \overline{X(t;T)} X(t+u;T) dt du \end{aligned}$$

が成り立つ.エルゴード性を認めると,$T \to \infty$ とするとき

$$P(\omega) = \frac{1}{2\pi} \int_{-\infty}^{\infty} e^{-\sqrt{-1}u\omega} E[\overline{X_t} X_{t+u}] du$$

を得る.あるいは Fourier 変換をとって

$$C(u) = E[X_{t+u} \overline{X_t}] = \int e^{\sqrt{-1}u\omega} P(\omega) d\omega \tag{10.20}$$

が成り立つ.式 (10.20) は,自己相関関数がパワースペクトルの逆 Fourier 変換として与えられることを示しており,信号処理の分野で **Wiener-Khinchin の定理**としてよく知られている.式 (10.19) と比べると,Bochner の定理によって与えられる非負 Borel 測度 Λ は,$1/\sqrt{2\pi}$ 倍を除いて,ϕ を自己相関関数に持つ弱定常過程 (X_t) のパワースペクトル密度に一致することがわかる.

以上では平行移動不変な正定値カーネルと定常過程の関係に関して述べたが,この関係はさらに拡張が可能である.そのためにまず高次の増分を定義しよう.

Ω を集合,$x_1,\ldots,x_n \in \Omega$ とし,m を非負整数とする.$c_1,\ldots,c_n \in \mathbb{R}$ が $((x_1,\ldots,x_n)$ に対する) m 次の**一般化増分**であるとは,$m-1$ 次以下の任意の多項式 $p(x)$ に対して

$$\sum_{i=1}^{n} c_i p(x_i) = 0$$

を満たすことをいう.

m 次の一般化増分は本質的に $m+1$ 階差分を与える係数の働きをする．例えば，1 階差分の線形和

$$\sum_{i=1}^{n-1} a_i \frac{f(t_{i+1}) - f(t_i)}{\Delta_i}$$

(Δ_i は任意の正数) における $f(t_i)$ の係数を c_i とおくと

$$c_1 = -\frac{a_1}{\Delta_1}, c_2 = \frac{a_1}{\Delta_1} - \frac{a_2}{\Delta_2}, \ldots, c_{n-1} = \frac{a_{n-1}}{\Delta_{n-1}} - \frac{a_n}{\Delta_n}, c_n = \frac{a_n}{\Delta_n}$$

であるので，$\sum_{i=1}^n c_i = 0$ を満たし，0 次の一般化増分となっている．同様に 2 階差分の線形和

$$\sum_{i=1}^{n-2} a_i \frac{\frac{f(t_{i+2}) - f(t_{i+1})}{t_{i+2} - t_{i+1}} - \frac{f(t_{i+1}) - f(t_i)}{t_{i+1} - t_i}}{\Delta_i}$$

に対し，$f(t_i)$ の係数を c_i とおくと

$$c_1 = \frac{\frac{a_1}{t_2 - t_1}}{\Delta_1}, c_2 = \frac{\frac{-a_1}{t_3 - t_2} - \frac{a_1}{t_2 - t_1}}{\Delta_1} + \frac{\frac{-a_2}{t_3 - t_2}}{\Delta_2}, c_3 = \frac{\frac{a_1}{t_3 - t_2}}{\Delta_1} + \frac{\frac{-a_2}{t_4 - t_3} - \frac{a_2}{t_3 - t_2}}{\Delta_2} + \frac{\frac{-a_4}{t_4 - t_3}}{\Delta_3}$$

などとなり，$\sum_{i=1}^n c_i = 0, \sum_{i=1}^n t_i c_i = 0$ が容易に確認できる．したがって c_i は 1 次の一般化増分を与える．

$k: \Omega \times \Omega \to \mathbb{R}$ が m 次の**条件付正定値カーネル**であるとは，(i) 対称性 $k(x, y) = k(y, x)$，(ii) 任意の $x_1, \ldots, x_n \in \mathcal{X}$ とこれに対する m 次の一般化増分 $c_1, \ldots, c_n$ に対して

$$\sum_{i,j=1} c_i c_j k(x_i, x_j) \geq 0$$

が成り立つことをいう．

特に 0 次の条件付正定値カーネルは，6.1 節で論じた負定値カーネルの符号を逆にしたものに他ならない．

次に定常過程の高次拡張を定義しよう．非負整数 m に対し，確率過程 $(X_t)_{t \in \mathcal{T}}$ が m 次の **IRF** (intrinsic random function) であるとは，任意の $t_1, \ldots, t_n \in \mathcal{T}$ とこれに対する任意の m 次一般化増分 $c_1, \ldots, c_n$ に対して

$$\sum_{i=1}^n c_i X_{t_i}$$

が 2 次モーメントを持つ弱定常過程であることをいう．また，便宜上 2 次モーメントを持つ弱定常過程を -1 次の IRF と呼ぶ．

上でみたように，m 次の一般化増分は m 階差分を定義する係数と解釈できるの

で，m 次の IRF は m 階差分が定常過程となるような確率過程と考えられる．典型的な例は定常過程の m 階積分過程として得られる確率過程である．0 次の IRF を用いたデータ解析法は **Kriging** と呼ばれ，鉱物資源の分布をはじめとする空間統計学におけるモデル化によく用いられる．

10.3.1 項でみたように，−1 次の IRF (弱定常過程) の自己相関関数は平行移動不変な正定値カーネルに他ならなかった．この拡張として以下が成り立つ．

定理 10.7 (Matheron, 1973)　m を非負整数とする．m 次の連続な[*3)] IRF $(X_t)_{t \in \mathcal{T}}$ に対し，$\mathcal{T}$ 上の連続な m 次の条件付正値関数 $G(t)$ が存在して，任意の $t_1, \ldots, t_n$ とこれに対する m 次の一般化増分 $(c_1, \ldots, c_n), (d_1, \ldots, d_n)$ に関して
$$\mathrm{Cov}\Big[\sum_{i=1}^n c_i X_{t_i}, \sum_{j=1}^n d_j X_{t_j}\Big] = \sum_{i,j=1}^n c_i d_j G(t_i - t_j)$$
が成立する．逆に $\mathcal{T}$ 上の連続な m 次の条件付正値関数 $G(t)$ に対して m 次の連続な IRF $(X_t)_{t \in \mathcal{T}}$ が存在して，上式が成り立つ．

本書では証明は割愛する．この定理により Kriging は条件付正定値カーネルを用いたデータ解析と考えることができるが，空間統計学の特定の分野で議論されることが多い．本書で述べたような一般的な正定値カーネルによるデータ解析の方法論が，m 次の条件付正定値カーネルにどのように拡張されるかは今後の研究が待たれるところである．

10 章のまとめと文献

本章は，カーネル法に関連する話題として，関数データ解析，スプライン平滑化，確率過程について述べた．本章は概論的な記述が多かったので，さらに詳しく知るための文献を挙げておこう．まず関数データ解析に関しては Ramsay and Silverman (2006, 2002) が代表的な教科書である．前者はスプライン平滑化に関しても解説している．より入門的なスプラインの教科書としては Green and Silverman (1993) がよい．また，より理論的なものとして Gu (2002) を挙げておく．再生核ヒルベルト空間による説明も含まれており，本章の説明と重なる部

[*3)] 本書では位相の入れ方については省略する．

分もある．ガウス過程モデルによるデータ解析を機械学習的な立場から解説した本として Rasmussen and Williams (2005) を挙げておく．また確率過程と再生核ヒルベルト空間との関係をはじめ，本章の内容全般に関して，Berlinet and Thomas-Agnan (2004) ではより数理的な解説がなされている．

A　ヒルベルト空間の基本事項

本章では，読者の便を考えて，ヒルベルト空間の基本的事項を簡単にまとめておく．より詳しく学びたい読者は藤田-伊藤-黒田 (1991) などを参考にしていただきたい．

A.1　ノルムと内積

以下，実数体 $\mathbb{R}$ または複素数体 $\mathbb{C}$ 上のベクトル空間を考えることとし，$\mathbb{K}$ で $\mathbb{R}$ または $\mathbb{C}$ を意味するものとする．

V を $\mathbb{K}$ 上のベクトル空間とするとき，$\|\cdot\| : V \times V \to \mathbb{K}$ が V 上の**セミノルム** (semi-norm) であるとは，任意の $x, y \in V$ と $\alpha \in \mathbb{K}$ に対し以下の条件が成り立つことをいう．

(1) (半正値性)　　　　$\|x\| \geq 0$
(2) (スカラー倍)　　　$\|\alpha x\| = |\alpha| \|x\|$
(3) (三角不等式)　　　$\|x + y\| \leq \|x\| + \|y\|$

上記の条件に加えて正値性

$$\|x\| = 0 \text{ となるのは } x = 0 \text{ に限る}$$

が成り立つとき，$\|\cdot\|$ を**ノルム** (norm) という．

$\mathbb{K}$ 上のベクトル空間 V に対し，$(\cdot, \cdot) : V \times V \to \mathbb{K}$ が V 上の**半内積** (semi-inner product) であるとは，任意の $x, y, z \in V$ と $\alpha, \beta \in \mathbb{K}$ に対し以下の条件が成り立つことをいう．

(1) (半正値性)　　　　$(x, x) \geq 0$
(2) (線形性)　　　　　$(\alpha x + \beta y, z) = \alpha (x, z) + \beta (y, z)$
(3) (Hermite 性)　　　$(y, x) = \overline{(x, y)}$

ここで $\bar{z}$ は z の複素共役を表し，$\mathbb{K} = \mathbb{R}$ の場合 Hermite 性は対称性を意味する．

V 上の半内積が正値性

$(x, x) = 0$ となるのは $x = 0$ に限る

を満たすとき，これを**内積** (スカラー積) といい，$(V, (\cdot, \cdot))$ を**内積空間**と呼ぶ．

$(V, (\cdot, \cdot))$ を半内積空間とするとき，$x \in V$ のセミノルム $\|x\|$ が

$$\|x\| = (x, x)^{1/2}$$

により定義される．特に $(\cdot, \cdot)$ が内積のとき，$\|x\|$ はノルムを定義する．三角不等式以外は定義より自明であり，三角不等式は次に述べる Cauchy-Schwarz の不等式による．

定理 A.1 (Cauchy-Schwarz の不等式) $(V, (\cdot, \cdot))$ を半内積空間とするとき

$$|(x, y)| \leq \|x\| \|y\| \qquad (\forall x, y \in V)$$

が成り立つ．

証明 $x = 0$ または $y = 0$ のとき主張は自明であるので，ともに 0 でない場合を示す．まず，ある複素数 α ($|\alpha| = 1$) があって $(x, y) = \alpha |(x, y)|$ とかける．セミノルムの定義から，任意の $t \in \mathbb{R}$ に対し

$$0 \leq \|x - t\alpha y\|^2 = \|x\|^2 - 2t\mathrm{Re}(\overline{\alpha}(x, y)) + t^2 \|y\|^2 = \|x\|^2 - 2t|(x, y)| + t^2 \|y\|^2$$

である．右辺は t に関する実係数の 2 次式であるので，その判別式に関して

$$|(x, y)|^2 - \|x\|^2 \|y\|^2 \leq 0$$

が成り立ち，定理が証明される． □

Cauchy-Schwarz の不等式は内積空間に関して述べられることもあるが，一般に半内積に対して成立することを注意しておく．

A.2 ヒルベルト空間

内積空間 $(\mathcal{H}, (\cdot, \cdot))$ が**ヒルベルト空間**であるとは，$\|x - y\|$ により誘導される $\mathcal{H}$ の距離が完備であることをいう．すなわち，この距離による任意の Cauchy 列が $\mathcal{H}$ 内の元に収束することをいう．以下，ヒルベルト空間の位相は常に距離 $\|x - y\|$ で定める．

$\mathbb{R}^n$ や $\mathbb{C}^n$ に通常の内積

$$(x,y)_{\mathbb{R}^n} = \sum_{i=1}^n x_i y_i, \qquad (x,y)_{\mathbb{C}^n} = \sum_{i=1}^n x_i \overline{y_i}$$

を定めると，これらは有限次元ヒルベルト空間となる．また，$(\Omega, \mathcal{B}, \mu)$ を測度空間とするとき，2乗可積分可能な関数からなる関数空間 $\mathcal{L}$ を

$$\mathcal{L} = \left\{ f : \Omega \to \mathbb{C} \;\Big|\; \int |f|^2 d\mu < \infty \right\}$$

により定義し，$\mathcal{L}$ 上の半内積を

$$(f,g) = \int f \overline{g} d\mu$$

により定める．このとき $(f,f) = 0$ となる関数は，部分空間

$$L_0 = \{ f \in \mathcal{L} \mid \text{ほとんど至るところで } f(x) = 0 \}$$

に属する関数となる．そこでベクトル空間としての商空間

$$L^2(\Omega, \mu) \equiv \mathcal{L}/L_0$$

を考えると，この上に (f,g) から自然に誘導される半内積は内積となる．さらに次の事実が成り立つ．

定理 A.2 $L^2(\Omega, \mu)$ は完備である．したがってヒルベルト空間である．

本書では証明を省略する (例えば伊藤 (1963) V 章参照)．$L^2(\Omega, \mu)$ の元は，正確には L_0 による関数の同値類であるが，関数 f と g が同一の同値類に属することと $f(x) = g(x)$ がほとんどすべての x について成り立つことは同値であるため，測度 0 の集合上での値の違いを無視して，$L^2(\Omega, \mu)$ の元は関数とみなされることが多い．

A.3 ヒルベルト空間の基本的性質

A.3.1 直　交　性

ヒルベルト空間 $\mathcal{H}$ の元 f, g が $(f,g) = 0$ を満たすとき f と g は**直交**するという．また，$\mathcal{H}$ の部分空間が，$\mathcal{H}$ の内積の定める距離による位相に関して閉集合で

あるとき，**閉部分空間**であるという[*1]．

$\mathcal{H}$ をヒルベルト空間，V をその部分空間とするとき，

$$V^\perp \equiv \{x \in \mathcal{H} \mid 任意の\ y \in V\ に対し\ (x,y) = 0\}$$

は閉部分空間となる．$V^\perp$ を V の**直交補空間**という．

$\mathcal{H}$ の閉部分空間 V に対し，任意の $x \in \mathcal{H}$ は

$$x = y + z, \qquad y \in V, z \in V^\perp$$

と一意的に分解される．すなわち

$$\mathcal{H} = V \oplus V^\perp.$$

が成り立つ．

A.3.2　線形作用素

$\mathcal{H}_1$ と $\mathcal{H}_2$ をヒルベルト空間とするとき，線形写像 $T: \mathcal{H}_1 \to \mathcal{H}_2$ はしばしば**線形作用素**[*2]と呼ばれる．線形作用素 $T: \mathcal{H}_1 \to \mathcal{H}_2$ に対し，$\{x \in \mathcal{H}_1 \mid Tx = 0\}$ を T の零核といい $\mathcal{N}(T)$ で表す．また T の値域 $\{y \in \mathcal{H}_2 \mid x \in \mathcal{H}_1\ が存在して\ y = Tx\}$ を $\mathcal{R}(T)$ で表す．あきらかに $\mathcal{N}(T), \mathcal{R}(T)$ はそれぞれ $\mathcal{H}_1, \mathcal{H}_2$ の部分空間である．

線形作用素 $T: \mathcal{H}_1 \to \mathcal{H}_2$ が**有界**であるとは

$$\sup_{\|x\|_{\mathcal{H}_1}=1} \|Tx\|_{\mathcal{H}_2} < \infty$$

であることをいう．有界作用素 T の**作用素ノルム**を

$$\|T\| = \sup_{\|x\|_{\mathcal{H}_1}=1} \|Tx\|_{\mathcal{H}_2} = \sup_{x \neq 0} \frac{\|Tx\|_{\mathcal{H}_2}}{\|x\|_{\mathcal{H}_1}}$$

により定義する．$\mathcal{H}_1$ から $\mathcal{H}_2$ への有界線形作用素全体はベクトル空間をなすが，作用素ノルムはこの空間上のノルムとなっていることが容易に確認できる．次の命題は作用素ノルムの定義から直ちに導かれる．

[*1]　ヒルベルト空間の部分空間は一般に閉部分空間とは限らない
[*2]　$\mathcal{H}_1$ 上の作用素は，$\mathcal{H}_1$ の稠密な部分空間に定義域を持つ線形写像を意味することが多いが，本書で扱うのは $\mathcal{H}_1$ 全体で定義する場合のみのため，このように定義した．

A.3 ヒルベルト空間の基本的性質

命題 A.3　有界線形作用素 $T : \mathcal{H}_1 \to \mathcal{H}_2$ に対し,
$$\|Tx\|_{\mathcal{H}_2} \leq \|T\|\|x\|_{\mathcal{H}_1} \qquad (\forall x \in \mathcal{H}_1)$$
が成り立つ.

また次の命題も重要である.

命題 A.4　線形作用素が有界であることと連続であることは同値である.

証明　まず $T : \mathcal{H}_1 \to \mathcal{H}_2$ が有界とする. このとき命題 A.3 により, 任意の $x, y \in \mathcal{H}_1$ に対して $\|Tx - Ty\|_{\mathcal{H}_2} \leq \|T\|\|x - y\|_{\mathcal{H}_1}$ であるが, これは $x \mapsto Tx$ の連続性を意味する.

次に T が連続と仮定する. 原点での連続性により, 任意の $\varepsilon > 0$ に対して $\delta > 0$ があって, $\|x\|_{\mathcal{H}_1} < 2\delta$ ならば $\|Tx\|_{\mathcal{H}_2} < \varepsilon$ が成り立つ. すると
$$\sup_{\|x\|_{\mathcal{H}_1}=1} \|Tx\|_{\mathcal{H}_2} = \sup_{\|x\|_{\mathcal{H}_1}=\delta} \frac{1}{\delta}\|Tx\|_{\mathcal{H}_2} \leq \frac{\varepsilon}{\delta}$$
となり, T は有界である. □

有界作用素 T の零核は連続性から閉部分空間である. しかし値域は一般には閉とは限らない.

$\mathcal{H}$ から $\mathbb{K}$ への線形作用素を**線形汎関数**という. 有界な線形汎関数全体のなすベクトル空間を $\mathcal{H}$ の**双対空間**といい, $\mathcal{H}^*$ で表す.

定理 A.5 (Riesz の補題)　任意の $\phi \in \mathcal{H}^*$ に対し, $y_\phi \in \mathcal{H}$ があって
$$\phi(x) = (x, y_\phi) \qquad (\forall x \in \mathcal{H})$$
が成り立つ.

証明　任意の $x \in \mathcal{H}$ に対して $\phi(x) = 0$ ならば $y = 0$ ととればよいので, そうでない場合を示す. $\mathcal{H}$ の閉部分空間 V を $V = \{x \in \mathcal{H} \mid \phi(x) = 0\}$ により定義すると, 仮定により $V \neq \mathcal{H}$, したがって $V^\perp \neq \{0\}$ である. そこで $\|z\| = 1$ なるベクトル $z \in V^\perp$ をとると, 任意の $x \in \mathcal{H}$ に対し
$$\phi(x)z - \phi(z)x \quad \in V$$

である．z と内積をとると，$\phi(x)(z,z) - \phi(z)(x,z) = 0$, すなわち，

$$\phi(x) = \phi(z)(x,z) = (x, \overline{\phi(z)}z)$$

が成り立つ．よって $y = \overline{\phi(z)}z$ が定理の主張を満たす． □

A.3.3 ヒルベルト空間の基底

I を添字集合とするとき，ヒルベルト空間 $\mathcal{H}$ の部分集合 $\{u_i\}_{i \in I}$ が**正規直交系**であるとは，任意の添字 $i, j \in I$ に対して $(u_i, u_j) = \delta_{ij}$ (δ_{ij} は Kronecker のデルタ) を満たすことをいう．正規直交系 $\{u_i\}_{i \in I}$ に対し，任意の i について $(x, u_i) = 0$ ならば $x = 0$ に限られるとき，$\{u_i\}_{i \in I}$ を**完全正規直交系**または**正規直交基底**と呼ぶ．

距離空間 Ω が**可分**であるとは，Ω の可算部分集合で Ω 内で稠密なものが存在することをいう．証明を省略するが，ヒルベルト空間の多くの有用な例が可分であることが知られている．例えば，Ω を $\mathbb{R}^n$ の可測集合とするとき，$L^2(\Omega, dx)$ は可分である．そこで以下では特に断らない限りヒルベルト空間は可分であると仮定する．

定理 A.6 $\mathcal{H}$ をヒルベルト空間，$\{u_i\}_{i=1}^{\infty}$ をその可算な完全正規直交系とするとき，任意の $x, y \in \mathcal{H}$ に対し

$$x = \sum_{i=1}^{\infty} (x, u_i) u_i \qquad (\text{Fourier 展開}),$$

$$\|x\|^2 = \sum_{i=1}^{\infty} |(x, u_i)|^2 \qquad (\text{Parseval の等式}),$$

$$(x, y) = \sum_{i=1}^{\infty} (x, u_i)(u_i, y)$$

の各式が成り立つ．

証明 まず $\{u_i\}_{i=1}^{\infty}$ の直交性を用いることにより

$$\left\| x - \sum_{i=1}^{n} (x, u_i) u_i \right\|^2 = \|x\|^2 - \sum_{i=1}^{n} |(x, u_i)|^2 \tag{A.1}$$

が成り立つ．これから $\sum_{i=1}^{n} |(x, u_i)|^2$ は上に有界であり，$n \to \infty$ のとき収束する．ここで $y_n = x - \sum_{i=1}^{n} (x, u_i) u_i$ と定めると，$m > n$ なる自然数に対して

$\|y_m - y_n\|^2 = \|\sum_{i=n+1}^{m}(x,u_i)u_i\|^2 = \sum_{i=n+1}^{m}|(x,u_i)|^2$ なので，上の事実から $(y_n)_{n=1}^{\infty}$ は Cauchy 列である．したがって，ある $y \in \mathcal{H}$ が存在して $y_n \to y$ である．このとき $y = 0$ を示そう．任意の $n \in \mathbb{N}$ に対し

$$(y, u_n) = \lim_{m \to \infty}(y_m, u_n) = \lim_{m \to \infty}\left(x - \sum_{i=1}^{m}(x, u_i)u_i, u_n\right)$$

となるが，右辺の内積は $m > n$ のとき 0 である．したがって $(y, u_n) = 0$ が成り立つ．$\{u_n\}$ が完全正規直交系であるので $y = 0$ であり，Fourier 展開 $x = \sum_{i=1}^{\infty}(x, u_i)u_i$ を得る．

$x = \sum_{i=1}^{\infty}\alpha_i u_i$, $y = \sum_{i=1}^{\infty}\beta_i u_i$ をそれぞれ Fourier 展開とする．このとき $\alpha_i = (x, u_i)$, $\beta_i = (y, u_i)$ である．$\{u_i\}$ の正規直交性により

$$\left(\sum_{i=1}^{n}\alpha_i u_i, \sum_{i=1}^{n}\beta_i u_i\right) = \sum_{i=1}^{n}\alpha_i \overline{\beta_i} = \sum_{i=1}^{n}(x, u_i)(u_i, y)$$

が成り立つ．$n \to \infty$ とすると，定理の第 3 式を得る．Parseval の等式は特に $y = x$ の場合である． □

定理 A.7 ヒルベルト空間が可分であることと，可算個からなる完全正規直交系を持つことは同値である．

証明 ヒルベルト空間 $\mathcal{H}$ が可分であるとし，$\{x_n\}_{n=1}^{\infty}$ を稠密な可算部分集合とする．$x_1, \ldots, x_{n-1}$ が一次独立であって $x_1, \ldots, x_n$ が一次独立でないならば x_n をこの集合から抜き取ることにより，はじめから $\{x_n\}_{n=1}^{\infty}$ は一次独立で，その線形結合全体は $\mathcal{H}$ で稠密としてよい．$\{x_n\}_{n=1}^{\infty}$ から Gram-Schmidt の直交化によって可算個からなる完全正規直交系が得られることを示そう．任意の $n \in \mathbb{N}$ に対して $x_1, \ldots, x_n$ が一次独立であることから，$u_1 = x_1/\|x_1\|$,

$$\tilde{u}_n = x_n - \sum_{i=1}^{n-1}(x_n, u_n)u_n, \qquad u_n = \tilde{u}_n/\|\tilde{u}_n\|$$

とおくと，容易にわかるように $\{u_n\}_{n=1}^{\infty}$ は正規直交系である．いま $y \in \mathcal{H}$ が $(y, u_n) = 0$ ($\forall n \in \mathbb{N}$) を満たすとする．$\{u_n\}_{n=1}^{\infty}$ の線形結合全体は $\mathcal{H}$ で稠密なので，任意の $\varepsilon > 0$ に対してある $\alpha_1, \ldots, \alpha_m \in \mathbb{K}$ があって $\|y - \sum_{i=1}^{m}\alpha_i u_i\| < \varepsilon$ が成り立つ．このとき $(y, y) = (y, y - \sum_{i=1}^{m}\alpha_i u_i)$ であるから，Cauchy-Schwarz の不等式により

$$\|y\|^2 \leq \|y\|\|y - \sum_{i=1}^{m}\alpha_i u_i\| \leq \varepsilon\|y\|$$

を得る．$\varepsilon > 0$ は任意であるから $y = 0$ となり，$\{u_n\}_{n=1}^{\infty}$ は完全正規直交系である．

逆に $\{w_n\}_{n=1}^{\infty}$ を $\mathcal{H}$ の可算な完全正規直交系とすると，可算集合

$$\left\{ \sum_{i=1}^{m}(c_i+d_i\sqrt{-1})w_i \in \mathcal{H} \,\Big|\, m \in \mathbb{N}, c_i \in \mathbb{Q} \right\}$$

は $\mathcal{H}$ で稠密となる．実際，命題 A.6 により，任意の $x \in \mathcal{H}$ と $\varepsilon > 0$ に対してある $n \in \mathbb{N}$ と $\alpha_1, \ldots, \alpha_n \in \mathbb{K}$ が存在して $\|x - \sum_{i=1}^{n}\alpha_i w_i\| < \varepsilon/2$ とできるが，さらに各 i に対して $|\alpha_i - (c_i + d_i\sqrt{-1})| < \varepsilon/(2n)$ なる有理数 c_i, d_i をとれば（$\mathbb{K} = \mathbb{R}$ のときは $d_i = 0$），$\|x - \sum_{i=1}^{n}(c_i + d_i\sqrt{-1})w_i\| < \varepsilon$ となる． □

以下に完全正規直交系の例を証明なしに挙げる．証明は例えば伊藤 (1963) §28 にある．$L^2([0\ 2\pi], dx)$ に対して

$$u_n(t) = \frac{1}{\sqrt{2\pi}} e^{\sqrt{-1}nt} \qquad (n = 0, \pm 1, \pm 2, \ldots)$$

は完全正規直交系である．このとき命題 A.6 の Fourier 展開は

$$f(t) = \frac{1}{\sqrt{2\pi}} \sum_{n=0}^{\infty} a_n e^{\sqrt{-1}nt}$$

となり，$[0\ 2\pi]$ 上の関数の Fourier 級数展開に他ならない．

$L^2(\mathbb{R}, dx)$ において $\{x^n e^{-x^2/2} \mid n = 0, 1, 2, \ldots\}$ に Gram-Schmidt の直交化を施した直交関数列は完全正規直交系で，n 次の Hermite 多項式 $H_n(x)$ を用いて $\{H_n(x)e^{-x^2/2} \mid n = 0, 1, 2, \ldots\}$ と表される．Hermite 多項式は

$$H_n(x) = \frac{(-1)^n}{\sqrt{2^n n!}\pi^{1/4}} e^{x^2/2} \frac{d^n}{dx^n}(e^{-x^2/2})$$

により定まり，具体的な形は $H_0(x) = 1$，$H_1(x) = 2x$，$H_2(x) = 4x^2 - 2$，$H_3(x) = 8x^3 - 12x$ などである．

A.4 完 備 化

一般に内積空間は完備とは限らないが，完備化という操作を行うことによりヒルベルト空間を得ることができる．

定理 A.8 $\mathcal{H}_0$ を内積空間とするとき，あるヒルベルト空間 $\mathcal{H}$ があって，$\mathcal{H}_0$ は $\mathcal{H}$ の稠密な部分空間と等長的同型になる．このような $\mathcal{H}$ は同型を除いて一意に定まり，$\mathcal{H}_0$ の**完備化**と呼ばれる．

A.4 完備化

証明 $\mathcal{H}_0$ の Cauchy 列全体の空間を X, すなわち

$$X = \{\{u_n\}_{n=1}^\infty \subset \mathcal{H}_0 \mid \{u_n\}_{n=1}^\infty は \mathcal{H}_0 の \text{Cauchy} 列\}$$

とする. X 上の同値関係 $\{u_n\} \sim \{v_n\}$ を, $\|u_n - v_n\| \to 0 \ (n \to \infty)$ により定義し, $\{u_n\} \in X$ を含む同値類を $[\{u_n\}]$ で表す. この同値関係による商空間を $\tilde{X} \equiv X/\sim$ とするとき, $\tilde{X}$ に和とスカラー倍を

$$\alpha[\{u_n\}] + \beta[\{v_n\}] = [\{\alpha u_n + \beta v_n\}] \qquad (\{u_n\}, \{v_n\} \in X, \alpha, \beta \in \mathbb{K})$$

によって定める. この定義が同値類の代表元によらないことは容易に確かめられ, $\tilde{X}$ はベクトル空間となる. さらに,

$$([\{u_n\}], [\{v_n\}])_{\tilde{X}} \equiv \lim_{n \to \infty} (u_n, v_n)_{\mathcal{H}_0}$$

によって $\tilde{X}$ は内積空間となる. 念のためこれを確認しておこう. まず上式右辺の極限が定まることをみる. $\{u_n\} \in X$ に対し $|\|u_n\|_{\mathcal{H}_0} - \|u_m\|_{\mathcal{H}_0}| \leq \|u_n - u_m\|_{\mathcal{H}_0}$ により $\{\|u_n\|_{\mathcal{H}_0}\}$ は Cauchy 列で, 特に有界である. すると

$$|(u_n, v_n)_{\mathcal{H}_0} - (u_m, v_m)_{\mathcal{H}_0}| \leq |(u_n - u_m, v_n)_{\mathcal{H}_0}| + |(u_m, v_n - v_m)_{\mathcal{H}_0}|$$
$$\leq \|v_n\| \|u_n - u_m\| + \|u_m\| \|v_n - v_m\|_{\mathcal{H}_0}$$

から $(u_n, v_n)_{\mathcal{H}_0}$ は Cauchy 列となり, $\lim_{n \to \infty}(u_n, v_n)_{\mathcal{H}_0}$ が存在する. この極限が同値類によらないことは, $\{\tilde{u}_n\} \sim \{u_n\}$ かつ $\{\tilde{v}_n\} \sim \{v_n\}$ とするとき, 上と同様の議論により $|(\tilde{u}_n, \tilde{v}_n)_{\mathcal{H}_0} - (u_n, v_n)_{\mathcal{H}_0}| \leq \|\tilde{v}_n\| \|\tilde{u}_n - u_n\| + \|u_n\| \|\tilde{v}_n - v_n\| \to 0$ ($n \to \infty$) が成り立つことから従う. 内積のその他の性質は定義から容易に従う.

次に $\mathcal{H}_0$ から $\tilde{X}$ への線形写像を

$$J : \mathcal{H}_0 \to \tilde{X}, u \mapsto [\{u, u, u, \dots\}]$$

により定義すると, J は $(J(u), J(v))_{\tilde{X}} = (u, v)_{\mathcal{H}_0}$ を満たすので等長写像である. J の像が $\tilde{X}$ で稠密であることを示そう. 任意の $[\{u_n\}] \in \tilde{X}$ に対し, $x_\ell = J(u_\ell) = [\{u_\ell, u_\ell, u_\ell, \dots\}]$ とおく. このとき,

$$\|x_\ell - [\{u_n\}]\|_{\tilde{X}}^2 = (x_\ell, x_\ell)_{\tilde{X}} - 2\text{Re}(x_\ell, [\{u_n\}])_{\tilde{X}} + ([\{u_n\}], [\{u_n\}])_{\tilde{X}}$$
$$= (u_\ell, u_\ell)_{\mathcal{H}_0} - 2\lim_{n \to \infty}\text{Re}(u_\ell, u_n)_{\mathcal{H}_0} + \lim_{n \to \infty}(u_n, u_n)_{\mathcal{H}_0}$$
$$= \lim_{n \to \infty}\|u_\ell - u_n\|_{\mathcal{H}_0}^2 \tag{A.2}$$

であるが, $\{u_n\}$ は $\mathcal{H}_0$ の Cauchy 列であるため $\lim_{\ell \to \infty} \|x_\ell - [\{u_n\}]\|_{\tilde{X}}^2 = 0$, すな

わち x_ℓ は $[\{u_n\}]$ に収束する $J(\mathcal{H}_0)$ の点列である.

最後に $\tilde{X}$ の完備性を示す. $x^{(\ell)}$ を $\tilde{X}$ の Cauchy 列とし, $x^{(\ell)} = [\{u_n^{(\ell)}\}_{n=1}^\infty]$ とおく. 内積の定義により

$$\|x^{(\ell)} - x^{(m)}\|_{\tilde{X}} = \lim_{n\to\infty} \|u_n^{(\ell)} - u_n^{(m)}\|_{\mathcal{H}_0}$$

であるので, $x^{(\ell)}$ が Cauchy 列であることから, 任意の $\varepsilon > 0$ に対してある $N \in \mathbb{N}$ があって, $n, m, \ell \geq N$ ならば $\|u_n^{(\ell)} - u_n^{(m)}\|_{\mathcal{H}_0} < \varepsilon$ とできる. ここで $w_n = u_n^{(n)} \in \mathcal{H}_0$ ($n \in \mathbb{N}$) とおくと, $n, m \geq N$ に対して $\|w_n - w_m\|_{\mathcal{H}_0} = \|u_n^{(n)} - u_m^{(m)}\|_{\mathcal{H}_0} < \varepsilon$ により, $\{w_n\}_{n=1}^\infty$ は $\mathcal{H}_0$ の Cauchy 列である. そこで $x = [\{w_n\}] \in \tilde{X}$ と定義すると,

$$\|x - x^{(n)}\|_{\tilde{X}}^2 = \lim_{k\to\infty} \|w_k - u_k^{(n)}\|_{\mathcal{H}_0} = \lim_{k\to\infty} \|u_k^{(k)} - u_k^{(n)}\|_{\mathcal{H}_0}$$

となり, $n \geq N$ のとき $\|x - x^{(n)}\|_{\tilde{X}} \leq \varepsilon$ である. これは, $\tilde{X}$ で $x^{(n)} \to x$ を意味する. □

A.5 共役作用素と正値性

有界作用素 $T : \mathcal{H}_1 \to \mathcal{H}_2$ に対し, その**共役作用素** T^* は, 任意の $x \in \mathcal{H}_1, y \in \mathcal{H}_2$ に対し

$$(Tx, y)_{\mathcal{H}_2} = (x, T^*y)_{\mathcal{H}_1} \tag{A.3}$$

を満たす $\mathcal{H}_2$ から $\mathcal{H}_1$ への作用素である. このような作用素は一意的に存在する. 実際, 任意の $y \in \mathcal{H}_2$ を固定すると, $\phi_y(x) = (Tx, y)$ は $\mathcal{H}_1$ 上の連続汎関数を定義するので, Riesz の補題により $(Tx, y) = (x, x^*)$ を満たす $x^* \in \mathcal{H}_1$ が一意に存在する. $T^*y = x^*$ とおけば, これは線形作用素で式 (A.3) を満たす.

特にヒルベルト空間 $\mathcal{H}$ 上の有界作用素 $T : \mathcal{H} \to \mathcal{H}$ が $T^* = T$ を満たすとき, T を**自己共役作用素**という.

ヒルベルト空間 $\mathcal{H}$ 上の作用素 B が**正値**であるとは, 任意の $x \in \mathcal{H}$ に対して $(Bx, x) \geq 0$ を満たすことをいう. B が正値であることを $B \geq 0$ で表す. また, $B - A$ が正値であることを $B \geq A$ で表す.

複素ヒルベルト空間 $\mathcal{H}$ 上の正値作用素は自己共役である. なぜならば, 任意の $x \in \mathcal{H}$ に対して (Ax, x) は特に実なので, $(Ax, x) = \overline{(Ax, x)} = (x, Ax)$ である. このとき $(A(x+y), x+y) = (x+y, A(x+y))$ と $(A(x+\sqrt{-1}y), x+\sqrt{-1}y) =$

$(x+\sqrt{-1}y, A(x+\sqrt{-1}y))$ をそれぞれ展開することにより，任意の $x, y \in \mathcal{H}$ に対して $(Ax, y) = (x, Ay)$ が成り立つことがわかる．

関係 $B \geq A$ は，$\mathcal{H}$ 上の自己共役作用素の半順序を与える．

A.6 トレースと Hilbert-Schmidt 作用素

$\{\varphi_i\}_{i=1}^{I}$ $(I \in \mathbb{N} \cup \{\infty\})$ をヒルベルト空間 $\mathcal{H}$ の完全正規直交系とする．$\mathcal{H}$ 上の正値作用素 A に対し，$\sum_{i=1}^{I}(\varphi_i, A\varphi_i)$ が有限のとき，この値を A のトレースといい $\mathrm{Tr}A$ で表す．トレースは完全正規直交系の取り方によらない．実際，$\{\psi_j\}_{j=1}^{I}$ を $\mathcal{H}$ の別の完全正規直交系とするとき，定理 A.6 を用いると

$$\sum_{i=1}^{I}(\varphi_i, A\varphi_i) = \sum_{i=1}^{I}\sum_{j=1}^{I}(\varphi_i, \psi_j)(\psi_j, A\varphi_i) = \sum_{i=1}^{I}\sum_{j=1}^{I}(A^*\psi_j, \varphi_i)(\varphi_i, \psi_j)$$
$$= \sum_{j=1}^{I}(A^*\psi_j, \psi_j) = \sum_{j=1}^{I}(\psi_j, A\psi_j)$$

を得る．

ヒルベルト空間 $\mathcal{H}_1$ から $\mathcal{H}_2$ への作用素 $A : \mathcal{H}_1 \to \mathcal{H}_2$ が **Hilbert-Schmidt 作用素**であるとは，$\mathcal{H}_1$ のある正規直交基底 $\{\varphi_i\}_{i=1}^{I}$ $(I \in \mathbb{N} \cup \{\infty\})$ に対し，

$$\sum_{i=1}^{I}\|A\varphi_i\|_{\mathcal{H}_2}^2 < \infty$$

が成り立つことをいう．A が Hilbert-Schmidt 作用素であるとき，その Hilbert-Schmidt ノルム $\|A\|_{HS}$ を

$$\|A\|_{HS}^2 = \sum_{i=1}^{I}\|A\varphi_i\|_{\mathcal{H}_2}^2$$

により定義する．これがノルムの定義を満たすことは定義から容易に示される．

また，Hilbert-Schmidt 作用素 A に対し $\|A\|_{HS}^2 = \sum_{i=1}^{I}(A^*A\varphi_i, \varphi_i)_{\mathcal{H}_2}$ であるので，

$$\|A\|_{HS}^2 = \mathrm{Tr}A^*A$$

が成り立つ．このことから，Hilbert-Schmidt ノルムが正規直交基底の取り方によらないこともわかる．

さらに $\{\psi_j\}_{j=1}^{J}$ $(J \in \mathbb{N} \cup \{\infty\})$ を $\mathcal{H}_2$ の正規直交基底とすると，Parseval の

等式より $\|A\varphi_i\|_{\mathcal{H}_2}^2 = \sum_{j=1}^J (\psi_j, A\varphi_i)_{\mathcal{H}_2}^2$ なので,A が Hilbert-Schmidt であることと $\sum_{i=1}^I \sum_{j=1}^J (\psi_j, A\varphi_i)_{\mathcal{H}_2}^2 < \infty$ は同値であり,このとき

$$\|A\|_{HS}^2 = \sum_{i=1}^I \sum_{j=1}^J (\psi_j, A\varphi_i)_{\mathcal{H}_2}^2$$

が成り立つ.$(\psi_j, A\varphi_i)_{\mathcal{H}_2}$ は,与えられた正規直交基底による線形写像 A の (一般には無限次元の) 行列表示とみなすことができるので,Hilbert-Schmidt ノルムは行列の Frobenius ノルムの一般化となっている.また,この表示から容易にわかるように,A が Hilbert-Schmidt 作用素であるとき,$A^* : \mathcal{H}_2 \to \mathcal{H}_1$ も Hilbert-Schmidt 作用素であり $\|A^*\|_{HS} = \|A\|_{HS}$ が成り立つ.

命題 A.9 Hilbert-Schmidt 作用素 $A : \mathcal{H}_1 \to \mathcal{H}_2$ は有界であり,

$$\|A\| \le \|A\|_{HS}$$

が成り立つ.

証明 $u \in \mathcal{H}_1$ を $\|u\|_{\mathcal{H}_1} = 1$ なるベクトルとするとき,$\phi_1 = u$ となるような $\mathcal{H}_1$ の正規直交基底 $\{\varphi_i\}_{i=1}^I$ が存在するので,

$$\|Au\|_{\mathcal{H}_2}^2 \le \sum_{i=1}^I \|A\varphi_i\|_{\mathcal{H}_2}^2 = \|A\|_{HS}^2$$

が任意の単位ベクトル $u \in \mathcal{H}_1$ に対して成り立つ.これより定理はあきらか. □

補題 A.10 テンソル積[*3)] $\mathcal{H}_1 \otimes \mathcal{H}_2$ の元 ξ により線形作用素 $A : \mathcal{H}_1 \to \mathcal{H}_2$ を

$$(g, Af)_{\mathcal{H}_2} = (\xi, f \otimes g)_{\mathcal{H}_1 \otimes \mathcal{H}_2} \qquad (\forall f \in \mathcal{H}_1, g \in \mathcal{H}_2)$$

によって定義するとき,A は Hilbert-Schmidt 作用素で

$$\|A\|_{HS} = \|\xi\|_{\mathcal{H}_1 \otimes \mathcal{H}_2}$$

である.

証明 $\mathcal{H}_1, \mathcal{H}_2$ の正規直交基底 $\{\varphi_i\}_{i=1}^I, \{\psi_j\}_{j=1}^J$ に対し,$\mathcal{H}_1 \otimes \mathcal{H}_2$ の正規直交基底が $\{\varphi_i \otimes \psi_j\}_{ij}$ によって与えられることは容易に確認できる.このとき Parseval の等式から $\sum_{i=1}^I \sum_{j=1}^J (\xi, \varphi_i \otimes \psi_j)_{\mathcal{H}_1 \otimes \mathcal{H}_2}^2 = \|\xi\|_{\mathcal{H}_1 \otimes \mathcal{H}_2}^2$ であるが,左辺は $\|A\|_{HS}^2$ に他ならない. □

[*3)] テンソル積の定義は 2.2.1 項で与えた.

定理 A.11　$A : \mathcal{H}_1 \to \mathcal{H}_2$ を Hilbert-Schmidt 作用素，$B : \mathcal{H}_3 \to \mathcal{H}_1$, $C : \mathcal{H}_2 \to \mathcal{H}_3$ を有界作用素とするとき，AB, CA はともに Hilbert-Schmidt 作用素であり，

$$\|AB\|_{HS} \leq \|A\|_{HS}\|B\|, \qquad \|CA\|_{HS} \leq \|C\|\|A\|_{HS}$$

が成り立つ．

証明　$\{\varphi_i\}, \{\psi_j\}, \{\zeta_k\}$ をそれぞれ $\mathcal{H}_1, \mathcal{H}_2, \mathcal{H}_3$ の完全正規直交系とする．このとき Parseval の等式を用いると

$$\sum_{j,k} |(\psi_j, AB\zeta_k)_{\mathcal{H}_2}|^2 = \sum_{j,k} |(B^*A^*\psi_j, \zeta_k)_{\mathcal{H}_3}|^2 = \sum_j \|B^*A^*\psi_j\|_{\mathcal{H}_3}^2$$
$$\leq \|B\|^2 \sum_j \|A^*\psi_j\|_{\mathcal{H}_1}^2 = \|B\|^2 \|A^*\|_{HS}^2$$

により，$\|AB\|_{HS} \leq \|B\|\|A\|_{HS}$ を得る．また

$$\sum_i \|CA\varphi_i\|_{\mathcal{H}_3}^2 \leq \|C\|^2 \sum_i \|A\varphi_i\|_{\mathcal{H}_2}^2 = \|C\|^2 \|A\|_{HS}^2$$

により $\|CA\|_{HS} \leq \|C\|\|A\|_{HS}$ を得る．　□

本書では詳しい説明を略すが，自己共役作用素 A が Hilbert-Schmidt 作用素であるとき，有限次元の対称行列と同様に，A を固有値展開することが可能である．すなわち 0 でない実固有値 $\lambda_1 \geq \lambda_2 \geq \cdots$, $(|\lambda_i| \leq \|A\|)$ とこれに対応する固有ベクトルからなる正規直交系 $\{\varphi_i\}$ が存在して，

$$Af = \sum_{i=1}^\infty \lambda_i (\varphi_i, f) \varphi_i$$

が成り立つ．A が Hilbert-Schmidt 作用素であることから各非零固有値 λ_i の重複度は有限となる．$\{\varphi_i\}$ に $\mathcal{N}(A)$ を張る正規直交系を合わせて得られる完全正規直交系を考えるとすぐわかるように

$$\|A\|_{HS}^2 = \sum_{i=1}^\infty \lambda_i^2$$

である．

A がさらに正値であるとき，$\lambda_i \geq 0$ であるので，任意の実数 $p > 0$ に対して，A の p 乗を

$$A^p f = \sum_{i=1}^\infty \lambda_i^p (\varphi_i, f) \varphi_i$$

で定義することが可能で，A^p は有界な自己共役作用素となる (Hilbert-Schmidt 作用素とは限らない). 定義からあきらかなように, $p,q > 0$ に対し $A^p A^q = A^{p+q}$ が成り立つ[*4].

[*4] 固有値展開や p 乗は，Hilbert-Schmidt 作用素よりも広いクラスで成り立つが，本書では共分散作用素にしか適用しないので限定した説明を行った．より詳しくは藤田-伊藤-黒田 (1991) などをみていただきたい．

B 凸最適化の速習コース

本章ではサポートベクターマシンの理解に必要な範囲で凸最適化の基本事項を解説する．より詳しく知るための参考文献は B.4 節にまとめた．以下では $\mathbb{R}_+$ で非負実数全体を，$\mathbb{R}_{++}$ で正の実数全体を表す．

B.1 凸集合と凸関数

V を実ベクトル空間とするとき，V の部分集合 C が**凸集合**であるとは，任意の $x, y \in C$ と $t \in [0, 1]$ に対して $tx + (1-t)y \in C$ が成り立つことをいう（図 B.1 参照）．次の定理の証明は容易なので読者に任せる．

命題 B.1 $\{C_\lambda\}_{\lambda \in \Lambda}$ を実ベクトル空間 V の凸集合の族とするとき，その交わり $\cap_{\lambda \in \Lambda} C_\lambda$ は凸集合である．

C をベクトル空間 V 内の凸集合とする．C 上定義された関数 $f : C \to \mathbb{R}$ が**凸関数**であるとは，任意の $x, y \in C$ と $t \in [0, 1]$ に対し
$$f(tx + (1-t)y) \leq tf(x) + (1-t)f(y)$$
が成り立つことをいう．また，$f : C \to \mathbb{R}$ が**凹関数**であるとは，$-f$ が凸関数であることをいう．図 B.2 に凸関数と凹関数のイメージを示した．

$\mathbb{R}^n$ の凸領域で 2 階微分可能な関数に対しては，凸性の簡単な条件がある．この定理の証明も初等的なので読者に譲る．

定理 B.2 f を $\mathbb{R}^n$ の凸開集合 $\mathcal{D}$ 上の 2 階微分可能な実関数とするとき，f が凸関数であることと，各 $x \in \mathcal{D}$ 上でヘッセ行列 $\frac{\partial^2 f(x)}{\partial x \partial x}$ が半正定値であることは同値である．

上の定理により，係数行列 A が半正定値実対称行列であるような 2 次関数

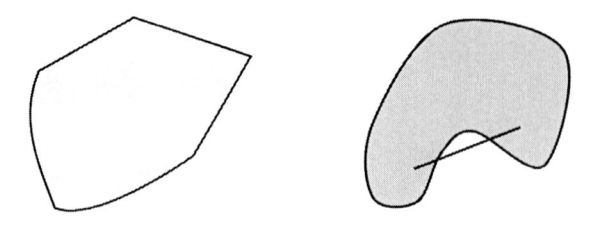

図 B.1 凸集合 (左) と非凸集合 (右) の例

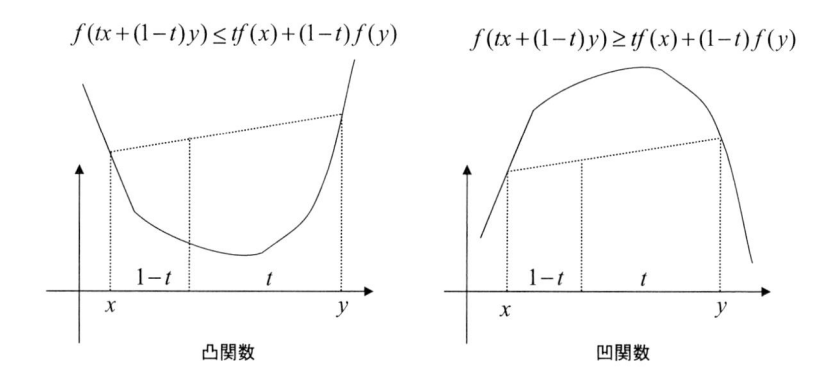

図 B.2 凸関数 (左) と凹関数 (右) の例.

$$f(x) = x^T A x + b^T x + c$$

は $\mathbb{R}^n$ 上の凸関数である．特に線形関数 $f(x) = b^T x + c$ は凸関数である．その他，

$$f(x) = e^{a_1 x_1 + \cdots + a_n x_n}$$

は $\mathbb{R}^n$ 上の凸関数，また

$$f(x) = \log(x_1 + \cdots + x_n)$$

は $\mathbb{R}^n_{++}$ 上の凹関数である．

$f : C \to \mathbb{R}$ を凸関数とするとき，任意の $\alpha \in \mathbb{R}$ に対して $\{x \in C \mid f(x) \leq \alpha\}$ は凸集合となる．このような集合を関数 f の**レベル集合**と呼ぶ．

次の性質はよく用いられる．これも証明は容易なので省略する．

命題 B.3 C を凸集合，$f_t(x) : C \to \mathbb{R}$ $(t \in T)$ を凸関数の族とするとき，

$$f(x) = \sup_{t \in T} f_t(x)$$

は凸関数である．同様に，凹関数族 $g_t(x)$ に対し $\inf_t g_t(x)$ は凹関数である．

凸集合や凸関数に関してはさまざまな興味深い性質が成り立つが，ここでは Jensen の不等式と分離超平面に関する定理のひとつを述べるにとどめる．

定理 B.4 (Jensen の不等式) X を実数値確率変数で $E|X| < \infty$ とし，f を X の値域を含む区間上定義された凸関数とするとき

$$f(E[X]) \leq E[f(X)]$$

が成立する．

厳密な証明は略して，直観的な意味のみ述べる．凸関数の定義を繰り返し用いると，$\sum_{k=1}^{n} p_k = 1$ を満たす非負実数 p_k と f の定義域内の点 x_i $(i = 1, \ldots, n)$ に対し

$$f(p_1 x_1 + \cdots + p_n x_n) \leq p_1 f(x_1) + \cdots + p_n f(x_n)$$

が成り立つ．一般の Jensen の不等式はこの極限とみなすことができる．

定理 B.5 C と D を $\mathbb{R}^n$ の空でない凸集合とし，$C \cap D = \emptyset$ とする．このとき，ある $a \in \mathbb{R}^n (a \neq 0)$ と $b \in \mathbb{R}$ があって，$x \in C$ ならば $a^T x - b \leq 0$, $x \in D$ ならば $ax - b \geq 0$ となる．

証明 $A = \{c - d \in \mathbb{R}^n \mid x \in C, y \in D\}$ とおくと，簡単に確認できるように A は凸集合である．仮定より $0 \notin A$ である．以下 $0 \notin \mathrm{cl}A$ の場合と $0 \in \mathrm{cl}A$ (すなわち 0 は A の境界の点) の場合に分けて証明する．

まず $0 \notin \mathrm{cl}A$ とすると，$\mathrm{cl}A$ と 0 との距離 r は正なので，ある $c \in \mathrm{cl}C$ と $d \in \mathrm{cl}D$ があって，$\|c - d\| = r > 0$ とできる．$\mathbb{R}^n$ のアフィン超平面を

$$h(x) = (d - c)^T \left(x - \frac{d + c}{2}\right)$$

によって定義するとき，

$$D \subset \{x \in \mathbb{R}^n \mid h(x) \geq 0\}, \qquad C \subset \{x \in \mathbb{R}^n \mid h(x) \leq 0\}$$

であることを示そう．以下では D に関する主張を背理法で示す．C に関しては $-h$ を考えればまったく同様である．いま，ある $u \in D$ があって $h(u) < 0$ と仮定する．このとき，$(d-c)^T(u - \frac{d+c}{2}) < 0$ を変形することにより

$$(d-c)^T(u-d) < -\frac{1}{2}\|d-c\|^2 < 0$$

が成り立つ．一方 cl$D$ は凸なので，任意の $t \in [0,1]$ に対して $d + t(u-d) \in \mathrm{cl}D$ であるが，このような点と c との 2 乗距離を

$$\varphi(t) = \|d + t(u-d) - c\|^2$$

とおくと，

$$\left.\frac{\varphi(t)}{dt}\right|_{t=0} = 2(d-c)^T(u-d) < 0$$

を得る．したがって，微小な $t > 0$ に対して $\|d + t(u-d) - c\|^2 = \varphi(t) < \varphi(0) = \|d-c\|^2$ となるが，これは c, d の取り方に矛盾する．

次に $0 \in \mathrm{cl}A$ の場合を示す．このとき A は 0 をその境界に含む凸集合であるので，点列 $(z_k)_{k=1}^\infty$ があって $z_k \notin \mathrm{cl}A$ かつ $z_k \to 0$ $(k \to \infty)$ が成り立つ．前半に示したことより，ある $a_k \in \mathbb{R}^n$ ($\|a_k\| = 1$) と $b_k \in \mathbb{R}$ があって

$$a_k^T x + b_k \le 0 \quad (\forall x \in A), \qquad a_k^T z_k + b_k \ge 0$$

が成り立つ．特に，

$$a_k^T(z_k - x) \ge 0 \quad (\forall x \in A)$$

である．(a_k) は $\mathbb{R}^n$ の単位球面上の点列なので，必要ならば部分列をとることによって $a_k \to a$ $(k \to \infty)$ としてよい．$z_k \to 0$ と合わせると

$$a^T(-x) \ge 0 \quad (\forall x \in A)$$

が成り立つ．言い換えると

$$a^T x \le a^T y \quad (\forall x \in C, y \in D)$$

であり，$b = \sup_{x \in C} a^T x$ とおくと $a^T x - b = 0$ は定理の主張を満たす． □

B.2 凸最適化

凸最適化とは，凸関数の最小値を求める問題の総称である．$\mathcal{D}$ を $\mathbb{R}^n$ の凸集合とし，$f(x), h_i(x)$ $(1 \le i \le \ell)$ を $\mathcal{D}$ 上の凸関数とする．また，$r_j(x) = a_j^T x + b_j$

$(a_j \in \mathbb{R}^n \setminus \{0\}, b_j \in \mathbb{R}, 1 \leq j \leq m)$ をアフィン関数とする．このとき，最小化問題

$$\min_{x \in \mathcal{D}} f(x) \quad \text{subject to} \quad \begin{cases} h_i(x) \leq 0 & (1 \leq i \leq \ell), \\ r_j(x) = a_j^T x + b_j = 0 & (1 \leq j \leq m) \end{cases} \quad \text{(B.1)}$$

は**凸最適化問題**の一般的な形式である．「subject to」というのは制約を表すための用語であるが，本書では英語のまま用いる．h_i および r_j は，それぞれ不等式制約，等式制約と呼ばれる．

関数の定義域 $\mathcal{D}$ の部分集合

$$\mathcal{F} = \{x \in \mathcal{D} \mid h_i(x) \leq 0 \ (1 \leq i \leq \ell), r_j(x) = 0 \ (1 \leq j \leq m)\}$$

のことを**許容集合**あるいは**実行可能集合**という．$\mathcal{F}$ が空集合でないとき，上の最適化問題は実行可能であるという．

命題 B.6 式 (B.1) の凸最適化問題に対し，
(1) 実行可能集合は凸集合である．
(2) 最適解の集合

$$X_{opt} = \{x \in \mathcal{F} \mid f(x) = \inf\{f(y) \mid y \in \mathcal{F}\}\}$$

は凸集合である．

(2) により凸最適化問題には局所最適解がないことがわかる．

証明 凸集合の交わりは凸であるので (1) を得る．(2) については，$X_{opt} = \emptyset$ のときは自明なので，$X_{opt} \neq \emptyset$ と仮定して，$p^* = \inf_{x \in \mathcal{F}} f(x)$ とおく．すると

$$X_{opt} = \{x \in \mathcal{D} \mid f(x) \leq p^*\} \cap \mathcal{F}$$

と表される．右辺の 2 つの集合はともに凸であるので (2) を得る．□

凸最適化問題の例をいくつか挙げる．
- 線形計画 (linear program, LP)．

$$\min c^T x \quad \text{subject to} \quad \begin{cases} Ax = b, \\ Gx \leq c \end{cases}$$

(A を $m \times n$ 行列, G を $\ell \times n$ 行列, $b \in \mathbb{R}^m$, $c \in \mathbb{R}^\ell$) ここで $Gx \leq c$ は, $G = (g_1, \ldots, g_\ell)^T$ $(g_j \in \mathbb{R}^n)$ とするとき各成分に対して $g_j^T x \leq c_j$ が成り立つことを意味する. 線形計画問題では, 目的関数, 等式制約, 不等式制約すべてが線形である.

- 2 次計画 (quadratic program, QP)

$$\min \frac{1}{2} x^T P x + q^t x + r \quad \text{subject to} \quad \begin{cases} Ax = b, \\ Gx \leq c \end{cases}$$

(P は半正定値実対称行列, $q \in \mathbb{R}^n$, $r \in \mathbb{R}$, A, b, G, c は上と同じ) 目的関数は 2 次関数であり, 等式制約, 不等式制約は線形関数である. 4 章で述べるように, サポートベクターマシンの最適パラメータを決定する問題は 2 次計画として定式化される.

B.3 双対問題

凸最適化問題を解く際には, もとの最適化問題に付随する双対問題という新たな最適化問題を考えると有用なことが多い. ここでは Lagrange 双対問題に関する基本事項を述べる.

B.3.1 Lagrange 双対問題

まず一般に凸とは限らない最適化問題を考えよう.

$$\min_{x \in \mathcal{D}} f(x) \quad \text{subject to} \quad \begin{cases} h_i(x) \leq 0 & (1 \leq i \leq \ell), \\ r_j(x) = 0 & (1 \leq j \leq m) \end{cases} \tag{B.2}$$

この問題 (**主問題**という) に対して, 以下のように **Lagrange** 双対関数 $g : \mathbb{R}^\ell \times \mathbb{R}^m \to [-\infty, \infty)$ を定義する.

$$g(\lambda, \nu) = \inf_{x \in \mathcal{D}} L(x, \lambda, \nu) \tag{B.3}$$

ただし

$$L(x, \lambda, \mu) = f(x) + \sum_{i=1}^{\ell} \lambda_i h_i(x) + \sum_{j=1}^{m} \nu_j r_j(x)$$

であり, g の変数 λ_i と ν_j は **Lagrange 乗数**と呼ばれる.

補題 B.7　$g(\lambda,\nu)$ は $\mathbb{R}^\ell \times \mathbb{R}^m$ 上の凹関数である.

証明　$L(x,\lambda,\mu)$ は各 x に関して μ,ν の線形関数, 特に凹関数である. その inf として $g(\lambda,\nu)$ は凹関数である. □

Lagrange 双対関数の幾何的解釈を与えておこう. $\mathbb{R}^\ell \times \mathbb{R}^m \times \mathbb{R}$ の部分集合として

$$\mathcal{G} = \{(u,v,t) = (h(x), r(x), f(x)) \in \mathbb{R}^\ell \times \mathbb{R}^m \times \mathbb{R} \mid x \in \mathcal{D}\}.$$

を考える. これは, x をパラメータとして不等式制約, 等式制約, および目的関数の値から構成される集合である.

式 (B.3) により,

$$g(\lambda,\nu) = \inf\{\lambda^T u + \nu^T v + t \mid (u,v,t) \in \mathcal{G}\} \tag{B.4}$$

である. ここで, λ,ν を固定するとき

$$\lambda^T u + \nu^T v + t = b$$

は $\mathbb{R}^\ell \times \mathbb{R}^m \times \mathbb{R}$ の超平面を定め, この超平面は t 軸と $(0,0,b)$ の値で交わる. したがって, 式 (B.4) は, 超平面 $\lambda^T u + \nu^T v + t = b$ と $\mathcal{G}$ が交わりを持つという条件のもとで, b (t 軸との交わり) の inf が $g(\lambda,\nu)$ の値に等しいことを示している. この様子を図 B.3 に示した.

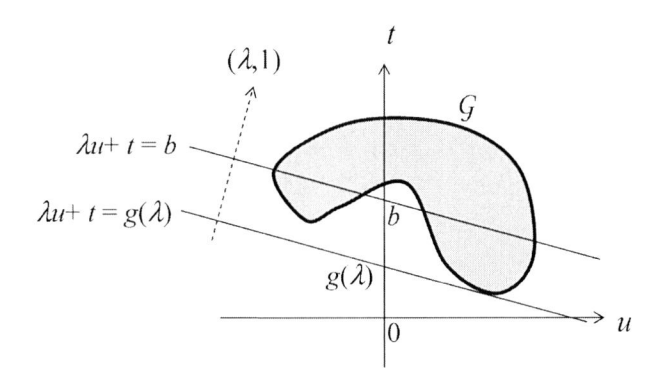

図 B.3　Lagrange 双対関数の幾何的解釈. ここでは簡単のため v 方向は省略している.

式 (B.2) で与えられる主問題に対して，その**双対問題**は次のように定義される．

$$\max g(\lambda, \nu) \quad \text{subject to} \quad \lambda \geq 0 \tag{B.5}$$

ここで $g(\lambda, \nu)$ は主問題の Lagrange 双対関数である．

最適化問題において主問題と双対問題は密接な関係を持つ．まず弱双対性を示しておこう．

定理 **B.8** (弱双対性)　主問題の最適値を p^*，すなわち

$$p^* = \inf\{f(x) \mid h_i(x) \leq 0 \ (1 \leq i \leq \ell), r_j(x) = 0 \ (1 \leq j \leq m)\}$$

とおき，対応する双対問題の最適値を d^*，すなわち

$$d^* = \sup\{g(\lambda, \nu) \mid \lambda \geq 0, \nu \in \mathbb{R}^m\}$$

とするとき，

$$d^* \leq p^*$$

が成り立つ．

弱双対性を成り立たせるためには主問題が凸最適化問題である必要はない (双対問題は常に凹関数の最大化である)．

証明　主問題の実行可能集合を X とおく．任意の $\lambda \geq 0$, $\nu \in \mathbb{R}^m$ および $x \in X$ に対して

$$L(x, \lambda, \nu) = f(x) + \sum_{i=1}^{\ell} \lambda_i h_i(x) + \sum_{j=1}^{m} \nu_j r_j(x) \leq f(x)$$

が成り立つ．これは，$x \in X$ のとき，$\lambda \geq 0$ ならば $\sum_{i=1}^{\ell} \lambda_i h_i(x) \leq 0$ かつ $\sum_{j=1}^{m} \nu_j r_j(x) = 0$ であることからわかる．したがって，

$$\inf_{x \in X} L(x, \lambda, \nu) \leq \inf_{x \in X} f(x) = p^*$$

を得る．このことから

$$g(\lambda, \nu) = \inf_{x \in \mathcal{D}} L(x, \lambda, \nu) \leq \inf_{x \in X} L(x, \lambda, \nu) \leq p^*$$

が任意の $\lambda \geq 0$ と $\nu \in \mathbb{R}^m$ に対して成立し，$d^* \leq p^*$ を得る．□

主問題が凸最適化問題である場合には，ある種の弱い条件のもと，さらに $d^* = p^*$ が成立する．これを**強双対性**と呼ぶ．強双対性を成立させるための条件にはいろいろなものが知られているが，本書ではその代表的なものとして Slater 条件について述べる．

Slater 条件: ある $\tilde{x} \in \mathrm{relint}\mathcal{D}$ があって，

$$h_i(\tilde{x}) < 0 \quad (1 \leq \forall i \leq \ell),$$
$$r_j(\tilde{x}) = a_j^T \tilde{x} + b_j = 0 \quad (1 \leq \forall j \leq m)$$

が成り立つ．

ここで，$\mathbb{R}^n$ の部分集合 A に対して $\mathrm{relint} A$ は A の**相対的内点**と呼ばれ，A を含む最小のアフィン部分空間に関する相対位相における A の内点を表す．

定理 B.9 (強双対性)　　式 (B.2) で与えられる主問題が凸最適化問題であり，かつ Slater 条件を満たすとする．このとき，ある $\lambda^* \geq 0$ と $\nu^* \in \mathbb{R}^m$ があって

$$g(\lambda^*, \nu^*) = d^* = p^*$$

が成り立つ．

証明　　Slater 条件により $\mathrm{relint}\mathcal{D} \neq \emptyset$ であるが，$\mathcal{D}$ を含む最小のアフィン部分空間に問題を制約して考えることにより，$\mathcal{D}$ は始めから内点を持つと仮定してよい．また，$A^T = (a_1, \ldots, a_m)$ のランク r が $r < m$ なる場合には，$a_1, \ldots, a_m$ の中の線形独立な r 個に対して $a_j^T x + b_j = 0$ の等式制約を考えればよいことは簡単にわかるので，始めから A のランクは m と仮定してよい．

まず $\mathbb{R}^\ell \times \mathbb{R}^m \times \mathbb{R}$ の部分集合 $\mathcal{A}$ を

$$\mathcal{A} = \{(u, v, t) \in \mathbb{R}^\ell \times \mathbb{R}^m \times \mathbb{R} \mid x \in \mathcal{D} \text{ があって } u_i \geq h_i(x), v_j = r_j(x), t \geq f(x)\}$$

により定義する．集合 $\mathcal{A}$ は，$(u, v, t) \in \mathcal{A}$ であれば任意の $u' \geq u, t' \geq t$ に対して $(u', v, t') \in \mathcal{A}$ であるという性質を持つ．また，主問題が凸であることから $\mathcal{A}$ は凸集合となる．実際，任意の $(u^1, v^1, t^1), (u^2, v^2, t^2) \in \mathcal{A}$ に対して，それぞれ $\mathcal{A}$ の定義にある $x^1, x^2 \in \mathcal{D}$ をとると，任意の $s \in [0, 1]$ に対し，$sx^1 + (1-s)x^2 \in \mathcal{D}$ を用いて $s(u^1, v^1, t^1) + (1-s)(u^2, v^2, t^2)$ が $\mathcal{A}$ の定義の $x \in \mathcal{D}$ の役割を果たすことがわかる．

ここで，主問題の定義によりその最適値 p^* は

$$p^* = \inf\{t \in \mathbb{R} \mid (0,0,t) \in \mathcal{A}\}$$

を満たす．Slater 条件により $p^* < \infty$ であり，また $p^* = -\infty$ であれば弱双対性により $d^* = p^* = -\infty$ であるので，以下では p^* が有限値の場合を考える．

$\mathbb{R}^\ell \times \mathbb{R}^m \times \mathbb{R}$ の凸集合 $\mathcal{B}$ を

$$\mathcal{B} = \{(0,0,s) \in \mathbb{R}^\ell \times \mathbb{R}^m \times \mathbb{R} \mid s < p^*\}$$

により定義する．このとき $\mathcal{A} \cap \mathcal{B} = \emptyset$ であるので，定理 B.5 から零ベクトルでない $(\lambda, \nu, \mu) \in \mathbb{R}^\ell \times \mathbb{R}^m \times \mathbb{R}$ と $\alpha \in \mathbb{R}$ があって

$$(u,v,t) \in \mathcal{A} \quad \Rightarrow \quad \lambda^T u + \nu^T v + \mu t \geq \alpha$$
$$(u,v,t) \in \mathcal{B} \quad \Rightarrow \quad \lambda^T u + \nu^T v + \mu t \leq \alpha$$

が成立する．ここで，$\mathcal{A}$ が u および t に関していくらでも大きい値をとりえることに注意すると，$\lambda \geq 0, \mu \geq 0$ が必要となる．実際，もし λ の成分または μ に負の値が存在すれば，$\lambda^T u + \nu^T v + \mu t$ をいくらでも小さくするような $(u,v,t) \in \mathcal{A}$ が存在し，$\mathcal{A}$ に対して上の条件を満たす α がとれない．$\mathcal{B}$ の定義と $\mu \geq 0$ から $\mathcal{B}$ に関する上の条件は $\alpha \geq \mu p^*$ であるので，上の2条件は結局

$$\sum_{i=1}^n \lambda_i h_i(x) + \sum_{j=1}^m \nu_j(a_j^T x + b) + \mu f(x) \geq \mu p^* \qquad (\forall x \in \mathcal{D}) \qquad \text{(B.6)}$$

と書き直せる．

$\mu \geq 0$ であるから，もし $\mu \neq 0$ が示されれば，式 (B.6) から

$$f(x) + \sum_{i=1}^n (\lambda_i/\mu) h_i(x) + \sum_{j=1}^m (\nu_j/\nu)(a_j x - b) \geq p^* \qquad (\forall x \in \mathcal{D})$$

であるので，左辺の $x \in \mathcal{D}$ に関する下限をとると，$\lambda^* = \lambda/\mu$, $\nu^* = \nu/\mu$ に対して $g(\lambda^*, \nu^*) \geq p^*$ を得る．弱双対性により $g(\lambda^*, \nu^*) \leq p^*$ であるので，$d^* = g(\lambda^*, \nu^*) = p^*$ となり定理が証明される．

そこで，以下 Slater 条件を用いて $\mu \neq 0$ を示そう．もし $\mu = 0$ とすると，式 (B.6) から Slater 条件を満たす $\tilde{x}$ に対して

$$\sum_{i=1}^n \lambda_i h_i(\tilde{x}) \geq 0$$

が成り立つ．上でみたように $\lambda_i \geq 0$ であり，かつ Slater 条件より $h_i(\tilde{x}) < 0$ であるから上式が成り立つためには $\lambda = 0$ が必要である．このとき，式 (B.6) は

$$\nu^T(Ax + b) \geq 0 \qquad (x \in \mathcal{D})$$

となる．一方，Slater 条件より $\nu^T(A\tilde{x}+b) = 0$ が $\mathcal{D}$ の内点 $\tilde{x}$ に対して成り立つので，$\nu^T A = 0$ でなければ $\tilde{x}$ の近傍で $\nu^T(Ax+b)$ は正負の両方の符号を持つはずである．したがって $\nu^T A = 0$ でなければならない．A のランクが m であるので $\nu = 0$ を得るが，これは $(\lambda, \nu, \mu) \neq 0$ に矛盾する． □

B.3.2　KKT 条件

一般に凸性を仮定せずに主問題 (式 (B.2)) を考え，主問題および双対問題がそれぞれ x^* および (λ^*, ν^*) において最適解を持ち，かつ強双対性

$$g(\lambda^*, \nu^*) = f(x^*)$$

が成立すると仮定してその帰結を考えよう．この仮定のもと

$$f(x^*) = g(\lambda^*, \nu^*) = \inf_{x \in \mathcal{D}} L(x, \lambda^*, \nu^*)$$
$$\leq L(x^*, \lambda^*, \nu^*) = f(x^*) + \sum_{i=1}^{\ell} \lambda_i^* h_i(x^*) + \sum_{j=1}^{m} \nu_j^* r_j(x^*) \leq f(x^*)$$

が成り立つ．最後の不等式は，x^* が実行可能解かつ $\lambda^* \geq 0$ であることから導かれる．したがって上の不等号はすべて等号であり，

$$x^* = \arg\min_{x \in \mathcal{D}} L(x, \lambda^*, \nu^*) \tag{B.7}$$

および

$$\lambda_i^* h_i(x^*) = 0 \qquad (i = 1, \ldots, \ell) \tag{B.8}$$

が成り立つ．

まず式 (B.7) から，双対問題の解 (λ^*, ν^*) が得られたとき，主問題の解は $L(x, \lambda^*, \nu^*)$ の最小化問題を「制約なし」で解くことにより求まる．すなわち

$$\min_{x \in \mathcal{D}} f(x) + \sum_{i=1}^{\ell} \lambda_i^* h_i(x) + \sum_{j=1}^{m} \nu_j^* r_j(x)$$

を解けばよい．

次に式 (B.8) は，

$$\lambda_i^* > 0 \quad \Rightarrow \quad h_i(x^*) = 0$$

あるいは

$$h_i(x^*) < 0 \quad \Rightarrow \quad \lambda_i^* = 0$$

と同値である．これは**相補性条件**と呼ばれ，4.1.1 項で述べるように，SVM における サポートベクターの条件を与える．

次に，主問題が凸最適化であり，かつ $\mathcal{D}$ が $\mathbb{R}^n$ の開集合，$f(x), h_i(x)$ がすべて $\mathcal{D}$ 上微分可能という仮定のもとで，式 (B.2),(B.5) の主双対問題を考える．いま x^* と (λ^*, ν^*) をそれぞれ主，双対問題の最適解とし，強双対性 $f(x^*) = g(\lambda^*, \nu^*)$ が成り立つと仮定する．すると，式 (B.7) と微分可能性により

$$\nabla f(x^*) + \sum_{i=1}^{\ell} \lambda_i^* \nabla g_i(x^*) + \sum_{j=1}^{m} \nu_j^* \nabla r_j(x^*) = 0$$

が成り立つ．以上のことから，次の **Karush-Kuhn-Tucker (KKT) 条件**が成り立つことがわかる．

(1) $h_i(x^*) \leq 0 \quad (i = 1, \ldots, \ell)$ [主制約]

(2) $r_j(x^*) = 0 \quad (j = 1, \ldots, m)$ [主制約]

(3) $\lambda_i^* \geq 0 \quad (i = 1, \ldots, \ell)$ [双対制約]

(4) $\lambda_i^* h_i(x^*) = 0 \quad (i = 1, \ldots, \ell)$ [相補性条件]

(5) $\nabla f(x^*) + \sum_{i=1}^{\ell} \lambda_i^* \nabla g_i(x^*) + \sum_{j=1}^{m} \nu_j^* \nabla r_j(x^*) = 0$

実はこの条件は強双対性の十分条件にもなっている．

定理 B.10 (KKT 条件) 凸最適化問題 (B.2) において，$\mathbb{R}^n$ の開集合 $\mathcal{D}$ 上定義された目的関数および不等式制約関数が微分可能と仮定する．このとき，x^* と (λ^*, ν^*) がそれぞれ主問題と双対問題の最適解で強双対性 $f(x^*) = g(\lambda^*, \nu^*)$ を満たすことと，KKT 条件とは同値である．

証明 定理の前に述べたことから，KKT 条件が成り立つときに x^* と (λ^*, ν^*) が主／双対問題の解であり，かつ強双対性が成り立つことを示せばよい．条件 (1)(2)(3) から x^* および (λ^*, ν^*) はそれぞれ主／双対問題の制約を満たす．また，$\lambda_i^* \geq 0$ により $L(x, \lambda^*, \nu^*)$ は微分可能な凸関数であり，条件 (5) $\nabla_x L(x^*, \lambda^*, \nu^*) = 0$ から x^* は $L(x, \lambda^*, \nu^*)$ の $\mathcal{D}$ における最小値を与える．したがって，

$$g(\lambda^*, \nu^*) = L(x^*, \lambda^*, \nu^*) = f(x^*) + \sum_{i=1}^{\ell} \lambda_i^* h_i(x^*) + \sum_{j=1}^{m} \nu_j^* r_j(x^*)$$

であるが，さらに KKT 条件の相補性条件と $r_j(x^*) = 0$ を用いると

$$g(\lambda^*, \nu^*) = f(x^*)$$

すなわち強双対性を得る．一般に弱双対性が成り立つことから，x^* と (λ^*, ν^*) は主／双対問題の最適解であることもわかる． □

KKT 条件を用いると，主問題や双対問題の解に関して有力な情報が得られ，場合によっては解が容易に得られることもある．例えば以下の 2 次計画を考えてみよう．

$$\min \frac{1}{2} x^T P x + q^T x + r \quad \text{subject to} \quad Ax = b$$

ただし P は狭義正定値実対称行列とする．

KKT 条件を書き下すと

$$Ax^* = b, \qquad Px^* + q + A^T \nu^* = 0$$

となる．これをまとめて行列表示すると

$$\begin{pmatrix} P & A^T \\ A & O \end{pmatrix} \begin{pmatrix} x^* \\ \nu^* \end{pmatrix} = \begin{pmatrix} -q \\ b \end{pmatrix}$$

となり，この線形方程式を解くことにより，主問題と双対問題の解が一度に得られる．

B.4　さらに詳しく知るために

本章は SVM を理解するのに必要最小限の事項をまとめたが，さらに詳しく知るための参考書をいくつか挙げておく．読みやすい教科書として Boyd and Vandenberghe (2004) がある．例を豊富に含み過度に数学的な記述でないため多くの人に受け入れやすい．邦書では福島 (2001) が理論的な観点から書かれた本格的教科書である．凸集合や凸関数に関する数学的な理論は凸解析と呼ばれるが，この観点から最適化を論じたものとして Hiriart-Urruty and Lemarechal (1996, 2001) が挙げられる．2 部からなりページ数は多いが豊富な図と例があり読みやすい．これらを短くまとめた Hiriart-Urruty and Lemarechal (2004) もある．凸解析に関する標準的かつ古典的な名著として Rockafellar (1970) も挙げておく．

SVM における 2 次計画問題の適用以来，線形代数や固有値問題によって解けるクラスを超えて，より高度な最適化手法を用いてデータ解析に必要な問題を解こうとする機運が高まった．特にカーネル法に現れるグラム行列は半正定値行列であるので，半正定値行列を変数とする「半正定値計画」と呼ばれる凸最適化手法の適用がさかんに研究されている．例えばデータを用いてグラム行列自身を最適化するカーネル行列学習 (kernel matrix learning, Lanckriet et al., 2004) には半正定値計画が用いられている．また，高次元のデータが低次元の多様体上に分布していると仮定してデータの低次元表現を得るための手法にも半正定値計画が適用されている (Weinberger et al., 2004)．後者は多次元尺度構成法の非線形拡張と考えることもできる．

　しかしながら，現状の半正定値計画の数値解法では，実用的な時間で解ける半正定値行列のサイズは小規模なため，カーネル法への半正定値計画の適用においてはデータ数が制限されるという問題があり，今後の発展が期待される．半正定値計画など進んだ最適化手法のデータ解析への適用は，本書の執筆現在でも盛んに研究されている．

C 補 題 な ど

C.1 Azuma-Hoeffding の不等式の証明に用いた補題

補題 C.1 (Hoeffding の補題) 確率変数 X が $E[X]=0$ および $a \leq X \leq b$ を満たすとき，任意の $t>0$ に対して
$$E[e^{tX}] \leq e^{t^2(b-a)^2/8}$$
が成り立つ．

証明 e^{tx} が x の凸関数であることから，
$$e^{tX} \leq \frac{X-a}{b-a}e^{tb} + \frac{b-X}{b-a}e^{ta}$$
が成立する．期待値をとることにより
$$E[e^{tX}] \leq \frac{-a}{b-a}e^{tb} + \frac{b}{b-a}e^{ta}$$
である．簡単のため $\theta = -a/(b-a)$ とおくと，$a \leq X \leq b$ かつ $E[X]=0$ の仮定から $\theta \in [0,1]$ であり，また $b/(b-a) = 1-\theta$ であるので，上式の右辺は $\theta e^{t(1-\theta)(b-a)} + (1-\theta)e^{-t\theta(b-a)}$ である．ここでさらに $s=t(b-a)$ とおくと
$$E[e^{tX}] \leq e^{-\theta s + \log(1-\theta+\theta e^s)}$$
を得る．

$f(s) = -\theta s + \log(1-\theta+\theta e^s)$ とおくと，Taylor 展開により，ある $\mu \in [0,s]$ が存在して
$$f(s) = f(0) + f'(0)s + \frac{1}{2}f''(\mu)s^2$$
であるが，
$$f'(s) = -\theta + \frac{\theta e^s}{1-\theta+\theta e^s}, \quad f''(s) = \frac{\theta e^s}{1-\theta+\theta e^s}\left(1 - \frac{\theta e^s}{1-\theta+\theta e^s}\right)$$
と計算されるので，$f(0)=0$, $f'(0)=0$, また $r \in [0,1]$ に対して $r(1-r) \leq 1/4$ であることから $f''(\mu) \leq 1/4$ を得る．これにより補題が得られる． □

補題 C.2 (Markov の不等式)　　X を非負の値をとる確率変数とするとき，任意の $\varepsilon > 0$ に対し
$$\Pr(X \geq \varepsilon) \leq \frac{E[X]}{\varepsilon}$$
が成り立つ．

証明
$$E[X] = \int_{\{X \geq \varepsilon\}} X dP + \int_{\{X < \varepsilon\}} X dP \geq \int_{\{X \geq \varepsilon\}} \varepsilon dP = \varepsilon \Pr(X \geq \varepsilon)$$
によりあきらかである． □

C.2　Massart の補題

補題 C.3 (Massart, 2000)　　A を $\mathbb{R}^n$ 内の有限集合とし，$R \equiv \max_{a \in A} \sqrt{\sum_{i=1}^n a_i^2}$ とおく．このとき Rademacher 変数 σ_i $(i = 1, \ldots, n)$ に対し
$$E\Big[\max_{a \in A} \sum_{i=1}^n \sigma_i a_i\Big] \leq R\sqrt{2 \log |A|}$$
が成り立つ．ここで $|A|$ は A の要素数を表す．

証明　　任意の正数 s に対し，$x \mapsto \exp(sx)$ の凸性と，正数 $t_a > 0$ $(a \in A)$ に対して $\max_{a \in A} t_a \leq \sum_{a \in A} t_a$ が成り立つことから

$$\exp\Big(sE\Big[\max_{a \in A} \sum_{i=1}^n \sigma_i a_i\Big]\Big) \leq E\Big[\exp\Big(s \max_{a \in A} \sum_{i=1}^n \sigma_i a_i\Big)\Big] = E\Big[\max_{a \in A} \exp\Big(s \sum_{i=1}^n \sigma_i a_i\Big)\Big]$$
$$\leq E\Big[\sum_{a \in A} \exp\Big(s \sum_{i=1}^n \sigma_i a_i\Big)\Big] = \sum_{a \in A} \prod_{i=1}^n E\big[e^{s \sigma_i a_i}\big]$$

が成り立つ．最後の等号は $\sigma_1, \ldots, \sigma_n$ の独立性による．ここで，$a_i \sigma_i \in [-a_i, a_i]$ であることから，Hoeffding の補題 (C.1) より $E\big[e^{s \sigma_i a_i}\big] \leq \exp(s^2 a_i^2/2)$ である．したがって，任意の $s > 0$ に対して

$$\exp\Big(sE\Big[\max_{a \in A} \sum_{i=1}^n \sigma_i a_i\Big]\Big) \leq \sum_{a \in A} E\big[e^{s^2 \sum_{i=1}^n a_i^2/2}\big] \leq |A| e^{s^2 R^2/2}$$

すなわち
$$E\Big[\max_{a \in A} \sum_{i=1}^n \sigma_i a_i\Big] \leq \frac{\log |A|}{s} + \frac{sR^2}{2}$$
が成り立つ．右辺が最小になるように $s = \sqrt{2 \log |A|}/R$ ととると，補題が示される． □

C.3　Sauer の補題

以下 $\Pi_{\mathcal{G}}(n)$ を 5.2.2 項で定義した増大関数とする．

定理 C.4　関数族 $\mathcal{G} \subset \{g : \mathcal{Z} \to \{\pm 1\}\}$ の VC 次元を d とすると，

$$\Pi_{\mathcal{G}}(n) \leq \sum_{i=0}^{d} \binom{n}{i} \tag{C.1}$$

であり，$n \geq d$ のとき

$$\Pi_{\mathcal{G}}(n) \leq \left(\frac{en}{d}\right)^d$$

である．ここで e は自然対数の底である．

証明　$d + n$ に関する帰納法によって式 (C.1) を証明する．まず $d + n = 0$ すなわち $d = n = 0$ の場合は $\Pi_{\mathcal{G}}(0) = 1 = \binom{0}{0}$ が形式的に成り立つ．

次に $d' + n' < d + n$ なる d', n' の場合に式 (C.1) が成り立つと仮定して，d, n の場合を示す．要素数が n である $\mathcal{Z}$ の部分集合のうち，$\mathcal{G}$ によって付与される $\{\pm 1\}$ 値ラベルの総数が最大となるものを $S = \{x_1, \ldots, x_n\}$ とする．$S' = \{x_1, \ldots, x_{n-1}\}$ とおき，S' 上の 2 値関数の族 $\mathcal{G}^{(1)}, \mathcal{G}^{(2)}$ を以下のように定める．

$$\mathcal{G}^{(1)} = \{f_{|S'} : S' \to \{\pm 1\} \mid f \in \mathcal{G}\},$$

$\mathcal{G}^{(2)} = \{g \in \mathcal{G}^{(1)} \mid f_+, f_- \in \mathcal{G}$ が存在して
$$f_+(x_i) = f_-(x_i) = g(x_i) \, (1 \leq i \leq n-1), f_+(x_n) = 1, f_-(x_n) = -1\}.$$

すなわち，$\mathcal{G}$ の関数によって S' に付与可能なすべてのラベルを $\mathcal{G}^{(1)}$ とし，そのうち x_n 上 ± 1 両方のラベルに拡張可能なものを $\mathcal{G}^{(2)}$ とおく．このとき

$$\Pi_{\mathcal{G}}(n) = |\mathcal{G}^{(1)}| + |\mathcal{G}^{(2)}|$$

が成り立つ．

次に $\mathcal{G}^{(1)}, \mathcal{G}^{(2)}$ の VC 次元を考えよう．$\dim_{VC} \mathcal{G} = d$ であるから，特に S' の $d+1$ 個からなる部分集合に 2^{d+1} 個すべてのラベルが付与されることはない．したがって $\dim_{VC} \mathcal{G}^{(1)} \leq d$ である．また，$T \subset S'$ に対して $\mathcal{G}^{(2)}$ によって $2^{|T|}$ 通りのラベルが付与されると，$\mathcal{G}^{(2)}$ の定義から，$\mathcal{G}$ によって $T \cup \{x_n\}$ には $2^{|T|+1}$ 個すべてのラベ

ルが付与可能となる．このことから

$$d = \dim_{VC}\mathcal{G} \geq \dim_{VC}\mathcal{G}^{(2)} + 1$$

が成り立つ．以上により，帰納法の仮定から

$$|\mathcal{G}^{(1)}| \leq \sum_{i=0}^{d}\binom{n-1}{i} \qquad |\mathcal{G}^{(2)}| \leq \sum_{i=0}^{d-1}\binom{n-1}{i}$$

を得る．これより

$$\Pi_{\mathcal{G}}(n) \leq \sum_{i=0}^{d}\binom{n-1}{i} + \sum_{i=0}^{d-1}\binom{n-1}{i} = \sum_{i=0}^{d}\left\{\binom{n-1}{i} + \binom{n-1}{i-1}\right\} = \sum_{i=0}^{d}\binom{n}{i}$$

が示される．ここで $j < 0$ のとき $\binom{n-1}{j} = 0$ と定めた．

後半の不等式は，$n/d \geq 1$ に注意すると

$$\sum_{i=0}^{d}\binom{n}{i} \leq \left(\frac{n}{d}\right)^{d}\sum_{i=0}^{d}\left(\frac{d}{n}\right)^{i}\binom{n}{i} = \left(\frac{n}{d}\right)^{d}\left(1 + \frac{d}{n}\right)^{n} \leq \left(\frac{n}{d}\right)^{d}e^{d}$$

であることから従う． □

関連図書

Aizerman, M.A., E.M. Braverman, and L.I. Rozonoer. Theoretical foundations of the potential function method in pattern recognition learning. *Automation and Remote Control*, **25**:821–837, 1964.

Alon, N., S. Ben-David, N. Cesa-Bianchi, and D. Haussler. Scale-sensitive dimensions, uniform convergence, and learnability. *Journal of the ACM*, **44**(4), 1997.

Altun, Y., I. Tsochantaridis, and T. Hofmann. Hidden Markov support vector machines. In *Proc. 20th Intern. Conf. Machine Learning*, 2003.

Aronszajn, N. Theory of reproducing kernels. *Transactions of the American Mathematical Society*, **68**(3):337–404, 1950.

Bach, F.R. and M.I. Jordan. Kernel independent component analysis. *Journal of Machine Learning Research*, **3**:1–48, 2002.

Baker, C.R. Joint measures and cross-covariance operators. *Transactions of the American Mathematical Society*, **186**:273–289, 1973.

Bartlett, P. The sample complexity of pattern classification with neuralnetworks: the size of the weights is more important than the size of the network. *IEEE Trans. Information Theory*, **44**(2):525–536, 1998.

Bartlett, P. and S. Mendelson. Rademacher and gaussian complexities: Risk bounds and structural results. *Jounral of Machine Learning Research*, **3**:463–482, 2002.

Bartlett, P. and J. Shawe-Taylor. Generalization performance of support vector machines and other pattern classifiers. In *Advances in Kernel Methods: Support Vector Learning*, pp 43–54, MIT Press, 1999.

Bengio, Y., O. Delalleau, N.L. Roux, J.-F. Paiement, P. Vincent, and M. Ouimet. Learning eigenfunctions links spectral embedding and kernel PCA. *Neural Computation*, **16**(10):2197–2219, 2004.

Berg, C., J.P.R. Christensen, and P. Ressel. *Harmonic Analysis on Semigroups*. Springer-Verlag, 1984.

Berlinet, A. and C. Thomas-Agnan. *Reproducing Kernel Hilbert Spaces in Probability and Statistics*. Kluwer Academic Publisher, 2004.

Bordes, A., S. Ertekin, J. Weston, and L. Bottou. Fast kernel classifiers with online and active learning. *Journal of Machine Learning Research*, **6**:1579–1619, 2005.

Boser, B.E., I.M. Guyon, and V.N. Vapnik. A training algorithm for optimal margin classifiers. In D. Haussler (ed). *Fifth Annual ACM Workshop on Computational Learning Theory*, pp 144–152, ACM Press, 1992.

Bottou, L., O. Chapelle, D. DeCoste, and J. Weston. *Large-Scale Kernel Machines*. MIT Press, 2007.

Boyd, S. and L. Vandenberghe. *Convex Optimization*. Cambridge University Press, 2004.

Bredensteiner, E.J. and K.P. Bennett. Multicategory classification by support vector machines. *Computational Optimizations and Applications*, **12**, 1999.

Burges, C.J.C. and B. Schölkopf. Improving the accuracy and speed of support vector machines. In M.C. Mozer, M.I. Jordan, and T. Petsche (eds). *Advances in Neural Information Processing Systems 9*, pp 375–381, MIT Press, 1997.

Chapelle, O. Training a support vector machine in the primal. *Neural Computation*, **19**: 1155–1178, 2007.

Collins, M. Discriminative training methods for hidden Markov models: Theory and experiments with perceptron algorithms. In *Proc. Conf. Empirical Methods in Natural Language Processing*, 2002.

Collins, M. and N. Duffy. Convolution kernels for natural language. In *Advances in Neural Information Processing Systems 14*, pp 625–632, MIT Press, 2001.

Crammer, K. and Y. Singer. On the algorithmic implementation of multiclass kernel-based vector machines. *Journal of Machine Learning Research*, **2**:265–292, 2001.

Cristianini, N. and J. Shawe-Taylor. *An Introduction to Support Vector Machines and Other Kernel-based Learning Methods*. Cambridge University Press, 2000.

Devroye, L., L. Györfi, and G. Lugosi. *A Probabilistic Theory of Pattern Recognition*. Springer, 1996.

Dhillon, I. S., Y. Guan, and B. Kulis. Kernel k-means, spectral clustering and normalized cuts. In *Proc. 10th ACM SIGKDD Inter. Conf. Knowledge Discovery and Data Mining (KDD)*, pp 551–556, 2004.

Dietterich, T. G. and G. Bakiri. Solving multiclass learning problems via error-correcting output codes. *Journal of Artificial Intelligence Research*, **2**:263–286, 1995.

Drineas, P. and M. W. Mahoney. On the Nyström method for approximating a Gram matrix for improved kernel-based learning. *Journal of Machine Learning Research*, **6**: 2153–2175, 2005.

Dudley, R. M. *Real Analysis and Probability* (2nd edition). Cambridge University Press, 2002.

Elkan, C. Deriving TF-IDF as a Fisher kernel. In *Proc. Intern. Symp. String Processing and Information Retrieval (SPIRE'05)*, pp 296–301, 2005.

Engl, H.W., M. Hanke, and A. Neubauer. *Regularization of Inverse Problems*. Kluwer Academic Publishers, 2000.

Fine, S. and K. Scheinberg. Efficient SVM training using low-rank kernel representations. *Journal of Machine Learning Research*, **2**:243–264, 2001.

Franc, V. and V. Hlaváč. Statistical pattern recognition toolbox for matlab: User's guide. Technical Report CTU-CMP-2004-08, Center for Machine Preception, Czech Technical University, 2004.

Fukumizu, K., F.R. Bach, and A. Gretton. Statistical consistency of kernel canonical correlation analysis. *Journal of Machine Learning Research*, **8**:361–383, 2007.

Fukumizu, K., F.R. Bach, and M.I. Jordan. Dimensionality reduction for supervised learning with reproducing kernel Hilbert spaces. *Journal of Machine Learning Research*, **5**: 73–99, 2004.

Fukumizu, K., F.R. Bach, and M.I. Jordan. Kernel dimension reduction in regression. *Annals of Statistics*, **37**(4):1871–1905, 2009.

Gärtner, T. *Kernels for Structured Data*. World Scientific, 2008.
Golub, G.H. and C.F. Van Loan. *Matrix Computations* (3rd ed.). Johns Hopkins University Press, 1996.
Graf, H.P., E. Cosatto, L. Bottou, I. Dourdanovic, and V. Vapnik. Parallel support vector machines: The Cascade SVM. In L. Saul, Y. Weiss, and L. Bottou (eds), *Advances in Neural Information Processing Systems 17*, MIT Press, 2005.
Green, P.J. and Bernard W. Silverman. *Nonparametric Regression and Generalized Linear Models*. Chapman and Hall, 1993.
Gretton, A., K.M. Borgwardt, M. Rasch, B. Schölkopf, and A. Smola. A kernel method for the two-sample-problem. In B. Schölkopf, J. Platt, and T. Hoffman (eds), *Advances in Neural Information Processing Systems 19*, pp 513–520, MIT Press, 2007.
Gretton, A., K. Fukumizu, Z. Harchaoui, and B. Sriperumbudur. A fast, consistent kernel two-sample test. In Y. Bengio, D. Schuurmans, J. Lafferty, C. K. I. Williams, and A. Culotta (eds), *Advances in Neural Information Processing Systems 22*, pp 673–681, 2009.
Gu, C. *Smoothing Spline ANOVA Models*. Springer, 2002.
Gusfield, D. *Algorithms on Strings, Trees and Sequences*. Cambridge University Press, 1997.
Hardoon, D.R., S. Szedmak, and J. Shawe-Taylor. Canonical correlation analysis: An overview with application to learning methods. *Neural Computation*, **16**:2639–2664, 2004.
Hastie, T. and R. Tibshirani. Classification by pairwise coupling. *The Annals of Statistics*, **26**(1):451–471, 1998.
Hastie, T., R. Tibshirani, and J. Friedman. *The Elements of Statistical Learning*. Springer, 2001.
Haussler, D. Convolution kernels on discrete structures. Technical Report UCSC-CRL-99-10, Department of Computer Science, University of California at Santa Cruz, 1999.
Herbrich, R. *Learning Kernel Classifiers: Theory and Algorithms*. MIT Press, 2001.
Herbrich, R., T. Graepel, and K. Obermayer. Large margin rank boundaries for ordinal regression. In A.J. Smola, P.L. Bartlett, B. Schölkopf, and D. Schuurmans (eds), *Advances in Large Margin Classifiers*, pp 115–132, MIT Press, 2000.
Hiriart-Urruty, J.-B. and C. Lemarechal. *Convex Analysis and Minimization Algorithms: Part 1: Fundamentals*. Springer, 1996.
Hiriart-Urruty, J.-B. and C. Lemarechal. *Convex Analysis and Minimization Algorithms: Part 2: Advanced Theory and Bundle Methods* (2nd ed.). Springer, 2001.
Hiriart-Urruty, J.-B. and C. Lemarechal. *Fundamentals of Convex Analysis*. Springer, 2004.
Jaakkola, T. and D. Haussler. Exploiting generative models in discriminative classifiers. In *Advances in Neural Information Processing Systems 11*, pp 487–493, MIT Press, 1998.
Joachims, T. Training linear SVMs in linear time. In *Proc. ACM Conf. Knowledge Discovery and Data Mining (KDD)*, 2006.
Kashima, H., K. Tsuda, and A. Inokuchi. Marginalized kernels between labeled graphs. In *Proceedings of the 20th International Conference on Machine Learning (ICML2003)*, pp 321–328, 2003.

Keerthi, S. S., K. B. Duan, S. K. Shevade, and A. N. Poo. A fast dual algorithm for kernel logistic regression. *Machine Learning*, **61**(1–3):151–165, 2005.

Keerthi, S. S., S. K. Shevade, C. Bhattacharyya, and K. R. K. Murthy. Improvements to Platt's SMO algorithm for SVM classifier design. *Neural Computation*, **13**(3):637–649, 2001.

Ku, C.-J. and T.L. Fine. Testing for stochastic independence: application to blind source separation. *IEEE Trans. Signal Processing*, **53**(5):1815–1826, 2005.

Lanckriet, G., N. Cristianini, P. Bartlett, L. El Ghaoui, and M. Jordan. Learning the kernel matrix with semidefinite programming. *Journal of Machine Learning Research*, **5**:27–72, 2004.

LeCun, Y., L. Bottou, Y. Bengio, and P. Haffner. Gradient-based learning applied to document recognition. In Simon Haykin and Bart Kosko (eds). *Intelligent Signal Processing*, pp 306–351, IEEE Press, 2001.

Ledoux, M. and M. Talagrand. *Probability in Banach Spaces*. Springer-Verlag, 1991.

Lee, Y., Y. Lin, and G. Wahba. Multicategory support vector machines, theory, and application to the classification of microarray data and satellite radiance data. *Journal of the American Statistical Association*, **99**:67–81, 2004.

Li, K.-C. Sliced inverse regression for dimension reduction (with discussion). *Journal of American Statistical Association*, **86**:316–342, 1991.

Li, K.-C. On principal Hessian directions for data visualization and dimension reduction: Another application of Stein's lemma. *Journal of American Statistical Association*, **87**: 1025–1039, 1992.

Lodhi, H., C. Saunders, J. Shawe-Taylor, N. Cristianini, and C. Watkins. Text classification using string kernels. *Journal of Machine Learning Research*, **2**:419–444, 2002.

Mangasarian, O. L. and David R. Musicant. Lagrangian support vector machines. *Journal of Machine Learning Research*, **1**:161–177, 2001.

Massart, P. Some applications of concentration inequalities to statistics. *Annales de la faculté des sciences de Toulouse Sér. 6*, **9**(2):245–303, 2000.

Matheron, G. The intrinsic random functions and their applications. *Advances in Applied Probability*, **5**:439–468, 1973.

Mavroforakis, M. E. and S. Theodoridis. A geometric approach to support vector machine (SVM) classification. *IEEE Transactions on Neural Networks*, **17**(3), 2006.

Melzer, T., M. Reiter, and H. Bischof. Nonlinear feature extraction using generalized canonical correlation analysis. In *Proc. Intern. Conf. Artificial Neural Networks (ICANN2001)*, pp 353–360, 2001.

Mika, S., G. Rätsch, J. Weston, B. Schölkopf, and K.-R. Müller. Fisher discriminant analysis with kernels. In Y.-H. Hu, J. Larsen, E. Wilson, and S. Douglas (eds). *Neural Networks for Signal Processing*, volume IX, pp 41–48, IEEE, 1999.

Murphy, P.M. and D.W. Aha. UCI repository of machine learning databases. Technical report, University of California, Irvine, Department of Information and Computer Science. http://www.ics.uci.edu/~mlearn/MLRepository.html, 1994.

Ong, C.S., A.J. Smola, and R.C. Williamson. Learning the kernel with hyperkernels. *Journal of Machine Learning Research*, **6**:1043–1071, 2005.

Osuna, E., R. Freund, and F. Girosi. An improved training algorithm for support vector machines. In *Proc. 1997 IEEE Workshop on Neural Networks for Signal Processing (IEEE NNSP 1997)*, pp 276–285, 1997.

Parzen, E. An approach to time series analysis. *The Annals of Mathematical Statistics*, **32**(4):951–989, 1961.

Pearl, J. *Causality: Models, Reasoning, and Inference* (2nd edition). Cambridge University Press, 2008.

Platt, J. Fast training of support vector machines using sequential minimal optimization. In B. Schölkopf, C. Burges, and A. Smola (eds). *Advances in Kernel Methods - Support Vector Learning*, pp 185–208, MIT Press, 1999.

Ramsay, J.O. and B.W. Silverman. *Applied Functional Data Analysis*. Springer, 2002.

Ramsay, J.O. and B.W. Silverman. *Functional Data Analysis* (2nd edition). Springer, 2006.

Rasmussen, C.E. and C.K.I. Williams. *Gaussian Processes for Machine Learning*. The MIT Press, 2005.

Rockafellar, R.T. *Convex Analysis*. Princeton University Press, 1970.

Rosipal, R. and L.J. Trejo. Kernel partial least squares regression in reproducing kernel Hilbert space. *Journal of Machine Learing Research*, **2**:97–123, 2001.

Roth, V. Probabilistic discriminative kernel classifiers for multi-class problems. In *Pattern Recognition: Proc. 23rd DAGM Symp.*, pp 246–253, Springer, 2001.

Rousu, J. and J. Shawe-Taylor. Efficient computation of gap-weighted string kernels on large alphabets. In *Proc. PASCAL Workshop Learning Methods for Text Understanding and Mining*, 2004.

Rudin, W. *Fourier Analysis on Groups*. Interscience, 1962.

Saitoh, S. *Integral Transforms, Reproducing Kernels, and Their Applications*. Addison Wesley Longman, 1997.

Schölkopf, B., J.C. Platt, J. Shawe-Taylor, R.C. Williamson, and A.J.Smola. Estimating the support of a high-dimensional distribution. *Neural Computation*, **13**(7):1443–1471, 2001.

Schölkopf, B. and A.J. Smola. *Learning with Kernels*. MIT Press, 2002.

Schölkopf, B., A.J. Smola, R.C. Williamson, and P.L. Bartlett. New support vector algorithms. *Neural Computation*, **12**(5):1207–1245, 2000.

Schölkopf, B., K. Tsuda, and J.-P. Vert (eds). *Kernel Methods in Computational Biology*. MIT Press, 2004.

Shalev-Shwartz, S., Y. Singer, and N. Srebro. Pegasos: Primal estimated sub-gradient solver for SVM. In *Proc. Intern. Conf. Machine Learning (ICML2007)*, 2007.

Shawe-Taylor, J. and N. Cristianini. Margin distribution bounds on generalization. In *Proc. European Conf. on Computational Learning Theory (EuroCOLT'99)*, pp 263–273, 1999.

Shawe-Taylor, J. and N. Cristianini. Margin distribution and soft margin. In A.J. Smola, P.L. Bartlett, B. Schölkopf, and D. Schuurmans (eds). *Advances in Large Margin Classifiers*, pp 349–358, MIT Press, 2000.

Shawe-Taylor, J. and N. Cristianini. *Kernel Methods for Pattern Analysis*. Cambridge University Press, 2004.

Smola, A.J., P.L. Bartlett, B. Schölkopf, and D. Schuurmans (eds). *Advances in Large Margin Classifiers*. MIT Press, 2000.

Spirtes, P., C. Glymour, and R. Scheines. *Causation, Prediction, and Search* (2nd ed.). MIT Press, 2001.

Steinwart, I. On the influence of the kernel on the consistency of support vector machines. *Journal of Machine Learning Research*, **2**:67–93, 2001.

Sun, X., D. Janzing, B. Schölkopf, and K. Fukumizu. A kernel-based causal learning algorithm. In *Proc. 24th Intern. Conf. Machine Learning (ICML2007)*, pp 855–862, 2007.

Taskar, B., C. Guestrin, and D. Koller. Max-margin Markov networks. In S. Thrun, L. Saul, and B. Schölkopf (eds). *Advances in Neural Information Processing Systems 16*, MIT Press, 2004.

Tax, D.M.J. and P. Laskov. Online SVM learning: from classification to data description and back. In *Proceddings of IEEE 13th Workshop on Neural Networks for Signal Processing (NNSP2003)*, pp 499–508, 2003.

Tsuda, K., T. Kin, and K. Asai. Marginalized kernels for biological sequences. *Bioinformatics*, **18**:S268–S275, 2002.

Vakhania, N.N., V.I. Tarieladze, and S.A. Chobanyan. *Probability Distributions on Banach Spaces*. D. Reidel Publishing Company, 1987.

van der Vaart, A.W. *Asymptotic Statistics*. Cambridge University Press, 1998.

Vapnik, V.N. *Estimation of Dependences Based on Empirical Data*. Springer-Verlag, 1982.

Vapnik, V.N. *The Nature of Statistical Learning Theory*. Springer, 1995.

Vapnik, V.N. *Statistical Learning Theory*. Wiley-Interscience, 1998.

Vishwanathan, S. V. N. and A.J. Smola. Fast kernels for string and tree matching. In *Advances in Neural Information Processing Systems 15*, pp 569–576, MIT Press, 2003.

Weinberger, K.Q., F. Sha, and L.K. Saul. Learning a kernel matrix for nonlinear dimensionality reduction. In *Proc. 21 Intern. Conf. Machine learning (ICML2004)*, 2004.

Weston, J. and C. Watkins. Multi-class support vector machines. Technical Report CSD-TR-98-04, Department of Computer Science, Royal Holloway, University of London, 1998.

Williams, C. K. I. and M. Seeger. Using the Nyström method to speed up kernel machines. In *Advances in Neural Information Processing Systems 13*, pp 682–688, MIT Press, 2001.

Wold, H. Estimation of principal components and related models by iterative least squares. In P. R. Krishnaiaah (ed). *Multivariate Analysis*, pp 391–420, Academic Press, 1966.

Zanni, L., T. Serafini, and G. Zanghirati. Parallel software for training large scale support vector machines on multiprocessor systems. *Journal of Machine Learning Research*, **7**: 1467–1492, 2006.

Zaremba, S. L'équation biharmonique et une classe remarquable de fonctions fondamentales harmoniques. *Bulletin International de l'Académie des Sciences de Cracovie*, pp 147–196, 1907.

Zhu, J. and T. Hastie. Kernel logistic regression and the import vector machine. *Advances in Neural Processing Systems*, **14**:1081–1088, 2002.

赤穂昭太郎. カーネル正準相関分析. In 第 3 回情報論的学習理論ワークショップ予稿集 (IBIS2000), pp 123–128, 2000.

赤穂昭太郎. カーネル多変量解析. 岩波書店, 2008.

伊藤清三. ルベーグ積分入門. 裳華房, 1963.

垣田高夫. シュワルツ超関数入門. 日本評論社, 1999.

黒田成俊, 藤田 宏, 伊藤清三. 関数解析 (岩波基礎数学選書). 岩波書店, 1991.

斎藤三郎. 再生核の理論入門. 牧野書店, 2002.

田邉國士. Penalized logistic regression machines and related linear numerical algebra. 数理解析研究所講究録 no. 1320 「微分方程式の数値解法と線形計算」, 2003.

長尾 真. 自然言語処理 (岩波講座 ソフトウェア科学 15). 岩波書店, 1996.

福島雅夫. 非線形最適化の基礎. 朝倉書店, 2001.

索引

欧文

ν-SVM　62

Azuma-Hoeffding の不等式　85

Bochner の定理　109

Cauchy カーネル　109
Cauchy-Schwarz の不等式　194
CCA　40
Cholesky 分解　58
　不完全——　58

Dawid 記法　163

ECOC　76

fat shattering 次元　102
Fisher カーネル　133
Fisher 情報行列　134
Fisher 線形判別分析　44
Fourier 展開　198

Green 関数　183

Hadamard 積　13
Hilbert-Schmidt 作用素　111, 203
Hilbert-Schmidt の展開定理　113
Hilbert-Schmidt ノルム　203
Hoeffding の不等式　84
Hoeffding の補題　86, 221

intrinsic random function　190
IRF　190
Ivanov 正則化　100

Jensen の不等式　209

K-fold クロスバリデーション　64
Karush-Kuhn-Tucker 条件　69, 218
KKT 条件　69, 218
Kriging　191

Lagrange 乗数　212
Lagrange 双対関数　212
Lagrange 双対問題　212
LDA　44
leave-one-out クロスバリデーション　64
LOOCV　64
LP　211

Markov の不等式　86, 222
Massart の補題　91, 222
McDiamid の不等式　85
Mercer の定理　116
Multiple Kernel Learning　65

$\mathcal{N}(T)$　196
Nyström 近似　56

p-スペクトラムカーネル　121
Parseval の等式　198
PCA　5

QP　49, 212

$\mathcal{R}(T)$　196
Rademacher 平均　89
　経験——　89
Rademacher 変数　89
Radon 測度　115
relint　215
Representer 定理　54
Riesz の補題　137, 197

Sauer の補題　94, 223
Schoenberg の定理　106
Sequential Minimal Optimization　71
Slater 条件　215
SMO　71
Sobolev 空間　26
Span　16
SVM　48
　——の KKT 条件　69

Tikhonov 正則化　49

U-統計量　148

Vapnik-Chervonenkis 次元　92
VC 次元　92

Wiener-Hopf の方程式　186
Wiener-Khinchin の定理　189

あ 行

赤池情報量規準　83

1 クラス SVM　62
一般化増分　189
因果推論　171

エッジ　127
エルゴード性　188

凹関数　207
オンライン学習　79

か 行

ガウス RBF カーネル　15

ガウス過程　187
確率過程　184
カーネル CCA　40
カーネル Fisher 判別分析　45
カーネル K-means クラスタリング　60
カーネル PCA　7
カーネル PLS　60
カーネル次元削減法　171
カーネル主成分分析　5, 35
カーネル正準相関分析　40
カーネルトリック　5
カーネル法　1
カーネルロジスティック回帰　61
可分　198
関数データ解析　175
完全正規直交系　198
完備化　200

木　127
期待損失　81
ギャップ重みつき部分列カーネル　125
狭義正定値カーネル　11
教師あり学習　63
教師なし学習　64
強双対性　215
共分散　153
共分散作用素　153
共役作用素　202
許容集合　211
均一性検定　147

グラフ　127
グラフカーネル　133
グラム行列　12
クロスバリデーション　63

経験損失　82
経験リスク　82

構造化出力　77
構造化データ　63
構文木　128

さ 行

最小 2 乗誤差　82
再生核　17
再生核ヒルベルト空間　16
再生性　16
サポート　115
サポートベクター　70
サポートベクター回帰　60
サポートベクターマシン　47
　――の双対問題　67
作用素ノルム　196
3 次自然スプライン　179
3 次スプライン　177

自己共役作用素　112, 202
自己相関関数　184
2 乗可積分性　110
実行可能集合　211
弱双対性　214
弱定常　188
周辺化カーネル　132
主成分分析　5
主問題　212
条件付共分散行列　160
条件付共分散作用素　161
条件付正定値カーネル　190
条件付相互共分散作用素　160
条件付独立性検定　170

ストリング　120
スパース表現　54, 70
スプライン平滑化　177

正規化　14
正規直交基底　198
正規直交系　198
正準相関　40
正準相関分析　40
正則化　49
正則化係数　8
正値　109, 202
正値作用素　202
正値積分核　115

正定値カーネル　11
　――の積　20
　――の和　20
積分核　111
積分作用素　111
絶対連続　26
接尾辞木　122
セミノルム　193
0-1 損失　82
0-1 損失関数　98
零核　196
線形計画　211
線形作用素　196
線形汎関数　197
線形判別関数　44
線形判別分析　44
全部分列カーネル　123

相関係数　2
相互共分散作用素　153
増大関数　92
相対的内点　215
双対空間　197
双対問題　214
相補性条件　218
ソフトマージン SVM　51
損失関数　81

た 行

台　115
大数の法則　83
対数尤度　82
多クラス SVM　73
多項式カーネル　15
畳み込みカーネル　131

中心化グラム行列　36
中心極限定理　83
直交　195
直交補空間　196

ツリー　127
ツリーカーネル　128

テンソル積　20

統計的学習理論　81
特徴空間　4
特徴写像　4
独立　154
凸関数　207
凸最適化問題　211
凸集合　207
トレース　203

な　行

内積　194
内積空間　194

2次計画　49, 212
2標本問題　147

ノード　127
ノルム　193

は　行

ハイパーカーネル　65
パス　127
ハードマージン SVM　51
パワースペクトル密度　189
パワーダイバージェンス　158
半正定値計画　220
半内積　193

標本相互共分散作用素　156
ヒルベルト空間　194
ヒンジ損失関数　51, 98

不完全 Cholesky 分解　58
負定値カーネル　104
部分グラフ　127
普遍　146

平滑化　178
平均　138
平行移動不変　109
閉部分空間　196

補間　178

ま　行

マージン最大化基準　48

無向グラフ　127

や　行

有界作用素　196
有効部分空間　172

予測誤差　81

ら　行

ラプラスカーネル　15
ラベルつきグラフ　127

リスク　82
リッジ回帰　8
リーフ　127

ルート　127

レベル集合　208

著者略歴

福　水　健　次
(ふく　みず　けん　じ)

1966年　京都府に生まれる
1989年　京都大学理学部卒業
　　　　（株）リコー，理化学研究所等を経て，
現　在　統計数理研究所教授
　　　　博士（理学）

シリーズ〈多変量データの統計科学〉8

カーネル法入門
―正定値カーネルによるデータ解析―
　　　　　　　　　　　　　　　　定価はカバーに表示

2010年11月20日　初版第1刷
2023年 7月25日　　　 第12刷

著　者　福　水　健　次
発行者　朝　倉　誠　造
発行所　株式会社　朝　倉　書　店
　　　　東京都新宿区新小川町6-29
　　　　郵便番号　162-8707
　　　　電　話　03(3260)0141
　　　　ＦＡＸ　03(3260)0180
　　　　https://www.asakura.co.jp

〈検印省略〉

© 2010〈無断複写・転載を禁ず〉　印刷・製本　デジタルパブリッシングサービス

ISBN 978-4-254-12808-6　C 3341　　　Printed in Japan

JCOPY <出版者著作権管理機構　委託出版物>

本書の無断複写は著作権法上での例外を除き禁じられています．複写される場合は，そのつど事前に，出版者著作権管理機構（電話 03-5244-5088, FAX 03-5244-5089, e-mail: info@jcopy.or.jp）の許諾を得てください．

好評の事典・辞典・ハンドブック

数学オリンピック事典	野口　廣 監修　B5判 864頁
コンピュータ代数ハンドブック	山本　慎ほか 訳　A5判 1040頁
和算の事典	山司勝則ほか 編　A5判 544頁
朝倉 数学ハンドブック［基礎編］	飯高　茂ほか 編　A5判 816頁
数学定数事典	一松　信 監訳　A5判 608頁
素数全書	和田秀男 監訳　A5判 640頁
数論＜未解決問題＞の事典	金光　滋 訳　A5判 448頁
数理統計学ハンドブック	豊田秀樹 監訳　A5判 784頁
統計データ科学事典	杉山高一ほか 編　B5判 788頁
統計分布ハンドブック（増補版）	蓑谷千凰彦 著　A5判 864頁
複雑系の事典	複雑系の事典編集委員会 編　A5判 448頁
医学統計学ハンドブック	宮原英夫ほか 編　A5判 720頁
応用数理計画ハンドブック	久保幹雄ほか 編　A5判 1376頁
医学統計学の事典	丹後俊郎ほか 編　A5判 472頁
現代物理数学ハンドブック	新井朝雄 著　A5判 736頁
図説ウェーブレット変換ハンドブック	新　誠一ほか 監訳　A5判 408頁
生産管理の事典	圓川隆夫ほか 編　B5判 752頁
サプライ・チェイン最適化ハンドブック	久保幹雄 著　B5判 520頁
計量経済学ハンドブック	蓑谷千凰彦ほか 編　A5判 1048頁
金融工学事典	木島正明ほか 編　A5判 1028頁
応用計量経済学ハンドブック	蓑谷千凰彦ほか 編　A5判 672頁

価格・概要等は小社ホームページをご覧ください．